ライブラリ理工新数学＝T4

新しい線形代数学通論

磯　祐介　著

サイエンス社

サイエンス社のホームページのご案内
http://www.saiensu.co.jp
ご意見・ご要望は　rikei@saiensu.co.jp　まで.

まえがき

　線型代数学は微分積分学と並んで大学で学習する数学の根幹をなすものであり，その知識は進んだ内容の数学の学習において必要となるのに留まらず，おおよそ全ての理工系学術の専門科目の学習においても必要不可欠です．このため，線型代数のテキストは難度の高いものから易しいものまで，あるいは理論に重点をおいたものから計算方法だけのものまで多種多様であり，海外で出版されているものまで含めると星の数ほどのテキストが出版されていると思います．こういう事情の中で，線型代数のテキストを新たに執筆する意義や特徴を著者としては考えなければなりません．そこで本書は，著者の京都大学および他大学での線型代数およびそれに関連する内容の授業経験を踏まえ，純粋数学を将来専攻しようとする学生よりもむしろ応用数理，物理，工学などの分野で線型代数の知識を必要とする学生を想定して執筆しました．特に応用指向の分野では線型代数の知識はコンピュータを利用した数値計算と切り離せないことを意識し，計算手順（アルゴリズム）を丁寧に説明したつもりですが，ただしその効率性については深入りしていません．また大学で初めて線型代数を学ぶ学生が自習でも理解できるように配慮しつつ，同時に専門課程の学習で線型代数の知識を復習しようとする場合にも役立つように配慮したつもりです．一方で，純粋数学を将来専門としようとする学生，特に代数学や幾何学に将来進もうとする学生に対しては，不十分な個所があると思いますので，この点は予めご了解下さい．

　世の中では応用数理，物理，工学などで利用する線型空間は3次元までと決めつけ，応用指向と称して数ベクトル空間 $\mathbb{R}^3$ での線型代数を強調したテキストが見受けられますが，これは大きな誤解に基づくものと思います．確かに工学や物理などで扱われる現象の多くはこの3次元空間のものかもしれませんが，制御変数やモード分解など，現象や問題の数学的な記述を理解す

るには抽象的なベクトル空間の理解が必要となる場合や，また扱う変数の数が極めて多いために一般の $\mathbb{R}^n$ の知識が本質的に必要となる場合が現実にはよくあります．こういったことを考慮し，本書は応用分野でのツールとしての線型代数を想定しながらも，「行列と行列式」から始めずに抽象的な線型空間の定義から始めています．この点でも最近出版されている応用指向の易しいテキストの多くとは，本書は趣が少し異なっていると思います．

　私が専門とする数値計算の研究会で応用分野の方の研究発表を聞いていますと，線型代数の基本事項の理解に不足や誤解があるために，研究成果そのものに誤りを生じている場合に遭遇することがあります．数学の定理や公式には，その証明の道筋を理解していないと正しく利用できないものもあります．このため，命題や定理の証明も理解を深めるために必要なものはつけるようにしました．また単にツールとしての数学知識を身につけるだけではなく，本書の学習を通して論理的思考を醸成することも重要と考え，論理に関する基本事項の説明も冒頭に盛り込みました．なお線型代数 (Linear Algebra) という用語は最近では線「形」代数と書かれることが多いようですが，本来は形 (かたち) ではなく linear という 型 (かた) による分類ですから，線「型」代数と書く方が正しい日本語と思います．しかし最近の多くの和書との整合性から，本書の題目と本文では線「形」代数という用語を用いることと致しました．また 2 次元, 3 次元 Euclid 空間の有向線分としてのベクトルは，$\boldsymbol{a}$, $\boldsymbol{b}$ のようにボールド体で表す流儀もありますが，本書では高等学校の教科書でよく用いられる $\vec{a}, \vec{b}$ といった矢印付きの記号を用いています．一方で一般の数ベクトル空間 $\mathbb{R}^n$ の元は，誤解のない限りはボールド体の $\boldsymbol{x}$ などは用いず，単に x 等と表しています．

　参考文献の項にも書きましたが，本書の執筆に際しては鈴木敏先生の「線形代数学通論」(学術図書出版社) を大いに参考にしました．この本は私が学生の時に出版されたもので，簡潔にして厳密な素晴らしいものですが，現在は絶版の上，その記述は昨今の入学したばかりの大学生にとっては少し取っつきにくいかも知れません．私は学生時代は線型代数が余り得意ではなかったので，学生時代の級友は私がこのようなテキストを執筆したことを苦笑していることでしょう．しかし得意でなかったからこそ，どういうところが初学者にとってわかりにくいかを自分なりに分析し，鈴木先生のテキストも参

まえがき

考にしながら，本書では色々と工夫したつもりです．著者の意図としては初学者が自習でも理解ができるようにと丁寧に書いたつもりですが，これが頭の良い読者にとってはかえって回りくどいと感じるかも知れません．簡潔明瞭なテキストが好みの頭の良い学生は，図書館などで鈴木先生のご著書を探して一読してみることをお勧めします．

本書の執筆は 10 年以上前にお引き受けしたのですが，著者の怠惰な性格から，少し書いては休息し，休息し，また休息しては少し書きの繰り返しで，完成までに長い時間を費やしてしまいました．その間，大学内の雑用が多かった時期が数年ありましたが，そのようなときには外国出張の際の空き時間を利用して執筆しました．特に中華民国の国立台湾大学と中央研究院数学研究所に滞在した際には，共同研究者のご好意で居心地の良い個室の研究室を用意して頂き，そのお陰で本書の半分程度は何回かの中華民国滞在中に執筆しました．素晴らしい研究環境を用意して下さった劉太平先生，陳宜良先生，李志豪先生にはこの場を借りてお礼申し上げます．10 年ほどの執筆の間に纏め方やトピックスの並べ方などについては同僚でありまた恩師でもあった西田吾郎先生，河野明先生，ならびに丸山正樹先生には色々と有益な助言を頂きました．私の浅学非才のために頂戴した有益な助言を活かしきれてはおりませんうえに，私の遅筆のために本書の完成を西田吾郎先生と丸山正樹先生にお見せすることができませんでした．この他にも多くの諸先生方にご助言を頂いております．ご助言を下さった諸先生方にはこの場を借りて御礼申し上げます．また清書には藤原宏志先生ほか研究室の大学院生であった西端祐成君，眞鍋秀吾君，桂幸納君にはお世話になりましたが，特に桂幸納君には私の原稿の間違いなども訂正して頂きました．これらの方々の支え無しでは本書は完成できなかったと思い，この場を借りてお礼を申し上げます．さらに本書の執筆をお勧め下さった山本昌宏先生と金子晃先生，また遅れる原稿を忍耐強くお待ち下さったサイエンス社の田島伸彦さん，丁寧な編集作業をして下さった平勢耕介さんにも，心からの御礼を申し上げます．

私はいわゆる大学受験とは無縁な環境の関西学院中学部・高等部に通っていましたが，私が数学の分野に進学したことはそこで受けた数学や理科の授業，特に蒲生守義先生，井上博史先生，上田静雄先生，崎弘明先生ほかの授業の影響が大きいと思います．わかり易い，そして生徒の興味を惹くような

まえがき

　授業展開は教員の心構えの根本と思いますが，私もそれなりに努力をしているつもりですが，自分の講義が自分が受けた魅力的な初歩の授業にどれほど肉薄できているかが心配です．中高時代の恩師の多くはもう鬼籍に入られていますが，感謝を持ってこのテキストをこれらの先生方に捧げたいと思います．これは，本書が少しでも線型代数の初学者の方のお役に立てばという願いでもあります．

　ここで謝辞を申し上げた以外の多くの先生方，研究室の院生，私の講義の受講生，ならびに母磯由美子と亡父磯博に多くの迷惑をかけた上でやっと本書が完成しましたことを覚え，改めて感謝をここに記して本書の序文と致します．

　　2014 年 5 月

磯 祐介

目　　次

第1章　集合と写像　　1
- 1.1　集　合 …… 1
- 1.2　合併集合・共通部分・直積集合 …… 3
- 1.3　数の集合 …… 5
- 1.4　行　列 …… 7
- 1.5　写　像 …… 10
- 1.6　同値関係 …… 13
- 1.7　論　理 …… 15

第2章　図形とベクトル　　20
- 2.1　有向線分とベクトル …… 20
- 2.2　座標とベクトル …… 25
- 2.3　図形とベクトル方程式 …… 33

第3章　線形空間・ベクトル空間　　40
- 3.1　線形空間 …… 40
- 3.2　線形結合と一次独立 …… 48
- 3.3　線形空間の次元 …… 50

第4章　行列と線形写像　　55
- 4.1　行列と演算 …… 55
- 4.2　逆行列 …… 63
- 4.3　連立方程式の行列表示 …… 65
- 4.4　線形写像と表現行列 …… 66
- 4.5　平面ベクトルと線形写像 …… 73

- 4.6 階数と次元定理 75
- 4.7 基底の変換 80

第5章　行列式　　84

- 5.1 行列式の定義 84
- 5.2 行列式の性質 87

第6章　行列の基本変形と連立方程式　　102

- 6.1 行列の余因子と逆行列 102
- 6.2 Gauss 消去法と Gauss-Jordan 法 108
- 6.3 逆行列の計算 116
- 6.4 行列の基本変形 119
- 6.5 行列のランク 124

第7章　内積とノルム　　131

- 7.1 ノ ル ム 131
- 7.2 行列のノルム 137
- 7.3 内積の定義 142
- 7.4 正規直交基底 147
- 7.5 直交直和分解 152
- 7.6 内積と線形写像 157
- 7.7 計量線形空間 165

第8章　固有値と固有ベクトル　　175

- 8.1 行列の固有値・固有ベクトルと対角化 175
- 8.2 線形写像とその固有値 183
- 8.3 Jordan の標準形 199
- 8.4 計量線形空間における固有値と固有ベクトル 207

附録　217

- A.1　複素数の極形式 217
- A.2　群・環・体 219
- A.3　線形空間の次元 221
- A.4　一般化固有空間 W_λ の直和分解 225
- A.5　2次形式 226

参考文献　229
索　引　230

第1章

集合と写像

線形代数の学習に必要な集合，写像，行列，論理の基本事項を準備する．

■ 1.1 集合

数学では"ものの集まり"を**集合** (set) という．ここでいう"もの"とは，数学的に内容が確定できるものを指す．たとえば

$$\text{「1 以上 5 以下の整数の集まり」} \tag{1.1}$$

$$\text{「正の偶数の集まり」} \tag{1.2}$$

は集合と呼ぶが，「大きな整数の集まり」は"大きな整数"という内容を数学的に確定できないので，集合とはいわない．集合は { } を用いて表され，たとえば (1.1) の集合は

$$\{1 \text{ 以上 } 5 \text{ 以下の整数}\} \tag{1.3}$$

と表される．集合は A や X などアルファベットの大文字を用いて表されることが多い．

集合を構成する個々のものを**元**(げん)(element) または**要素**といい記号 $\in$ を用いて要素を明示する．(1.3) で定義される集合を A とすると，3 はこの集合の元であり，$3 \in A$ と表す．さらに元でないことを示すには $\notin$ という記号が用いられ，この集合 A が 6 を元にもたないことを $6 \notin A$ などと表す．この集合 A は $A = \{1, 2, 3, 4, 5\}$ と具体的に表すことも可能であるが，一般には"代表元"を利用して表されることが多い．たとえば (1.2) の集合は

$$X = \{x \mid x > 0, \ x \text{ は偶数}\} \tag{1.4}$$

などと表す．{ } の中の最初の x はこの集合 X の代表元と呼ばれ，縦棒 |

の後ろに代表元の満たすべき条件が書かれる．この書き方を用いると，(1.1) で定まる集合は

$$A = \{x \mid 1 \leq x \leq 5,\ x は整数\} \tag{1.5}$$

と表すこともできる．つまり 1 つの集合を表す方法は，いくつもあり得ることに注意する．

集合 S の元の個数を記号 $\#$ を用いて $\#S$ と表す．たとえば (1.5) の集合 A に対しては元の数が 5 個であり，$\#A = 5$ である．一般に元の個数が有限個の集合を**有限集合**といい，そうでない集合を**無限集合**という．正の偶数の個数は有限ではないので，(1.4) の集合 X は無限集合である．さらに元の個数が 0 である集合も考え，これを空集合といい，記号では $\emptyset$ と表す．

2 つの集合 A, B を考え，集合 A の元がすべて集合 B の元にもなっているとき，"集合 A は集合 B に含まれる"といい，記号では $A \subset B$ と表す[1]．詳しく述べると

$$A \subset B \iff x \in A であれば x \in B が成立する$$

である．$A \subset B$ のとき，集合 A は集合 B の**部分集合** (subset) であるという．また集合 A と集合 B の元がすべて一致するとき，"集合 A と集合 B は等しい"といい $A = B$ と表すが，これは

$$A = B \iff A \subset B かつ B \subset A$$

である．複数の集合の包含関係を直感的に理解するには，次のベン (Venn) 図と呼ばれる模式図を用いると便利である．$A \subset B$ のベン図は，図 1.1 の通りである．

集合 A の"部分集合の全体"の作る集合を，A の冪集合 (冪集合, power set) といい，記号では $P(A)$ と表す．たとえば $A = \{a, b, c\}$ の部分集合は $\{a\}, \{b\}, \{c\}, \{a,b\}, \{a,c\}, \{b,c\}, \{a,b,c\}$ に空集合 $\emptyset$ を加えた 8 つであり

$$P(A) = \{\{a\}, \{b\}, \{c\}, \{a,b\}, \{a,c\}, \{b,c\}, \{a,b,c\}, \emptyset\}$$

となる．

---

[1] $A \subset B$ は $A = B$ の場合も含む記号である．$A \subset B$ かつ $A \neq B$ のときは，$A \subsetneq B$ と表す．

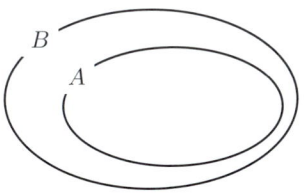

図 1.1　$A \subset B$ のベン図.

演習問題 1.1 集合 A は $\#A = n$ とする．このとき，集合 A の部分集合の総数 $\#P(A)$ は，空集合も含めて 2^n 個であることを説明せよ．

■ 1.2　合併集合・共通部分・直積集合

2つの集合 A, B に対して，2つの集合の元をよせ集めて作られる集合を，集合 A と集合 B の**合併集合**（あるいは**和集合**）といい，記号 $\cup$(union) を用いて $A \cup B$ と表す．すなわち

$$A \cup B = \{x \mid x \in A \text{ または } x \in B\}^{2)} \tag{1.6}$$

であり，$A \cup B = B \cup A$ が成立する．たとえば $A = \{1, 2, 3\}$，$B = \{3, 4, 5\}$ のときは $A \cup B = \{1, 2, 3, 4, 5\}$ である．2つの集合 A と B の両方に含まれる元の全体を，集合 A と集合 B の**共通部分**といい，記号 $\cap$(intersection) を用いて $A \cap B$ と表す．すなわち

$$A \cap B = \{x \mid x \in A \text{ かつ } x \in B\} \tag{1.7}$$

であり，$A \cap B = B \cap A$ が成立する．$A = \{1, 2, 3\}$，$B = \{3, 4, 5\}$ の例では $A \cap B = \{3\}$ である．また $C = \{4, 5, 6\}$ とすると $A \cap C = \emptyset$ である．

演習問題 1.2　3つの集合 A, B, C に対して

$$A \cup (B \cup C) = (A \cup B) \cup C, \quad A \cap (B \cap C) = (A \cap B) \cap C$$

が成立することを，(1.6) および (1.7) に従って確認せよ．

[2)] "または" の詳しい意味は，1.7 節の論理の項で述べる．

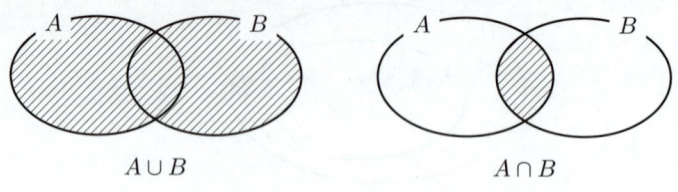

図 1.2 $A \cup B$ と $A \cap B$ のベン図.

n 個の集合 $A_1, A_2, \ldots, A_n$ に対して，演習問題 1.2 と同様に，合併集合と共通部分はどの順序で考えても変わらないので，合併集合と共通部分は () を省略してそれぞれ

$$A_1 \cup A_2 \cup \cdots \cup A_n \quad \text{あるいは} \quad \bigcup_{k=1}^{n} A_k,$$

$$A_1 \cap A_2 \cap \cdots \cap A_n \quad \text{あるいは} \quad \bigcap_{k=1}^{n} A_k$$

と表す．$\cup$ と $\cap$ が混在する場合は，次の命題の分配法則が成立する．

命題 1.1 集合 A, B, C に対して，次の (1), (2) が成立する：
(1) $A \cap (B \cup C) = (A \cap B) \cup (A \cap C)$
(2) $A \cup (B \cap C) = (A \cup B) \cap (A \cup C)$

演習問題 1.3 ベン図を用いて，命題 1.1 の成立を確認せよ [3]．

集合 A が集合 B の部分集合である $(A \subset B)$ とき，集合 B の元ではあるが，集合 A の元ではないものの全体を，$(B$ における$) A$ の**補集合** (complementary set) といい，A^c（あるいは $\overline{A}$）と表す．すなわち

$$A^c = \{x \mid x \in B,\ x \notin A\}$$

である．$A \subset B$ のとき，$A \cup A^c = B$, $A \cap A^c = \emptyset$, $(A^c)^c = A$ が成立する．

---

[3] ベン図は複数の集合の関係についての直感的理解には役立つが，ベン図による理解は厳密な証明ではないことに注意する．

補集合に対しては，次の **de Morgan**（ド・モルガン）の法則が重要である．

> **定理 1.1** (**de Morgan の法則**) 集合 A, B は集合 X の部分集合とする．このとき，次の (1), (2) が成立する．
> (1) $(A \cup B)^c = A^c \cap B^c$ (2) $(A \cap B)^c = A^c \cup B^c$

証明 (1) のみ証明を与える．等号を示すことは，$(A \cup B)^c \subset A^c \cap B^c$ と $(A \cup B)^c \supset A^c \cap B^c$ の両方を示すことである．まず $x \in (A \cup B)^c$ とすると $x \notin A$ かつ $x \notin B$ であり，$x \in A^c \cap B^c$ が従い，$(A \cup B)^c \subset A^c \cap B^c$ が成立する．次に $x \in A^c \cap B^c$ とすると，$x \notin A$ かつ $x \notin B$ である．従って $x \notin A \cup B$ となり，$x \in (A \cup B)^c$ が従い，$A^c \cap B^c \subset (A \cup B)^c$ が成立する． □

2 つの集合 A, B に対して，A の元ではあるが B の元ではないものの全体を，集合 A から集合 B を引いた**差集合**といい，記号では $A \backslash B$ と表す．すなわち

$$A \backslash B = \{x \mid x \in A, x \notin B\}$$

である．$A = \{1, 2, 3\}, B = \{3, 4\}$ のときは，$A \backslash B = \{1, 2\}, B \backslash A = \{4\}$ である．特に，$A \subset B$ のときは，$A \backslash B = \emptyset, B \backslash A = A^c$ である．

2 つの集合 A, B に対して，A と B の**直積集合** $A \times B$ を

$$A \times B := \{(a, b) \mid a \in A, b \in B\}$$

によって定める．一般に n 個の集合 $A_1, A_2, \ldots, A_n$ から作られる直積集合は

$$A_1 \times A_2 \times \cdots \times A_n := \{(a_1, a_2, \ldots, a_n) \mid a_j \in A_j \ (1 \leq j \leq n)\}$$

である．また $A \times A$ を A^2 と表し，A^n についても同様に考えることにする．

演習問題 1.4 $A = \{a_1, a_2\}, B = \{b_1, b_2, b_3\}$ のとき，$A \times B$ の元をすべて書き下せ．

演習問題 1.5 A は $\#A = p$ とする．このとき $\#A^n$ を求めよ．

1.3 数の集合

実数 (real number) 全体の集合を $\mathbb{R}$ と表し，**有理数** (rational number) 全体

の集合を $\mathbb{Q}$ と表す．**整数**全体の集合を $\mathbb{Z}$ と表すと，$\mathbb{Z} = \{0, \pm 1, \pm 2, \ldots\}$ である．これらの集合の間には自然な包含関係 $\mathbb{Z} \subset \mathbb{Q} \subset \mathbb{R}$ があり，差集合 $\mathbb{R} \backslash \mathbb{Q}$ は**無理数** (irrational number) の全体を指す．"平方すると -1 になる"という観念上の数である**虚数** (imaginary number) を導入し，その単位を i と表す．$i^2 = -1$ であるので，形式的に平方根の記号を用いて $i = \sqrt{-1}$ と表すこともある．2 つの実数 a, b に対して $a + bi$ で表される数を**複素数** (complex number) といい，その全体の集合を $\mathbb{C}$ と表す．すなわち $\mathbb{C} = \{z \mid z = a + bi, a, b \in \mathbb{R}\}$ である．複素数 $z = a + bi$ に対し，a を z の**実部** (real part)，b を z の**虚部** (imaginary part) といい，記号では $a = \mathrm{Re}(z)$, $b = \mathrm{Im}(z)$ と表す．"実数は虚部が 0 の複素数"と考えることにより，自然な包含関係 $\mathbb{R} \subset \mathbb{C}$ が成立する．

2 つの複素数 $z_1 = a_1 + b_1 i$，$z_2 = a_2 + b_2 i$ に対して，和と積を

$$z_1 + z_2 := (a_1 + a_2) + (b_1 + b_2)i \tag{1.8}$$

$$z_1 z_2 := (a_1 a_2 - b_1 b_2) + (a_1 b_2 + a_2 b_1)i \tag{1.9}$$

によって定める．(1.9) で定められる複素数の積は $(a_1 + b_1 i)(a_2 + b_2 i)$ の括弧を実数の計算ルールに従って形式的に展開し，$i^2 = -1$ を用いて整理したものと一致している．

$a, b \in \mathbb{R}$ とし，複素数 $z = a + bi$ を考える．このとき $a - bi$ で与えられる複素数を z の**共役複素数**といい，$\bar{z}$ と表す．積 (1.9) に従えば，$z \bar{z} = a^2 + b^2$ となるが，$\sqrt{z \bar{z}}$ を z の**大きさ** (modulus) といい，$|z|$ と表す．すなわち，$z = a + bi$ に対して

$$\bar{z} = a - bi, \quad |z| = \sqrt{z \bar{z}} = \sqrt{a^2 + b^2}$$

である．共役複素数に対しては，次の命題が成立する．

> **命題 1.2** $z_1, z_2 \in \mathbb{C}$ に対して，$\overline{z_1 + z_2} = \overline{z_1} + \overline{z_2}$, $\overline{z_1 z_2} = \overline{z_1}\, \overline{z_2}$ である．

複素数は代数方程式を考える上では極めて重要で，次の定理が成立することが知られている．

> **定理 1.2** （代数学の基本定理） $a_0, a_1, \ldots, a_n \in \mathbb{C}$, $a_n \neq 0$ のとき，n 次の代数方程式
>
> $$a_n x^n + a_{n-1} x^{n-1} + \cdots + a_1 x + a_0 = 0 \qquad (1.10)$$
>
> は，重複度 (multiplicity) も含めて複素数の範囲で n 個の根(root) をもつ[4]．

重複度とは根の重なり程度を示す指標で，たとえば 2 次方程式 $(x-1)^2 = 0$ では根 $x = 1$ を重複度 2 の根といい，2 重根ともいう．重複度が 1 の根は単根 (simple root) と呼ばれる．たとえば 4 次方程式 $(x-1)(x-3)^3 = 0$ は単根 $x = 1$ と（重複度が 3 の）3 重根 $x = 3$ をもつという．従って，代数学の基本定理は，n 次の代数方程式 (1.10) は（重複度も込めて）ちょうど n 個の根をもつことを主張するものである．この n 個の根を $\alpha_1, \alpha_2, \ldots, \alpha_n$ とすると，

$$a_n x^n + a_{n-1} x^{n-1} + \cdots + a_1 x + a_0$$
$$= a_n (x - \alpha_1)(x - \alpha_2) \cdots (x - \alpha_n)$$

と n 個の積に因数分解される．

演習問題 1.6 $a_0, a_1, \ldots, a_n \in \mathbb{R}$, $a_n \neq 0$ のとき，方程式 (1.10) を実係数の（n 次）代数方程式という．実係数の代数方程式では，$\alpha \in \mathbb{C}$ が根のとき，共役複素数 $\overline{\alpha}$ もこの方程式の根であることを示せ．

1.4 行 列

詳しくは第 4 章で述べるが，行列を簡単に導入しておく．$m \times n$ 個の $\{a_{ij}\}_{1 \leq i \leq m, 1 \leq j \leq n}$ を縦と横に並べた

---

[4] 代数方程式に対しては"解"という用語を用いるよりも"根"という用語を用いる方が正しい．

$$A = \begin{pmatrix} a_{11} & a_{12} & \cdots & a_{1n} \\ a_{21} & a_{22} & \cdots & a_{2n} \\ \vdots & \vdots & \ddots & \vdots \\ a_{m1} & a_{m2} & \cdots & a_{mn} \end{pmatrix} \tag{1.11}$$

を m 行 n 列の**行列** (matrix) といい，簡単に $m \times n$ 行列という．行列では横の並びを**行** (row)，縦の並びを**列** (column) と呼ぶので，(1.11) の行列 A では a_{ij} を「行列 A の第 i 行第 j 列成分 (entry)」といい，簡単に第 (i,j) 成分と呼ぶ．また (1.11) の行列 A は $A = (a_{ij})$ と略記される場合も多い．すべての成分が 0 の行列は**零行列**と呼ばれ，O と表す．行の数 m と列の数 n が一致する $n \times n$ 行列は**正方行列** (square matrix) と呼ばれ，この $n \times n$ 行列は n 次正方行列とも呼ばれる．具体的には

$$P = \begin{pmatrix} 1 & 2 & 3 \\ 4 & 5 & 6 \end{pmatrix}, \quad Q = \begin{pmatrix} 1 & 2 \\ 3 & 4 \end{pmatrix} \tag{1.12}$$

では，P は 2×3（2 行 3 列）行列と呼ばれ，Q は 2 次正方行列と呼ばれる．

行列では "m 行 n 列" の型が一定の条件を満たすときに和や積が定義できる．

(1) 行列の定数倍

c を数とするとき，(1.11) で与えられる行列 $A = (a_{ij})$ に対し，$cA := (ca_{ij})$ により行列 A の c 倍を定義する．(1.12) の行列 P, Q に即していえば，

$$cP = \begin{pmatrix} c & 2c & 3c \\ 4c & 5c & 6c \end{pmatrix}, \quad cQ = \begin{pmatrix} c & 2c \\ 3c & 4c \end{pmatrix}$$

である．また $c = 0$ のとき，$0A = O$（零行列）である．

(2) 行列の加法

同じ型の 2 つの行列については，対応する成分の加法によって行列の加法を定義する．つまり，$A = (a_{ij})$ と $B = (b_{ij})$ が共に $m \times n$ 行列のとき，$A + B := (a_{ij} + b_{ij})$ とする．$A - B$ も同様である．例えば

$$\begin{pmatrix} 1 & 2 & 3 \\ 4 & 5 & 6 \end{pmatrix} + \begin{pmatrix} a & b & c \\ d & e & f \end{pmatrix} = \begin{pmatrix} 1+a & 2+b & 3+c \\ 4+d & 5+e & 6+f \end{pmatrix}$$

であるが，(1.12) の P と Q では型が異なるために $P+Q$ は定義されず，その計算をすることはできない．

(3) 行列の積

$m \times l$ 行列 $A = (a_{ik})$ と $l \times n$ 行列 $B = (b_{kj})$ のように A の列の数 l と B の行の数 l が同じ場合に限って積 AB は定義され

$$AB := \left(\sum_{k=1}^{l} a_{ik} b_{kj} \right) \tag{1.13}$$

により積 AB を定義する．このとき積 AB は $m \times n$ 行列である．A と B がともに正方行列の場合は積 AB も積 BA も定義できるが，一般には積 AB が定義される場合でも積 BA は定義されない．(1.13) の計算は行列 A の横並び ($\rightarrow$) と行列 B の縦の並び ($\downarrow$) を順次掛け合わせて足し算をするもので，(1.12) の P, Q については

$$\begin{aligned} QP &= \begin{pmatrix} 1 & 2 \\ 3 & 4 \end{pmatrix} \begin{pmatrix} 1 & 2 & 3 \\ 4 & 5 & 6 \end{pmatrix} \\ &= \begin{pmatrix} 1\times 1+2\times 4 & 1\times 2+2\times 5 & 1\times 3+2\times 6 \\ 3\times 1+4\times 4 & 3\times 2+4\times 5 & 3\times 3+4\times 6 \end{pmatrix} \\ &= \begin{pmatrix} 9 & 12 & 15 \\ 19 & 26 & 33 \end{pmatrix} \end{aligned}$$

と計算される．一方で型が合わないために積 PQ を計算することはできない．

演習問題 1.7 次の行列の積の計算を実行せよ．

(1) $\begin{pmatrix} 1 & 2 \\ 3 & 4 \end{pmatrix} \begin{pmatrix} 2 \\ 3 \end{pmatrix}$ (2) $\begin{pmatrix} 1 & 2 \\ 3 & 4 \end{pmatrix} \begin{pmatrix} 1 & 2 \\ 3 & 4 \end{pmatrix}$ (3) $\begin{pmatrix} 2 & 3 \end{pmatrix} \begin{pmatrix} 1 & 2 \\ 3 & 4 \end{pmatrix}$

演習問題 1.8 A, B を 2 次正方行列とするとき，積 AB も積 BA も定義できるが，一般には $AB \neq BA$ である．この事実を具体的に行列 A と行列 B を与えて計算により確認せよ．

演習問題 1.9 連立方程式 $\begin{cases} ax+by = \alpha \\ cx+dy = \beta \end{cases}$ は行列を用いると

$$\begin{pmatrix} a & b \\ c & d \end{pmatrix} \begin{pmatrix} x \\ y \end{pmatrix} = \begin{pmatrix} \alpha \\ \beta \end{pmatrix}$$ と表されることを確認せよ．

■ 1.5 写像

2つの集合 X, Y に対して，X の各元に対して Y の元を唯1つ対応させるルールが定められるとき，このルールを集合 X から集合 Y への**写像** (mapping) という．写像のことを射と呼ぶこともある．また Y が数の集合のとき，写像は "**関数** (function)" と呼ばれることが多い．たとえば $\mathbb{N}$ を正の整数全体とし，各 $n \in \mathbb{N}$ に対して n を2で割った余りを対応させるルールを考えると，これは $\mathbb{N}$ から $\{0, 1\}$ への写像（または関数）になっている．集合 X から集合 Y への写像を f とすることを "$f: X \to Y$" と表す[5]．このとき集合 X を写像 f の**定義域** (domain of definition) といい，$x \in X$ の f による像を $f(x)$ と表すと，$f(x) \in Y$ である．定義域 X のすべての元に対する像の全体を，（写像 f による）**値域** (range) といい，$R(f)$ や $f(X)$ と表す．

$$R(f) = \{y \mid y = f(x),\ x \in X\}$$

であり，$R(f) \subset Y$ である．

$R(f) = Y$ が成立するとき，写像 f を集合 X から集合 Y への**全射** (surjection) という．また，$x_1 \neq x_2$ のときは常に $f(x_1) \neq f(x_2)$ が成立するとき，f を**単射** (injection) という．$f: X \to Y$ が全射かつ単射のとき，f を集合 X から集合 Y への **1対1写像**または**全単射** (bijection) という．

> **例 1.1** $X = \{x \mid -1 \leq x \leq 1\}$，$Y = \{y \mid 0 \leq y \leq 1\}$ とする．$f: X \to Y$ を $y = f(x) := x^2$ によって定める．このとき任意の $y \in Y$ に対して $x = \sqrt{y}$ と定めると $x \in X$ であり，$y = f(x)$ を満たしている．従って $f: X \to Y$ は全射である．しかし $x_1 \in X$ が $x_1 \neq 0$ のとき $x_1 \neq -x_1$ であるが，$f(x_1) = f(-x_1)$ であるので，f は単射ではない．

---

[5] 写像を表すとき，f のあとには "："（コロン）を用いる．

1.5 写像

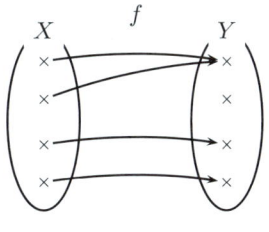
a) 全射でも単射でもない写像

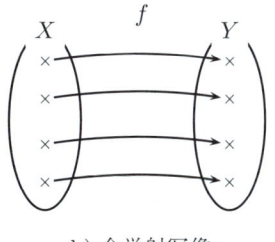
b) 全単射写像

図 **1.3** 写像の図示.

$f\colon X \to Y$ が全単射のとき，図 1.3 b) からもわかるように，この対応関係を逆にたどることで集合 Y から集合 X への写像を定義することができる．このようにして定まる Y から X への写像を f の**逆写像** (inverse mapping) といい，記号では f^{-1}（f インバース）と表す．すなわち $f\colon X \to Y$ が全単射である場合に限って逆写像 $f^{-1}\colon Y \to X$ が定義され，f^{-1} も全単射である．このとき $y = f(x)$ と $x = f^{-1}(y)$ とは対応関係としては同じである．

例 1.2 $X = \left\{ \begin{pmatrix} x_1 \\ x_2 \end{pmatrix} \middle| x_1, x_2 \in \mathbb{R} \right\}$, $Y = \left\{ \begin{pmatrix} y_1 \\ y_2 \end{pmatrix} \middle| y_1, y_2 \in \mathbb{R} \right\}$ とし，写像 f を

$$f\colon X \ni \begin{pmatrix} x_1 \\ x_2 \end{pmatrix} \to \begin{pmatrix} 2x_1 + 3x_2 \\ x_1 - x_2 \end{pmatrix} \in Y$$

とする．これは，$y_1 = 2x_1 + 3x_2$, $y_2 = x_1 - x_2$ によって写像 f を定めることと同じである．ここで $(x_1, x_2) \neq (x_1', x_2')$ のときは常に $(2x_1 + 3x_2, x_1 - x_2) \neq (2x_1' + 3x_2', x_1' - x_2')$ が成立するので，f は単射である．また $(y_1, y_2) \in Y$ を任意に与えて x_1, x_2 を未知数とする連立方程式を考えると

$$\begin{cases} 2x_1 + 3x_2 = y_1 \\ x_1 - x_2 = y_2 \end{cases} \iff \begin{cases} x_1 = \frac{1}{5} y_1 + \frac{3}{5} y_2 \\ x_2 = \frac{1}{5} y_1 - \frac{2}{5} y_2 \end{cases}$$

となるので，$f: X \to Y$ は全射であることがわかり，f の単射性も考慮すると，逆写像 f^{-1} が存在する．このとき f^{-1} は

$$f^{-1}: Y \ni \begin{pmatrix} y_1 \\ y_2 \end{pmatrix} \to \begin{pmatrix} \frac{1}{5}y_1 + \frac{3}{5}y_2 \\ \frac{1}{5}y_1 - \frac{2}{5}y_2 \end{pmatrix} \in X$$

である．

演習問題 1.10 例 1.2 において，$\begin{pmatrix} x_1 \\ x_2 \end{pmatrix} \neq \begin{pmatrix} x_1' \\ x_2' \end{pmatrix}$ のとき $\begin{pmatrix} 2x_1 + 3x_2 \\ x_1 - x_2 \end{pmatrix} \neq \begin{pmatrix} 2x_1' + 3x_2' \\ x_1' - x_2' \end{pmatrix}$ が成立する（f が単射である）ことを背理法を用いて示せ．

3つの集合 X, Y, Z と2つの写像 $f: X \to Y$，$g: Y \to Z$ を考える．このとき "$x \in X$ を f で（Y に）写してからさらに g で写す" というルールを考えると，X から Z への新しい写像を考えることができる．この写像を f と g の**合成写像** (composite mapping) といい，$g \circ f$ と表す．定義域の各元 x に対して $g \circ f(x) = g(f(x))$ であり，

$$g \circ f: X \ni x \to g(f(x)) \in Z$$

である．

集合 X と集合 Y の間の2つの写像 $f_1: X \to Y$ と $f_2: X \to Y$ を考えたとき，すべての $x \in X$ に対して $f_1(x) = f_2(x)$ が成立するとき，写像 f_1 と写像 f_2 は等しいといい，$f_1 = f_2$ と表す．いま $f: X \to X$, $g: X \to X$ がともに全単射写像であれば，2つの合成写像 $f \circ g$ と $g \circ f$ を考えることができるが，一般には $f \circ g \neq g \circ f$ である．

演習問題 1.11 $f: X \to X$ と $g: X \to X$ がともに全単射であり，$f \circ g \neq g \circ f$ となるような例を挙げよ．

写像 $f: X \to X$ を "X 上の写像" という．$f: X \to X$ がすべての $x \in X$ を自分自身に写す，すなわちすべての $x \in X$ に対して $f(x) = x$ が成立するとき，f を（X 上の）**恒等写像** (identity mapping) といい，記号では $id._X$ や

I_X あるいは単に $id.$, I などと表す.

> **命題 1.3** 写像 $f\colon X \to Y$ が全単射のとき,その逆写像を f^{-1} とする.このとき
> $$f^{-1} \circ f = id._X, \qquad f \circ f^{-1} = id._Y$$
> が成立する.

演習問題 1.12 集合 X は有限集合で $\#X = n$ とする.
(1) X 上の写像は全部で何通りあるか.(写像 $f\colon X \to X$ は可能性として何通りあるか.)
(2) X 上の全単射写像は全部で何通りあるか.

演習問題 1.13 $X = \{x \mid x > 0\}, Y = \mathbb{R}$ とする.写像 $f\colon X \to Y$ を $y = f(x) := \log x$ とするとき,$f\colon X \to Y$ が全単射であることを示し,さらに $f^{-1}(y)$ を求めよ.

1.6 同値関係

集合の元同士の間に "関係" をつけ,この関係を利用して集合の元を整理することを考える.たとえば $\mathbb{Z}^+$ を非負整数の集合とするとき,$\mathbb{Z}^+$ の 2 つの元 n_1, n_2 の関係 $\sim$ を「$n_1 \sim n_2$ とは "n_1 を 2 で割った余りと n_2 を 2 で割った余りが等しい"」と定める.このとき,この関係 $\sim$ について
(1) **反射律**:すべての n に対して $n \sim n$ が成立する.
(2) **対称律**:$n_1 \sim n_2$ が成立すれば,$n_2 \sim n_1$ が成立する.
(3) **推移律**:$n_1 \sim n_2$ と $n_2 \sim n_3$ が共に成立すれば,$n_1 \sim n_3$ が成立する.
という 3 つの条件が成立することがわかる.一般に集合の 2 つの元の間に導入された関係 $\sim$ が反射律・対称律・推移律の 3 条件を満たすとき,この関係を**同値関係** (equivalence relation) という.また,同値関係 $\sim$ に対して $x \sim y$ のとき,x と y とは同値関係にあるという.

以上のことを正確に説明する.集合 X に対して写像
$$\sim\colon X \times X \to \{0, 1\}$$
を導入するとき,この写像 $\sim$ を "X に導入された関係" と呼ぶ.$x, y \in X$ に

対して組 (x,y) は写像 $\sim$ によって 0 か 1 の値に写される．$\sim(x,y)=1$ のとき "x と y とは関係 $\sim$ がある" と呼び $x \sim y$ と表すことにする．この関係 $\sim$ が反射律・対称律・推移律の 3 条件を満たすとき，この関係を同値関係と呼ぶのである．

> **例 1.3** 集合 T を平面上の三角形の全体とし，$t_1, t_2 \in T$ に対して関係 $t_1 \sim t_2$ を "三角形 t_1 と三角形 t_2 とは合同である" と定める．定め方から $t_1 \sim t_2$ のとき $t_2 \sim t_1$ も同時に成立し，関係 $\sim$ は対称律を満たす．すべての三角形は自分自身と合同であるので，$t \in T$ に対して $t \sim t$ が成立するので，関係 $\sim$ は反射律を満たす．さらに三角形 t_1 と三角形 t_2 が合同であり，三角形 t_2 と三角形 t_3 が合同であれば，三角形 t_1 と三角形 t_3 とは合同である．即ち $t_1 \sim t_2$ かつ $t_2 \sim t_3$ であれば $t_1 \sim t_3$ であるので，関係 $\sim$ は推移律を満たす．これより，この $\sim$ は集合 T の 1 つの同値関係になっている．

> **例 1.4** 実数の集合 $\mathbb{R}$ に，$x, y \in \mathbb{R}$ に対して x と y の関係 $x \sim y$ を $x \geq y$ によって定める．詳しく述べると，すべての実数 x, y に対して $x \geq y$ かそうでないかは決まるので，写像 $\sim : \mathbb{R} \times \mathbb{R} \to \{0, 1\}$ が定義されるので，この $\sim$ は $\mathbb{R}$ の 1 つの関係になっている．さてすべての $x \in \mathbb{R}$ に対して $x \geq x$ であるから $x \sim x$ が成立し，関係 $\sim$ は反射律を満たす．$x \sim y$ かつ $y \sim z$ とすると $x \geq y$ かつ $y \geq z$ であり $x \geq z$ である．すなわち $x \sim z$ が成立し，関係 $\sim$ は推移律を満たす．しかし $x \neq y$ のときに $x \geq y$ と $y \geq x$ は同時に成立せず，関係 $\sim$ は対称律を満たさない．従ってここで定められた関係 $\sim$ は，集合 $\mathbb{R}$ の同値関係になっていない．

本節の冒頭に導入した $\mathbb{Z}^+$ の同値関係により，$\mathbb{Z}^+$ の要素は 2 で割った余りが 0 である $N_0 = \{0, 2, 4, \ldots\}$ と，余りが 1 である $N_1 = \{1, 3, 5, \ldots\}$ に分けることができる．すなわち，同値関係 $\sim$ を利用して $N_0 \neq \emptyset$, $N_1 \neq \emptyset$, $N_0 \cap N_1 = \emptyset$, $N_0 \cup N_1 = \mathbb{Z}^+$ を満たす 2 つの部分集合 N_0 と N_1 を考えることができる．ここで N_0 は 0 と同値関係にあるものの全体であり，N_1 は 1 と同値関係にあるものの全体になっている．一般に集合 X に導入された同

値関係 ∼ を利用して X の元をお互いに共通部分をもたない（空でない）集合に分けることを**類別**といい，類別で得られる集合を $X/\sim$ と表す．$X/\sim$ は X の "ある部分集合の集まり" である．また集合 $X/\sim$ の元のことを**同値類** (equivalence class) という．ここの例では，$\mathbb{Z}^+/\sim = \{N_0, N_1\}$ であり，$\mathbb{Z}^+$ の部分集合 N_0, N_1 がそれぞれ同値類である．同値類はその**代表元** x を用いて $[x]$ と表されることもある．この記号を用いると，N_0, N_1 は $N_0 = [0]$，$N_1 = [1]$ と表すこともでき，$\mathbb{Z}^+/\sim = \{[0], [1]\}$ となる．さらに誤解や混乱のない限りは，類別で得られる集合 $X/\sim$ の元を同値類の代表元と見なすこともあり，ここの例では $\mathbb{Z}^+/\sim = \{0, 1\}$ と表されることもある．

演習問題 1.14 $A_1, A_2, \ldots, A_n$ は集合 A の空集合ではない部分集合で，$A_i \cap A_j = \emptyset$ $(i \neq j)$ かつ $A_1 \cup A_2 \cup \cdots \cup A_n = A$ を満たしている．このとき A の関係 ∼ を「$x \sim y$ とは，ある i_0 に対して $x \in A_{i_0}$ かつ $y \in A_{i_0}$ が成立する」と定める．このとき関係 ∼ は集合 A の 1 つの同値関係であることを示し，$A/\sim$ を求めよ．（ヒント：まずは ∼ が A の 1 つの "関係" であることを示し，それが反射律・対称律・推移律を満たすことを示す．）

1.7 論 理

数学を正しく理解するためには，論理のことばを知っている方が有益である．ここでは記号論理に関する最も基本的なことがらに限定して解説を行う[6]．

正しいか誤っているかの真偽の判断が数学的にできる文章を**命題** (proposition) という．たとえば，「二等辺三角形の 2 つの底角は等しい」は「真」の命題（内容の正しい命題）であり，「平面上の三角形の内角の和は $\pi/2$ である」は「偽」の命題（内容の正しくない命題）である．さらに「100 は大きい数である」という文章はその真偽が数学的に判定できないので，命題とは呼ばない．命題はアルファベットの小文字を用いて表されることが多く，命題 p あるいは単に p と表される．p の**否定命題**は「p でない」であり，記号では $\neg p$ と表し，「not p」と読む．p の否定命題は $\sim p$ と表されることもある．2

---

[6] 第 3 章を理解するためには「論理」を理解しておくことは大切であるが，本節は後で必要になった時に学習すれば十分である．

p	$\neg p$
T	F
F	T

p	q	$p \wedge q$
T	T	T
T	F	F
F	T	F
F	F	F

p	q	$p \vee q$
T	T	T
T	F	T
F	T	T
F	F	F

つの命題 p, q に対して「p と q の両方が成立する」という命題を p と q の**合接命題**といい，記号では $p \wedge q$ と表し，「p and q」(p かつ q) と読む．p と q の合接命題は p と q の両方が真の場合にのみ真となる命題である．また「p と q のうち少なくとも一方が成立する」という命題を p と q の**離接命題**といい，記号では $p \vee q$ と表し，「p or q」(p または q) と読む[7]．合成された命題の真偽判定には，上の**真理表**（**真偽表**）を用いるとわかりやすい．T は命題が正しい (true, 真) ことを意味し，F は誤っている (false, 偽) ことを意味する．たとえば $\neg p$ では，p が真 (T) の命題であれば $\neg p$ は偽 (F) の命題となり，p が偽 (F) の命題であれば $\neg p$ は真 (T) の命題であるという意味である．

　さらに「x が偶数であれば，その平方 x^2 は偶数である」という命題を考えると，次の2つの命題 p, q を

$$命題\, p : x \text{ は偶数である}$$

$$命題\, q : x^2 \text{ は偶数である}$$

と定めることにより，「p が成立すれば q が成立する」と分解して考えることができる．このような命題を**含意命題**といい，記号では $p \to q$ と表し「p ならば q」と読む．含意命題の意味を日常用語の観点から正しく理解することは難しく，Russell（ラッセル）達は20世紀の初めに論理を数学的な視点から深く論じ，「$p \to q$ とは $(\neg p) \vee q$」（p ならば q とは，not p または q）と定義した．この真偽判定を真理表で示せば次のページのようになる．前提条件の p が真であれば，結論の q が真であれば命題 $p \to q$ は真となり，結論の q が偽であれば命題 $p \to q$ は偽となる．ここで注意することは，前提条件の p が偽である場合は，結論の q の真偽に関わらず，常に命題 $p \to q$ は真となる

---

[7] 論理の上での "p または q" は，p と q との二者択一ではないことに注意する．

1.7 論理

p	q	$\neg p$	$p \to q = (\neg p) \lor q$
T	T	F	T
T	F	F	F
F	T	T	T
F	F	T	T

ということであり，これは<u>論理上の決まりごと</u>と理解しておく．

命題 $p \to q$ に対して，命題 $q \to p$ をもとの命題の**逆命題**といい，命題 $(\neg p) \to (\neg q)$ を**裏命題**，命題 $(\neg q) \to (\neg p)$ を**対偶命題**という．"$\to$"（ならば）の定義に従うと，対偶命題に対しては

$$(\neg q) \to (\neg p) = (\neg(\neg q)) \lor (\neg p) = q \lor (\neg p) = (\neg p) \lor q = p \to q$$

となり，対偶命題ともとの命題とは同一の命題であることがわかる．また，命題 $p \to q$ に対して，命題 p を命題 q が成立するための十分条件といい，命題 q を命題 p に対する必要条件という．命題 $p \to q$ と逆命題 $q \to p$ が同時に真であるとき，命題 p と命題 q はともに十分条件であり必要条件であるので，命題 p は命題 q の必要十分条件であるといい，命題 p は命題 q と同値であるともいう．

命題に対しては「補集合」を「否定」と言い換えることで，定理 1.1 の de Morgan の法則が成立する．

> **定理 1.3** (**de Morgan**) 命題 p, q に対して，次の (1), (2) が成立する：
> (1) $\neg(p \land q) = (\neg p) \lor (\neg q)$ (2) $\neg(p \lor q) = (\neg p) \land (\neg q)$

証明 (1) のみ証明を与えておく．真理表を利用すると容易に示すことができ，(1) については次の通りである．

p	q	$p \land q$	$\neg(p \land q)$
T	T	T	F
T	F	F	T
F	T	F	T
F	F	F	T

p	q	$\neg p$	$\neg q$	$(\neg p) \lor (\neg q)$
T	T	F	F	F
T	F	F	T	T
F	T	T	F	T
F	F	T	T	T

de Morgan の法則を利用すると，命題 $p \to q$ の否定は $p \wedge (\neg q)$ であることがわかる．すなわち，$\neg(p \to q) = p \wedge (\neg q)$ である．

演習問題 1.15 真理表を利用して，定理 1.3(2) を示せ．

演習問題 1.16 含意 "$\to$" の定義と de Morgan の法則から，$\neg(p \to q) = p \wedge (\neg q)$ を示せ．

集合 X の元 x が決まるごとに命題 p に意味を持たせることができ，$x \in X$ ごとに命題 p の真偽が決まるとき，この命題を関数のように $p(x)$ と表す．このとき，すべての $x \in X$ に対して命題 $p(x)$ が真となるとき，$^\forall x \in X \,|\, p(x)$ と書き，**全称命題**という．一方，X のある元 x についてのみ命題 $p(x)$ が真となるとき，$^\exists x \in X \,|\, p(x)$ と書き，**存在命題**という．$\forall$ は All（すべて）の頭文字の A から作られた記号であり，$\exists$ は Exist（存在する）の頭文字の E から作られた記号である．たとえば，「任意の正数 ϵ に対して $|a| < \epsilon$ が成立する」[8)] は

$$^\forall \epsilon > 0 \,\big|\, |a| < \epsilon$$

と表すことができ，「ある $x \in \mathbb{R}$ に対して $x^2 - 3x + 2 = 0$ が成立する」は

$$^\exists x \in \mathbb{R} \,\big|\, x^2 - 3x + 2 = 0$$

と表すことができる．

数学の議論で重要なことは，全称命題と存在命題の否定を正しく理解することである．「すべての x に対して $p(x)$ が成立する」の否定は，「ある x については $p(x)$ が成立しない」ことであり，言い換えると「$p(x)$ が成立しない x が存在する」ことである．全称命題と存在命題の否定は次の通りである．

$$\neg(^\forall x \in X \,|\, p(x)) = \,^\exists x \in X \,|\, \neg p(x) \tag{1.14}$$

$$\neg(^\exists x \in X \,|\, p(x)) = \,^\forall x \in X \,|\, \neg p(x) \tag{1.15}$$

上の例について具体的に考えてみると，たとえば「任意の正数 ϵ に対して $|a| < \epsilon$ が成立する」の否定は，「ある正数 ϵ に対しては $|a| < \epsilon$ が成立しない」であり，「$|a| < \epsilon$ でない」ことと「$|a| \geq \epsilon$ であること」は同値であるから，

[8)] 「$^\forall \epsilon > 0 \,|\, |a| < \epsilon$」と「$a = 0$」とは <u>同値</u> な命題である．

$$\neg({}^\forall \epsilon > 0 \,\big|\, |a| < \epsilon) = {}^\exists \epsilon > 0 \,\big|\, |a| \geq \epsilon$$

となる．ところで「任意の正数 ϵ に対して $|a| < \epsilon$ が成立する」とは命題「$a = 0$」と同値であり，その否定「$a \neq 0$」として「ある正数 ϵ が存在して $|a| \geq \epsilon$ である」と述べられていることがわかる．

第2章

図形とベクトル

抽象的なベクトル空間の学習の準備として図形とベクトルについて述べる．

2.1 有向線分とベクトル

平面内に原点 O を定める．平面内の 2 点 A, B を結ぶ線分 AB を考え，その長さを $\overline{AB}$ と表す．次に線分の向きまで考慮した "**有向線分**"(oriented segment) を考える．有向線分 $\overrightarrow{AB}$ とは，A を始点，B を終点として A から B に向かうという "向き" まで含めている線分を指す．平面上の有向線分の全体の作る集合を E_2 とする．ただし，E_2 は始点と終点の一致する有向線分（たとえば $\overrightarrow{AA}$ など）も含むものとする．このとき，集合 E_2 に「平行移動によって向きまで含めて重なり合う有向線分は同じ」という関係を導入してその元を整理（正確には 1.6 節で述べた類別）すると，原点 O を始点とする有向線分のみを考えればよいことがわかる．このようにして得られる，原点 O を始点とする有向線分の全体を $\mathbb{E}_2$ と表し，$\mathbb{E}_2$ を**平面ベクトル全体の集合**といい，$\mathbb{E}_2$ の各元を平面ベクトルという．

この集合 E_2 から $\mathbb{E}_2$ を構成する手続きは，1.6 節で導入した同値関係の視点から再確認すると，次のように述べられる．有向線分を a, b などと表すことにし，$a, b \in \mathrm{E}_2$ に対して，$a \sim b$ を「有向線分 a と有向線分 b は，平行移動によって向きまで含めて重なり合う」と定めると，$\sim$ は E_2 の 1 つの同値関係になっている．ここで，$\mathbb{E}_2 := \mathrm{E}_2/\sim$ とすると，$\mathbb{E}_2$ は O を始点とする有向線分を代表元とする同値類の全体である．$\mathbb{E}_2$ においては $\overrightarrow{OO}$ を $\vec{0}$ と表し**零ベクトル**といい，$\overrightarrow{OA} \in \mathbb{E}_2$ に対して $|\overrightarrow{OA}| := \overline{OA}$ と定め，これを平面ベクトル $\overrightarrow{OA}$ の大きさあるいは長さという．従って，零ベクトル $\vec{0}$ は大きさが 0 のベクトルということもできる．特に混乱がなければ $\vec{0}$ を 0 と表すこと

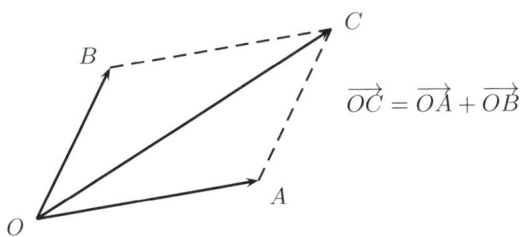

図 2.1　ベクトルの加法.

もある．また $\mathbb{E}_2$ の元は $\vec{a}, \vec{b}$ などと表されることも多い．

$\mathbb{E}_2$ の各元に対して，次の (I), (II) によって**加法**と**実数倍**を導入する．

(I) 加法：$\overrightarrow{OA}, \overrightarrow{OB} \in \mathbb{E}_2$ に対して，2つの有向線分 $\overrightarrow{OA}, \overrightarrow{OB}$ を2辺とする平行四辺形 $OACB$ を考え，$\overrightarrow{OC}$ によって $\overrightarrow{OA} + \overrightarrow{OB}$ を定める．

(II) 実数倍：$\overrightarrow{OA} \in \mathbb{E}_2$, $\alpha \in \mathbb{R}$ に対して，

- $\alpha > 0$ のときは O を始点とする半直線 OA 上に $\overrightarrow{OC} = \alpha \overrightarrow{OA}$ となる点 C をとり，$\overrightarrow{OC}$ によって $\alpha \overrightarrow{OA}$ を定める．
- $\alpha < 0$ のときは O を始点として A の反対側に延びる半直線を考え，この半直線上に $\overrightarrow{OC} = |\alpha|\overrightarrow{OA}$ となる点 C をとり，$\overrightarrow{OC}$ によって $\alpha \overrightarrow{OA}$ を定める．
- $\alpha = 0$ のときは $\alpha \overrightarrow{OA} = \vec{0}$ とする．

このように定めた加法と実数倍に対して，次の定理が成立する．

定理 2.1　$\vec{a}, \vec{b}, \vec{c} \in \mathbb{E}_2, \alpha, \beta \in \mathbb{R}$ とする．このとき次の (1)–(8) が成立する：
(1) $\vec{a} + \vec{b} = \vec{b} + \vec{a}$
(2) $\vec{a} + (\vec{b} + \vec{c}) = (\vec{a} + \vec{b}) + \vec{c}$
(3) $\vec{a} + \vec{0} = \vec{a}$
(4) 各 $\vec{a}$ に対して $\vec{a} + \vec{b} = \vec{0}$ となるような $\vec{b}$ が唯1つ存在する．
(5) $1\vec{a} = \vec{a}$
(6) $\alpha(\vec{a} + \vec{b}) = \alpha \vec{a} + \alpha \vec{b}$
(7) $(\alpha + \beta)\vec{a} = \alpha \vec{a} + \beta \vec{a}$
(8) $(\alpha\beta)\vec{a} = \alpha(\beta \vec{a})$

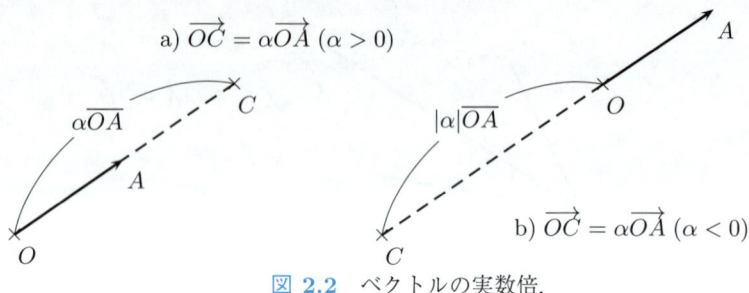

図 2.2 ベクトルの実数倍.

数学的には少し細かいことになるが，加法と実数倍という演算について補足をしておく．ベクトルの加法を定義することは写像

$$+ : \mathbb{E}_2 \times \mathbb{E}_2 \to \mathbb{E}_2$$

を定めることであり，実数倍は写像

$$\cdot : \mathbb{R} \times \mathbb{E}_2 \to \mathbb{E}_2$$

を定めることである．定理 2.1 は，このように新たに定めた加法と実数倍という 2 つの写像が満たす計算上の規則を述べているのである．特に注意することは，定理 2.1(7) では，左辺に現れる + と右辺に現れる + の意味が異なることである．左辺に現れる + はよく知られた実数の加法であり，右辺に現れる + はいま定められた $\mathbb{E}_2$ の加法である．そしてこの定理 2.1 は，実数の加法や乗法と $\mathbb{E}_2$ に導入された加法や実数倍の間に，自然な計算ルールが成立することを述べている．また定理 2.1(4) で決まる $\vec{b}$ は $(-1)\vec{a}$ であり，これを $-\vec{a}$ と表す．

演習問題 2.1 上に定めた計算規則 (I), (II) に沿って，定理 2.1 の (1)–(8) を確認せよ．

平面の場合と同様にして，**空間ベクトル**を構成することができる．空間内に原点 O を定める．空間内の点 A, B に対して，平面の場合と同様に，有向線分 $\overrightarrow{AB}$ を考え，その全体を E_3 とする．集合 E_3 に「平行移動によって向きも含めて重なり合う 2 つの有向線分は同一視する」という同値関係 $\sim$ を定義し，$\mathbb{E}_3 := \mathrm{E}_3/\sim$ とする．さらに $\mathbb{E}_2$ の場合と同様に (I), (II) によって

$\mathbb{E}_3$ に加法と実数倍を定めると，$\vec{a}, \vec{b}, \vec{c} \in \mathbb{E}_3, \alpha, \beta \in \mathbb{R}$ に対しても定理 2.1 の (1)–(8) が成立することがわかる．このとき $\mathbb{E}_3$ を空間ベクトル全体の集合といい，$\mathbb{E}_3$ の各元を空間ベクトルという．

ベクトルが大きさと向きという 2 つの量をもっているのに対し，実数は大きさしかもっておらず，ベクトルに対し**スカラー** (scalar) と呼ばれることもある．従って，ベクトルの実数倍をスカラー倍と呼ぶこともある．詳しいことは第 3 章で述べるが，一般に集合 X に加法とスカラー倍という 2 つの演算が定義され，それらが定理 2.1 の (1)–(8) の計算規則を満たすとき[1]，X を**ベクトル空間** (vector space) または**線形空間** (linear space) という．本節で述べた $\mathbb{E}_2$ と $\mathbb{E}_3$ は最も素朴なベクトル空間の例である．

$\overrightarrow{OA}, \overrightarrow{OB}$ を $\mathbb{E}_2$ または $\mathbb{E}_3$ の元とし，その"なす角"を θ とするとき，$|\overrightarrow{OA}||\overrightarrow{OB}|\cos\theta$ によって定まる値を $\overrightarrow{OA}$ と $\overrightarrow{OB}$ との**内積** (inner product) と呼び，記号では $\overrightarrow{OA} \cdot \overrightarrow{OB}$ あるいは $(\overrightarrow{OA}, \overrightarrow{OB})$ と表す：

$$(\overrightarrow{OA}, \overrightarrow{OB}) = \overrightarrow{OA} \cdot \overrightarrow{OB} := |\overrightarrow{OA}||\overrightarrow{OB}|\cos\theta \tag{2.1}$$

である．この内積を利用すると，ベクトルの大きさ $|\overrightarrow{OA}|$ は

$$|\overrightarrow{OA}| = \sqrt{\overrightarrow{OA} \cdot \overrightarrow{OA}} \tag{2.2}$$

となっている．線形空間 $\mathbb{E}_2, \mathbb{E}_3$ が (2.1) で定まる内積を備えているとき，**Euclid 空間** (Euclidean space) という．

いま点 B から直線 OA に下ろした垂線の足を H とする．このとき，$\overrightarrow{OA}$ と

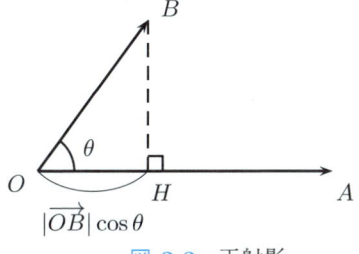

図 **2.3** 正射影．

---

[1] 加法が定義されて (1)–(8) を満たせば，"減法"も定義されたことになる．

$\overrightarrow{OB}$ のなす角を θ とすると $|\overrightarrow{OB}|\cos\theta$ は有向線分 $\overrightarrow{OH}$ の長さに正負の符号をつけて表しており，$\overrightarrow{OH}$ を B から $\overrightarrow{OA}$ に下ろした**正射影ベクトル**という．また，(2.1) からもわかる通り，$\overrightarrow{OA} \perp \overrightarrow{OB}$ のとき $\cos\theta = 0$ となり $\overrightarrow{OA} \cdot \overrightarrow{OB} = 0$ である．

内積は次の性質をもつ．

> **定理 2.2** $\vec{a}, \vec{b}, \vec{c}$ を $\mathbb{E}_2$ または $\mathbb{E}_3$ の元とし，$\alpha \in \mathbb{R}$ とする．このとき内積に関して次の (1)–(4) が成立する：
> (1) $(\vec{a} + \vec{b}) \cdot \vec{c} = \vec{a} \cdot \vec{c} + \vec{b} \cdot \vec{c}$
> (2) $(\alpha \vec{a}) \cdot \vec{b} = \alpha(\vec{a} \cdot \vec{b})$
> (3) $\vec{a} \cdot \vec{b} = \vec{b} \cdot \vec{a}$
> (4) $\vec{a} \cdot \vec{a} \geq 0$ であり，$\vec{a} \cdot \vec{a} = 0$ は $\vec{a} = \vec{0}$ に限られる

> **定理 2.3** (**Schwarz の不等式**) $\vec{a}, \vec{b}$ を $\mathbb{E}_2$ または $\mathbb{E}_3$ の元とするとき
> $$(\vec{a} \cdot \vec{b})^2 \leq (\vec{a} \cdot \vec{a})(\vec{b} \cdot \vec{b}) \tag{2.3}$$
> が成立する．

証明 内積の定義 (2.1) を利用すれば

$$|\vec{a} \cdot \vec{b}| = ||\vec{a}||\vec{b}|\cos\theta| \leq |\vec{a}||\vec{b}|$$

であり，(2.2) と併せて Schwarz の不等式 (2.3) の成立は容易にわかるが，ここでは定理 2.2 を用いた証明を与えることにする．

$\vec{a} = \vec{0}$ のときは (2.3) の左辺も右辺も 0 となり成立するので，$\vec{a} \neq \vec{0}$ としておく．このとき，$t \in \mathbb{R}$ に対して，定理 2.2(4) より

$$(t\vec{a} + \vec{b}) \cdot (t\vec{a} + \vec{b}) \geq 0.$$

ここで定理 2.2(1)–(3) を用いて計算すると，任意の実数 t に対して

$$(\vec{a} \cdot \vec{a})t^2 + 2(\vec{a} \cdot \vec{b})t + \vec{b} \cdot \vec{b} \geq 0 \tag{2.4}$$

となる．$\vec{a} \neq \vec{0}$ のときは $\vec{a} \cdot \vec{a} > 0$ であり，任意の t について 2 次不等式 (2.4) が成立するための必要十分条件は，(2.4) の 2 次式の判別式を考えて，

$$(\vec{a}\cdot\vec{b})^2 - (\vec{a}\cdot\vec{a})(\vec{b}\cdot\vec{b}) \leq 0$$

が成立することである．

(2.3) の等号の成立する場合は (2.4) に対応する 2 次方程式が重根をもつ場合であり，$\vec{a} \neq \vec{0}$ のときは，ある $t_0 \in \mathbb{R}$ に対して

$$(t_0\vec{a} + \vec{b}) \cdot (t_0\vec{a} + \vec{b}) = 0$$

が成立する場合に限られる．すなわち，(2.3) の等号の成立は，零ベクトルの場合も含めて $\vec{a} \parallel \vec{b}$ のときである． □

内積とベクトルの大きさの関係は (2.2) の通りであるが，ベクトルの大きさについては次の性質が存在する．

> **定理 2.4** $\vec{a}, \vec{b}$ を $\mathbb{E}_2$ または $\mathbb{E}_3$ の元とし $\alpha \in \mathbb{R}$ とするとき，次の (1)–(3) が成立する：
> (1) $|\vec{a}| \geq 0$ であり，$|\vec{a}| = 0$ となるのは $\vec{a} = \vec{0}$ の場合に限られる．
> (2) $|\alpha\vec{a}| = |\alpha||\vec{a}|$．
> (3) $|\vec{a} + \vec{b}| \leq |\vec{a}| + |\vec{b}|$． （三角不等式）

定理 2.4 の (3) は，「三角形の 1 辺の長さは，他の 2 辺の長さの和よりも小さい」ことを意味している．実際に $\triangle ABC$ を考えて定理 2.4 を適用すると

$$|\vec{BC}| = |\vec{AC} - \vec{AB}| = |\vec{AC} + (-\vec{AB})| \leq |\vec{AB}| + |\vec{AC}|$$

が成立する．

演習問題 2.2 内積の定義 (2.1) に沿って，定理 2.2 を証明せよ．

演習問題 2.3 定理 2.4 を証明せよ．（ヒント：定理 2.4(3) の証明には，Schwarz の不等式を利用する．）

■ 2.2 座標とベクトル

平面内に O を通り互いに直交する 2 本の座標軸 x 軸と y 軸を導入する．平面上の点 A は，この点から x 軸と y 軸に下ろした垂線の足 A_x, A_y の座

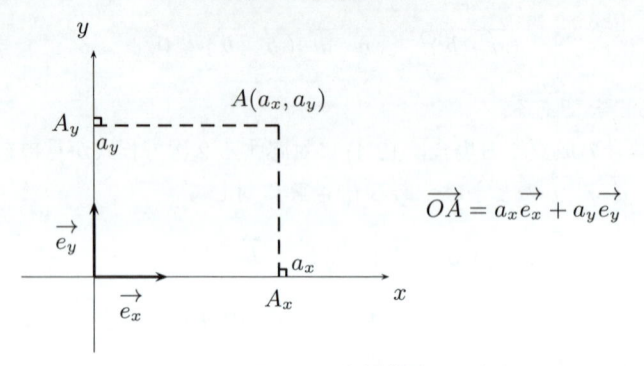

図 2.4 座標表示.

標 a_x, a_y を用いて，$A(a_x, a_y)$ と座標表示される．原点 O を始点とし，x 軸と y 軸の正方向に向かう大きさ 1 のベクトルをそれぞれ $\vec{e_x}, \vec{e_y}$ とすると，$\overrightarrow{OA_x} = a_x\vec{e_x}$，$\overrightarrow{OA_y} = a_y\vec{e_y}$ であり，さらに 2.1 節で定めたベクトルの加法を利用すると

$$\overrightarrow{OA} = \overrightarrow{OA_x} + \overrightarrow{OA_y} = a_x\vec{e_x} + a_y\vec{e_y} \tag{2.5}$$

となっていることがわかる．さらに $B(b_x, b_y)$ と $\alpha \in \mathbb{R}$ に対して，スカラー倍の定義と定理 2.1 より

$$\overrightarrow{OA} + \overrightarrow{OB} = (a_x + b_x)\vec{e_x} + (a_y + b_y)\vec{e_y} \tag{2.6}$$

$$\alpha\overrightarrow{OA} = (\alpha a_x)\vec{e_x} + (\alpha a_y)\vec{e_y} \tag{2.7}$$

が成立することもわかる．

同様に，空間の原点 O を通り互いに直交する x 軸，y 軸，z 軸を導入し，それぞれの軸の正の方向に向かう大きさ 1 のベクトル $\vec{e_x}, \vec{e_y}, \vec{e_z}$ を定める．空間の点 A, B の座標を $A(a_x, a_y, a_z), B(b_x, b_y, b_z)$ とし，$\alpha \in \mathbb{R}$ とすると，(2.5) と同様の計算により

$$\overrightarrow{OA} + \overrightarrow{OB} = (a_x + b_x)\vec{e_x} + (a_y + b_y)\vec{e_y} + (a_z + b_z)\vec{e_z} \tag{2.8}$$

$$\alpha\overrightarrow{OA} = (\alpha a_x)\vec{e_x} + (\alpha a_y)\vec{e_y} + (\alpha a_z)\vec{e_z} \tag{2.9}$$

が成立する．(2.6)–(2.9) の関係は，平面および空間のベクトルの計算が座標軸の導入によって座標成分の計算に帰着されることを示唆している．この事

2.2 座標とベクトル

実を直積集合 $\mathbb{R}^2$ および $\mathbb{R}^3$ に加法とスカラー倍を定義して整理する.

1.2 節で定めたように，実数の集合 $\mathbb{R}$ の直積 $\mathbb{R}^2$ および $\mathbb{R}^3$ は

$$\mathbb{R}^2 := \left\{ \begin{pmatrix} x_1 \\ x_2 \end{pmatrix} \middle| x_1, x_2 \in \mathbb{R} \right\}, \quad \mathbb{R}^3 := \left\{ \begin{pmatrix} x_1 \\ x_2 \\ x_3 \end{pmatrix} \middle| x_1, x_2, x_3 \in \mathbb{R} \right\}$$

である．本書では $\mathbb{R}$ の直積集合の元は実数を縦書きに並べるものとし，その個々の数字を成分といい，$x \in \mathbb{R}^3$ の成分表示を $(x_j)_{j\downarrow 1,\cdots,3}$ や $(x_1, x_2, x_3)^T$ とする:

$$x = \begin{pmatrix} x_1 \\ x_2 \\ x_3 \end{pmatrix} \iff x = (x_j)_{j\downarrow 1,\cdots,3} \in \mathbb{R}^3, \quad x = (x_1, x_2, x_3)^T \in \mathbb{R}^3.$$

ここで右肩の T はあとで述べる**転置**を表す記号で [2)]，ここでは "縦書きと横書きの入れ換え" の記号と考えれば十分である:

$$(x_1, x_2, x_3)^T = \begin{pmatrix} x_1 \\ x_2 \\ x_3 \end{pmatrix}, \quad \begin{pmatrix} x_1 \\ x_2 \\ x_3 \end{pmatrix}^T = (x_1, x_2, x_3).$$

さらに $(x_j)_{j\downarrow 1,\cdots,3}$ の表し方では，成分が 3 つであることを省略しても誤解のないときは $\downarrow$ のあとの "$1,\cdots,3$" を省略し，単に $(x_j)_{j\downarrow}$ あるいは (x_j) と表す.

直積集合 $\mathbb{R}^3$ の加法とスカラー倍を次のように定義する:

(I) 加法

$$\begin{pmatrix} x_1 \\ x_2 \\ x_3 \end{pmatrix} + \begin{pmatrix} y_1 \\ y_2 \\ y_3 \end{pmatrix} := \begin{pmatrix} x_1 + y_1 \\ x_2 + y_2 \\ x_3 + y_3 \end{pmatrix}, \tag{2.10}$$

(II) スカラー倍

$$\alpha \begin{pmatrix} x_1 \\ x_2 \\ x_3 \end{pmatrix} := \begin{pmatrix} \alpha x_1 \\ \alpha x_2 \\ \alpha x_3 \end{pmatrix} \quad (\alpha \in \mathbb{R}). \tag{2.11}$$

[2)] x の転置 x^T を ${}^t x$ と表す流儀もある．ただし x^t とは表さない.

2.1 節の最後でも説明したように，(2.10) の左辺の加法 + は新たに導入された $\mathbb{R}^3$ の加法であり，右辺の各成分の加法 + は通常の実数の加法であり，実数の加法と乗法を用いて $\mathbb{R}^3$ に新たに加法 (2.10) とスカラー倍 (2.11) を定めるのである．さらに $\mathbf{0} \in \mathbb{R}^3$ を $\mathbf{0} := (0,0,0)^T$ とし，これを $\mathbb{R}^3$ の零元（または零ベクトル）と呼ぶ．零元 $\mathbf{0}$ は単に 0 と表されることも多い．このとき次の定理が成立する．

定理 2.5 $\mathbf{0}, x, y, z \in \mathbb{R}^3, \alpha, \beta \in \mathbb{R}$ とする．このとき次の (1)–(8) が成立する：
(1) $x + y = y + x$
(2) $x + (y + z) = (x + y) + z$
(3) $x + \mathbf{0} = x$
(4) 各 x に対して $x + y = \mathbf{0}$ となるような y が唯 1 つ存在する．
(5) $1x = x$
(6) $\alpha(x + y) = \alpha x + \alpha y$
(7) $(\alpha + \beta)x = \alpha x + \beta x$
(8) $(\alpha \beta)x = \alpha(\beta x)$

$\mathbb{R}^2$ についても $(x_1, x_2)^T, (y_1, y_2)^T \in \mathbb{R}^2, \alpha \in \mathbb{R}$ に対して，加法を $(x_1, x_2)^T + (y_1, y_2)^T := (x_1 + y_1, x_2 + y_2)^T$，スカラー倍を $\alpha(x_1, x_2)^T := (\alpha x_1, \alpha x_2)^T$ とし，零元 $\mathbf{0} := (0,0)^T = 0$ とすると，定理 2.5(1)–(8) が成立する．2.1 節でも述べたが，定理 2.5 の (1)–(8) の性質をもつ加法とスカラー倍が定義された集合をベクトル空間と呼ぶので，$\mathbb{R}^2$ および $\mathbb{R}^3$ はベクトル空間であり，特に**数ベクトル空間**と呼ばれる．

演習問題 2.4 加法 (2.10)，スカラー倍 (2.11) の定義に沿って，定理 2.5 の証明を与えよ．

$\{x_k\}_{k=1}^m \subset \mathbb{R}^3$ と $\{\alpha_k\}_{k=1}^m \subset \mathbb{R}$ に対して，
$$\alpha_1 x_1 + \alpha_2 x_2 + \cdots + \alpha_m x_m \tag{2.12}$$
という形の $\mathbb{R}^3$ の元を $\{x_k\}_{k=1}^m$ の**線形結合** (linear combination) あるいは**一次結合**と呼び，$\{\alpha_k\}_{k=1}^m$ を線形結合 (2.12) の係数と呼ぶこともある．総和記号 $\sum$ を用いると，線形結合 (2.12) は $\sum_{k=1}^m \alpha_k x_k$ と表される．

2.2 座標とベクトル

$\{x_k\}_{k=1}^m \subset \mathbb{R}^3$ と $\{\alpha_k\}_{k=1}^m, \{\beta_k\}_{k=1}^m \subset \mathbb{R}$ に対して, 2 つの線形結合 $\sum_{k=1}^m \alpha_k x_k$ と $\sum_{k=1}^m \beta_k x_k$ が等しいとき, その係数比較によって $\alpha_k = \beta_k$ ($1 \leq k \leq m$) を示すことは,

$$\alpha_1 x_1 + \alpha_2 x_2 + \cdots + \alpha_m x_m = 0 \tag{2.13}$$

が成立するときに

$$\alpha_1 = \alpha_2 = \cdots = \alpha_m = 0 \tag{2.14}$$

を示すことと同じである (→ 演習問題 2.6). このとき, (2.13) の右辺の 0 は $\mathbb{R}^3$ の零元 **0** であり, (2.14) の最後の 0 は実数の 0 であることに注意する. この問題はベクトル空間を考えるときに最も重要なものの 1 つで, 次のように **一次独立** という概念を導入する.

> **定義 2.1** (一次独立) $\{x_k\}_{k=1}^m \subset \mathbb{R}^3, \{\alpha_k\}_{k=1}^m \subset \mathbb{R}$ とする. (2.13) の成立が (2.14) が成立する場合に限られるとき, $\{x_k\}_{k=1}^m$ を**一次独立** (linearly independent) あるいは**線形独立**な $\mathbb{R}^3$ の組と呼ぶ. $\{x_k\}_{k=1}^m$ が一次独立でないとき, **一次従属** (linearly dependent) と呼ばれる.

零元はすべての $x \in \mathbb{R}^3$ と一次従属な関係にあると考えることにする. また, $\mathbb{R}^2$ においても, $\mathbb{R}^3$ の場合と同様に, 線形結合や一次独立を考えることができる.

> **例 2.1**
> (1) $\{(1,1,1)^T, (1,-1,1)^T\}$ は $\mathbb{R}^3$ の一次独立な組である.
> (2) $\{(1,0,0)^T, (0,1,0)^T, (0,0,1)^T\}$ は $\mathbb{R}^3$ の一次独立な組である.
> (3) $\{(1,1,1)^T, (1,0,1)^T, (0,1,1)^T\}$ は $\mathbb{R}^3$ の一次独立な組である.
> (4) $\{(1,1,1)^T, (1,-1,0)^T, (2,0,1)^T\}$ は $\mathbb{R}^3$ の一次従属な組である.
> (5) $\{(1,0)^T, (0,1)^T\}$ は $\mathbb{R}^2$ の一次独立な組である.

演習問題 2.5 定義 2.1 に沿って, 例 2.1 (1)–(5) の一次独立性・一次従属性を検証せよ.

演習問題 2.6 $\{x_k\}_{k=1}^m \subset \mathbb{R}^3, \{\alpha_k\}_{k=1}^m, \{\beta_k\}_{k=1}^m \subset \mathbb{R}$ とする. $\{x_k\}_{k=1}^m$ が一次独立のとき, $\sum_{k=1}^m \alpha_k x_k = \sum_{k=1}^m \beta_k x_k$ が成立することと $\alpha_k = \beta_k$ ($1 \leq k \leq m$) が成立することが同値であることを示せ.

一次独立な組を与えたとき，これを利用して他のベクトルがその線形結合で表すことができるかどうかという問題を考える．たとえば例 2.1(2) の場合は

$$e_1 = (1,0,0)^T, \quad e_2 = (0,1,0)^T, \quad e_3 = (0,0,1)^T \tag{2.15}$$

とすると，勝手な $x = (\alpha, \beta, \gamma)^T \in \mathbb{R}^3$ は

$$x = \alpha e_1 + \beta e_2 + \gamma e_3 \tag{2.16}$$

と，一次独立な組 $\{e_1, e_2, e_3\}$ の線形結合によって一意的すなわち 1 通りに表される．$\alpha e_1 + \beta e_2 + \gamma e_3 = (\alpha, \beta, \gamma)^T$ は明らかであるから，"一意的" ということについて詳しく考えてみる．もしも $x = (\alpha, \beta, \gamma)^T$ に対して，$\{e_1, e_2, e_3\}$ を用いて (2.16) 以外の表し方があったとすると，$(\alpha', \beta', \gamma')^T \neq (\alpha, \beta, \gamma)^T$ という α', β', γ' に対して $x = \alpha' e_1 + \beta' e_2 + \gamma' e_3$ が成立することになる．従って

$$\alpha e_1 + \beta e_2 + \gamma e_3 = \alpha' e_1 + \beta' e_2 + \gamma' e_3$$

となるが，$\{e_1, e_2, e_3\}$ が一次独立であることから $\alpha = \alpha', \beta = \beta', \gamma = \gamma'$ となり，(2.16) 以外の表し方はないことがわかる．このような性質を一般化して，次の定義を与える．

> **定義 2.2** （基底）$\{x_k\}_{k=1}^m \subset \mathbb{R}^3$ が $\mathbb{R}^3$ の基底 (basis) であるとは，次の (1), (2) が成立することである：
> (1) $\{x_k\}_{k=1}^m$ は一次独立な組である．
> (2) $\mathbb{R}^3$ の各元 x に対して係数の組 $\{\alpha_k\}_{k=1}^m$ が一意的に定まり，$x = \sum_{k=1}^m \alpha_k x_k$ と表される．

$\mathbb{R}^2$ においても同様に基底を考えることができる．基底の個数（定義 2.2 での m の値）がいくつであるかは重要なことであり，<u>$\mathbb{R}^3$ では $m = 3$，$\mathbb{R}^2$ では $m = 2$</u> であることが知られているが，詳しいことは次章 3.3 節で述べることにする．(2.15) で与えられる $\{e_1, e_2, e_3\}$ は $\mathbb{R}^3$ の基底で最も単純なものであり，**標準基底**と呼ばれる．同様に $\mathbb{R}^2$ の標準基底は

$$e_1 = (1,0)^T, \quad e_2 = (0,1)^T \tag{2.17}$$

である．

図 2.5

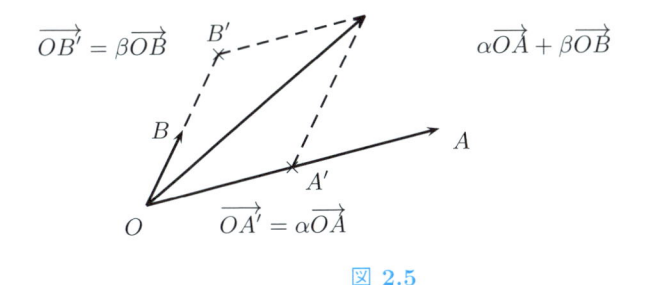

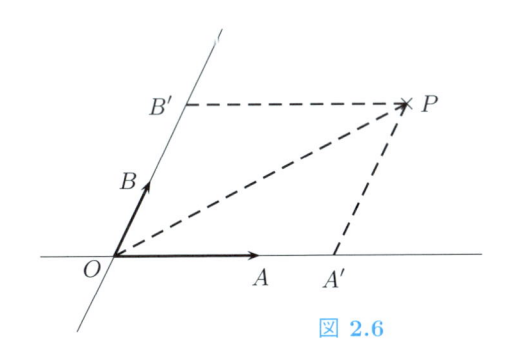

図 2.6

演習問題 2.7 例 2.1(3) の 3 つの元の組は $\mathbb{R}^3$ の基底であることを，定義 2.2 に沿って示せ．

平面ベクトル $\mathbb{E}_2$ や空間ベクトル $\mathbb{E}_3$ でも，一次独立や基底を考えることができる．平面ベクトルの場合には $\{\overrightarrow{OA}, \overrightarrow{OB}\} \subset \mathbb{E}_2$ とし，$\overrightarrow{OA} \neq \vec{0}, \overrightarrow{OB} \neq \vec{0}$ で，しかも $\overrightarrow{OA}$ と $\overrightarrow{OB}$ は平行でないとする．このとき $\alpha, \beta \in \mathbb{R}$ に対して $\alpha\overrightarrow{OA}, \beta\overrightarrow{OB}$ で表されるベクトルを $\overrightarrow{OA'}, \overrightarrow{OB'}$ とすると，$\alpha\overrightarrow{OA} + \beta\overrightarrow{OB}$ は OA' と OB' を 2 辺とする平行四辺形の頂点を表すベクトルであり（図 2.5），また $\alpha\overrightarrow{OA} + \beta\overrightarrow{OB} = \vec{0}$ となるのは $\alpha = \beta = 0$ の場合に限られる．従って，この $\{\overrightarrow{OA}, \overrightarrow{OB}\}$ は $\mathbb{E}_2$ の一次独立な組である．さらに，勝手な $\overrightarrow{OP} \in \mathbb{E}_2$ に対して，O と P が平行四辺形の頂点となるように直線 OA, OB 上に A', B' をとると $\overrightarrow{OP} = \overrightarrow{OA'} + \overrightarrow{OB'}$ であり（図 2.6），うまく $\alpha, \beta \in \mathbb{R}$ を定めることにより $\overrightarrow{OA'} = \alpha\overrightarrow{OA}, \overrightarrow{OB'} = \beta\overrightarrow{OB}$ となるので，$\overrightarrow{OP} = \alpha\overrightarrow{OA} + \beta\overrightarrow{OB}$ の形に表すことができる．これは $\{\overrightarrow{OA}, \overrightarrow{OB}\}$ が $\mathbb{E}_2$ の基底であることを意味してい

る．この内容は空間ベクトルの場合も含めて，次のように定理としてまとめられる．

> **定理 2.6** (1) $\{\overrightarrow{OA}, \overrightarrow{OB}\} \subset \mathbb{E}_2$ が一次独立であるための必要十分条件は，$\overrightarrow{OA} \neq \vec{0}, \overrightarrow{OB} \neq \vec{0}$ であって，しかも $\overrightarrow{OA}$ と $\overrightarrow{OB}$ が平行ではないことである．
> (2) $\{\overrightarrow{OA}, \overrightarrow{OB}\} \subset \mathbb{E}_2$ が一次独立な組であるとき，これは $\mathbb{E}_2$ の 1 組の基底になっている．
> (3) $\{\overrightarrow{OA}, \overrightarrow{OB}, \overrightarrow{OC}\} \subset \mathbb{E}_3$ が一次独立な組であるための必要十分条件は，$\overrightarrow{OA} \neq \vec{0}, \overrightarrow{OB} \neq \vec{0}, \overrightarrow{OC} \neq \vec{0}$ であって，しかも 3 点 A, B, C が原点 O を通る同一平面上にないことである．
> (4) $\{\overrightarrow{OA}, \overrightarrow{OB}, \overrightarrow{OC}\} \subset \mathbb{E}_3$ が一次独立な組であるとき，これは $\mathbb{E}_3$ の 1 組の基底になっている．

本節のはじめに述べた $\{\vec{e}_x, \vec{e}_y\} \subset \mathbb{E}_2$ および $\{\vec{e}_x, \vec{e}_y, \vec{e}_z\} \subset \mathbb{E}_3$ の各座標軸方向の大きさ 1 のベクトルの組はそれぞれ $\mathbb{E}_2$ と $\mathbb{E}_3$ の基底になっており，(2.6), (2.7) および (2.8), (2.9) はこの基底を利用すれば $\mathbb{E}_2$ と $\mathbb{E}_3$ の加法とスカラー倍はそれぞれ $\mathbb{R}^2$ と $\mathbb{R}^3$ の加法とスカラー倍に帰着できることを意味している．

また，直交する座標軸方向の大きさ 1 の基底 $\{\vec{e}_x, \vec{e}_y\} \subset \mathbb{E}_2$ および $\{\vec{e}_x, \vec{e}_y, \vec{e}_z\} \subset \mathbb{E}_3$ を用いると，内積も座標を用いて計算することができる．すなわち平面の場合は $A(a_x, a_y), B(b_x, b_y)$ に対して

$$\overrightarrow{OA} = a_x \vec{e}_x + a_y \vec{e}_y, \quad \overrightarrow{OB} = b_x \vec{e}_x + b_y \vec{e}_y$$

であり，$\vec{e}_x \cdot \vec{e}_x = 1, \vec{e}_y \cdot \vec{e}_y = 1, \vec{e}_x \cdot \vec{e}_y = \vec{e}_y \cdot \vec{e}_x = 0$ であるので，定理 2.2 を用いると

$$\begin{aligned} \overrightarrow{OA} \cdot \overrightarrow{OB} &= (a_x \vec{e}_x + a_y \vec{e}_y) \cdot (b_x \vec{e}_x + b_y \vec{e}_y) \\ &= a_x b_x \vec{e}_x \cdot \vec{e}_y + (a_x b_y + a_y b_x) \vec{e}_x \cdot \vec{e}_y + a_y b_y \vec{e}_y \cdot \vec{e}_y \\ &= a_x b_x + a_y b_y \end{aligned}$$

となる．$\mathbb{E}_3$ の場合も含めてまとめると，次の定理を得る．

> **定理 2.7** (1) Euclid 空間 $\mathbb{E}_2$ に直交座標軸を導入し，$A(a_x, a_y)$, $B(b_x, b_y)$ とする．このとき (2.1) で定義される内積の値は
>
> $$\overrightarrow{OA} \cdot \overrightarrow{OB} = a_x b_x + a_y b_y \tag{2.18}$$
>
> で与えられる．
> (2) Euclid 空間 $\mathbb{E}_3$ に直交座標軸を導入し，$A(a_x, a_y, a_z), B(b_x, b_y, b_z)$ とする．このとき (2.1) で定義される内積の値は
>
> $$\overrightarrow{OA} \cdot \overrightarrow{OB} = a_x b_x + a_y b_y + a_z b_z \tag{2.19}$$
>
> で与えられる．

演習問題 2.8 $\mathbb{E}_3$ に直交座標軸を導入し，$A(a_x, a_y, a_z), B(b_x, b_y, b_z)$ とする．このとき $\overrightarrow{OA}$ と $\overrightarrow{OB}$ のなす角を θ とすると

$$\cos\theta = \frac{a_x b_x + a_y b_y + a_z b_z}{\sqrt{a_x{}^2 + a_y{}^2 + a_z{}^2}\sqrt{b_x{}^2 + b_y{}^2 + b_z{}^2}}$$

であることを示せ．

演習問題 2.9 $a, b, c, p, q, r \in \mathbb{R}$ とする．定理 2.3 を利用し

$$(ap + bq + cr)^2 \leq (a^2 + b^2 + c^2)(p^2 + q^2 + r^2) \quad (\text{Schwarz の不等式})$$

が成立することを示せ．

2.3 図形とベクトル方程式

平面においても空間においても，点 A と $\vec{e}\,(\neq \vec{0})$ を与えると，点 A を通って $\vec{e}$ に平行な直線 l は 1 通りに定まる．l 上の勝手な点を P とすると $\overrightarrow{AP} /\!/ \vec{e}$ であるから，ある $t \in \mathbb{R}$ を用いると $\overrightarrow{AP} = t\vec{e}$ となり（図 2.7），実数 t の値が $\mathbb{R}$ の中で変化することにより P は l 上を動くことになる．すなわち

$$l: \overrightarrow{OP} = \overrightarrow{OA} + t\vec{e} \tag{2.20}$$

において t が実数全体を動くと P は直線 l 全体を動くことになるので，(2.20)

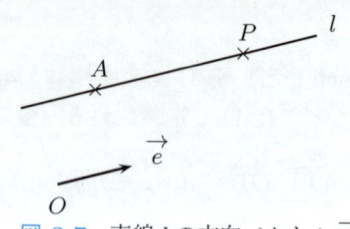

図 2.7 直線 l の方向ベクトル $\vec{e}$.

($t \geq 0$ のときの半直線)　　　($t \leq 0$ のときの半直線)

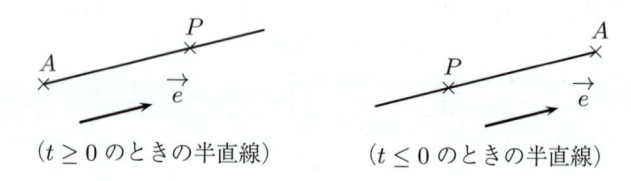

図 2.8 半直線 AP.

を直線の**ベクトル方程式**という．このとき t を**パラメータ**（**媒介変数**）といい，$\vec{e}$ を直線 l の**方向ベクトル**という．またパラメータの値を制限し，$t \geq 0$ や $t \leq 0$ の場合は直線全体ではなく，点 A を始点とする半直線を表すことになる（図 2.8）．

　座標を導入して数ベクトルを用い，直線の方程式 (2.20) を書き換えてみよう．平面の場合は $A(x_0, y_0)$, $\vec{e} = (a, b)^T$, $P(x, y) \in l$ とすると，$\overrightarrow{OP} = (x, y)^T$ と (2.20) より $(x, y)^T = (x_0, y_0)^T + t(a, b)^T$ となり，形式的に t を消去すると

$$l: \frac{x - x_0}{a} = \frac{y - y_0}{b} (= t)$$

を得る．ここでは分母が 0 のときは分子も 0 であると決めておく．特に $a \neq 0$ のときは $y = \frac{b}{a}(x - x_0) + y_0$ となり，よく知られた平面上の直線の方程式となる．空間の場合は $A(x_0, y_0, z_0)$, $\vec{e} = (a, b, c)^T$, $P(x, y, z) \in l$ とすると

$$l: \frac{x - x_0}{a} = \frac{y - y_0}{b} = \frac{z - z_0}{c} \tag{2.21}$$

を得るが，これを座標を用いた空間の直線の方程式という．ここでも分母が 0 のときは分子も 0 であるとする．

演習問題 2.10 A, B を相異なる 2 点とする．

(1) A, B を通る直線の方程式は，$\overrightarrow{OP} = t\overrightarrow{OA} + (1-t)\overrightarrow{OB}$ $(t \in \mathbb{R})$ で与えられることを示せ．

(2) 線分 AB のベクトル方程式は，点 P を両端を含んだ線分 AB 上の点とするとき，$\overrightarrow{OP} = t\overrightarrow{OA} + (1-t)\overrightarrow{OB}$ $(0 \leq t \leq 1)$ で与えられることを示せ．

(3) A, B を平面上の点とするとき，$\overrightarrow{OP} = s\overrightarrow{OA} + t\overrightarrow{OB}$ $(0 \leq s \leq 1, t \geq 0)$ で与えられる点 P の存在範囲を図示せよ．

平面のベクトル方程式は，その表現方法には何通りかある．空間においては同一直線上にはない相異なる 3 点 A, B, C は 1 つの平面を決定する．平面 π 上の点を P とすると，$\overrightarrow{AP}$ は $\overrightarrow{AB}$ と $\overrightarrow{AC}$ との線形結合で表されるので，パラメータ s, t を用いて $\overrightarrow{AP} = s\overrightarrow{AB} + t\overrightarrow{AC}$ となる．$\vec{e_1} := \overrightarrow{AB}$, $\vec{e_2} := \overrightarrow{AC}$ とすると $\vec{e_1}$ と $\vec{e_2}$ とは一次独立であり，

$$\pi : \overrightarrow{OP} = \overrightarrow{OA} + s\vec{e_1} + t\vec{e_2} \quad (s, t \in \mathbb{R}) \tag{2.22}$$

となる．この (2.22) を点 A を通って $\vec{e_1}$ と $\vec{e_2}$ によって張られる平面のベクトル方程式という．空間では一次独立な 2 つのベクトル $\vec{e_1}, \vec{e_2}$ に直交するベクトル $\vec{n}(\neq \vec{0})$ が定まる[3]．この $\vec{n}$ を用いると

$$(\overrightarrow{OP} - \overrightarrow{OA}) \cdot \vec{n} = (s\vec{e_1} + t\vec{e_2}) \cdot \vec{n} = 0$$

となり，内積を用いた平面のベクトル方程式として

$$\pi : (\overrightarrow{OP} - \overrightarrow{OA}) \cdot \vec{n} = 0 \tag{2.23}$$

図 2.9 平面を張るベクトル $\{\vec{e_1}, \vec{e_2}\}$ と法線ベクトル $\vec{n}$．

---

[3] ベクトル $\vec{n}$ の方向は一意的に定まるが，$\vec{n}$ 自身は一意的ではない．

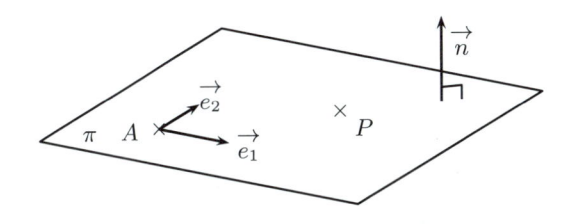

を得る．この $\vec{n}$ を平面 π の**法線ベクトル** (normal vector) という．別のいい方をすると，点 A と法線ベクトル $\vec{n}(\neq \vec{0})$ が与えられると平面は一意的に定まり，内積を利用したこの平面のベクトル方程式は (2.23) となる．ここでも xyz 座標を導入し $A(x_0, y_0, z_0)$, $P(x, y, z)$, $\vec{n} = (a, b, c)^T$ とすると，(2.19) の内積の計算から (2.23) は

$$\pi : a(x-x_0) + b(y-y_0) + c(z-z_0) = 0 \qquad (2.24)$$

となり，これを座標を用いた平面の方程式という．

ベクトルを用いて空間図形の問題を解くときには，2 つのベクトルと直交するベクトルを用いることが多い．このために次の**ベクトル積** (vector product) を用意しておく．

> **定義 2.3** 零ベクトル $\vec{0}$ でない $\vec{a}, \vec{b} \in \mathbb{E}^3$ に対して，次の 3 つの条件 (1)–(3) を満たす $\mathbb{E}^3$ の元を $\vec{a}$ と $\vec{b}$ とのベクトル積（または外積）といい，$\vec{a} \times \vec{b}$ と表す：
> (1) $\vec{a} \times \vec{b} \perp \vec{a}$ かつ $\vec{a} \times \vec{b} \perp \vec{b}$.
> (2) $\vec{a}$ と $\vec{b}$ とのなす角を θ $(0 \leq \theta \leq \pi)$ とするとき，$|\vec{a} \times \vec{b}| = |\vec{a}||\vec{b}|\sin\theta$.
> (3) $\vec{a} \times \vec{b}$ の向きは，$\vec{a}$ から $\vec{b}$ へ右ネジを回したときのネジの進む向きである．
> （注）$\vec{a} = \vec{0}$ または $\vec{b} = \vec{0}$ のとき，$\vec{a} \times \vec{b} = \vec{0}$ と定める．

ここで導入されるベクトル積は空間ベクトル $\mathbb{E}^3$ の固有の概念で，次の定理が成立する．

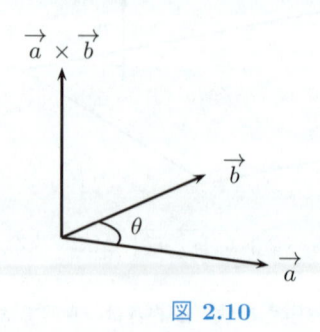

図 2.10

2.3 図形とベクトル方程式

定理 2.8 $\vec{a}, \vec{b}, \vec{c} \in \mathbb{E}_3$ と $\alpha \in \mathbb{R}$ に対して，ベクトル積は次の性質をもつ．
(1) $\vec{a} \times \vec{b} = -\vec{b} \times \vec{a}$
(2) $\vec{a} \times (\vec{b} + \vec{c}) = \vec{a} \times \vec{b} + \vec{a} \times \vec{c}$
(3) $\vec{a} \times (\alpha \vec{b}) = \alpha(\vec{a} \times \vec{b})$
(4) $\vec{a} \times \vec{a} = \vec{0}$
(5) $\vec{a} \times \vec{b} = \vec{0}$ となるための必要十分条件は，$\vec{a} = \vec{0}$ であるか，$\vec{b} = \vec{0}$ であるか，または $\vec{a}$ と $\vec{b}$ とが平行であることである．

定理 2.9 $A(a_1, a_2, a_3),\ B(b_1, b_2, b_3)$ とするとき

$$\overrightarrow{OA} \times \overrightarrow{OB} = \begin{pmatrix} a_2 b_3 - a_3 b_2 \\ a_3 b_1 - a_1 b_3 \\ a_1 b_2 - a_2 b_1 \end{pmatrix} \tag{2.25}$$

証明 2.2 節で定めたように，x 軸，y 軸，z 軸の正方向の大きさ 1 のベクトルを，それぞれ $\vec{e_x},\ \vec{e_y},\ \vec{e_z}$ とすると，ベクトル積の定義より

$$\vec{e_x} \times \vec{e_y} = \vec{e_z},\quad \vec{e_y} \times \vec{e_z} = \vec{e_x},\quad \vec{e_z} \times \vec{e_x} = \vec{e_y}$$

である．さらに定理 2.8(1) より $\vec{e_y} \times \vec{e_x} = -\vec{e_z}$ 等が成立する．これより定理 2.8(2) を用いると

$$\begin{aligned}
\overrightarrow{OA} \times \overrightarrow{OB} &= (a_1 \vec{e_x} + a_2 \vec{e_y} + a_3 \vec{e_z}) \times (b_1 \vec{e_x} + b_2 \vec{e_y} + b_3 \vec{e_z}) \\
&= (a_2 b_3 - a_3 b_2)\vec{e_x} + (a_3 b_1 - a_1 b_3)\vec{e_y} + (a_1 b_2 - a_2 b_1)\vec{e_z}
\end{aligned}$$

が成立し，(2.25) を得る． □

演習問題 2.11 ベクトル積の定義から，定理 2.8 の証明を与えよ．

第 2 章 図形とベクトル

例題 2.1 点 $(1,2,3)$ を通り $(1,1,1)^T$ に平行な直線 l と，原点を通り $(1,-1,1)^T$ に垂直な平面 π との交点を求めよ．

解答例 直線 l と平面 π の方程式は，それぞれ

$$l: (x,y,z)^T = (1,2,3)^T + t(1,1,1)^T \quad t \in \mathbb{R},$$
$$\pi: x - y + z = 0$$

である．l と π との交点 P に対応する l 上の点のパラメータの値を t_0 とすると，

$$(1+t_0) - (2+t_0) + (3+t_0) = 0$$

が成立し，$t_0 = -2$ となる．従って求める交点は $(-1,0,1)$ である． □

例題 2.2 2 つの直線 $l: x+1 = y+5 = 2(z-1)$, $m: 2(x+1) = 1-y = 6-z$ の両方に直交する直線の方程式を求めよ．

解答例 パラメータ s, t を導入して 2 直線のベクトル方程式を求めると

$$l: \begin{pmatrix} x \\ y \\ z \end{pmatrix} = \begin{pmatrix} -1 \\ -5 \\ 1 \end{pmatrix} + s \begin{pmatrix} 2 \\ 2 \\ 1 \end{pmatrix}, \quad m: \begin{pmatrix} x \\ y \\ z \end{pmatrix} = \begin{pmatrix} -1 \\ 1 \\ 6 \end{pmatrix} + t \begin{pmatrix} 1 \\ -2 \\ -2 \end{pmatrix}$$

である．$\vec{a} = (2,2,1)^T$, $\vec{b} = (1,-2,-2)^T$ とすると $\vec{a} \times \vec{b} = (-2,5,-6)^T$ であるので，求める直線の方向ベクトルは $(-2,5,-6)^T$ である．さらに l と m との交点は $(1,-3,2)^T$ であるので，求める方程式は

$$\frac{x-1}{-2} = \frac{y+3}{5} = \frac{z-2}{-6}$$

である． □

演習問題 2.12 2 直線 $l: x-1 = \dfrac{y-2}{-2} = \dfrac{z-3}{3}$, $m: x+1 = \dfrac{y+2}{2} = \dfrac{z+3}{-3}$ の距離（l 上の点と m 上の点を結ぶ線分の最小値）を求めよ．

演習問題 **2.13** a を実数とし，2 直線 l_1, l_2 を次のように与える．
$$l_1: 2x+a=y-2a=\frac{2z+5}{3}, \quad l_2: x=y+2a=\frac{z-2a+2}{3}.$$

(1) l_1 と l_2 とが唯 1 つの点で交わるように，a の値を定めよ．

(2) a が (1) で定めた値をとるとき，2 直線 l_1, l_2 を含む平面の方程式を求めよ．

第3章

線形空間・ベクトル空間

第2章では平面と空間の有向線分といった図形の視点からベクトルを学習したが，ここでは抽象的な視点からベクトルを学習する．"抽象"は数学的な思考の中で本質的な役割を果たすもので，抽象的な思考は見かけの異なる幾つかの具体的な対象に共通するある性質だけに目をつけ，その性質から見かけの異なるものを統一的に考察するものである．第1章で学習した同値類は，この抽象的な考え方の典型的なものである．この抽象的な考察により，異なる複数の対象を1つの見方で統一的に扱うことが可能となり，見通しのよい理解や議論が生まれる．物理や工学のように数学を利用する立場に立つと，抽象的な思考や議論で得られた数学的な諸結果は，取り扱う具体的な対象に即した用語で言い換えられることにより，数学を用いた問題解決へと導いてくれる．

線形空間（ベクトル空間）を考えるときには，加減乗除の四則演算が備わったスカラーの集合（数の集合）として，体(field)と呼ばれる代数的な構造が必要となる．しかし本書のレベルではスカラーは実数と複素数しか扱わないため，"体 K" というときには $K = \mathbb{R}$（実数体）または $K = \mathbb{C}$（複素数体）を指すものとする（詳しくは附録 A.2 を参照）．さらに具体的な問題では $\mathbb{R}$ か $\mathbb{C}$ かが指定されている場合が多い．また，以下では「線形空間 (linear space)」という用語を，「ベクトル空間 (vector space)」に優先して用いることにする．

■ 3.1 線形空間

第2章では，ベクトルの加法とスカラー倍に対する基本的な性質として定理2.1を述べた．これからは定理2.1の(1)–(8)をベクトルを特徴づける基本性質と考え，この性質をもつ集合を線形空間と呼ぶことにする．すなわち，次の定義によって抽象的に線形空間（ベクトル空間）を定義する．

3.1 線形空間

定義 3.1 （線形空間）　集合 V と体 K ($=\mathbb{R}$ または $\mathbb{C}$) を考え，V の 2 つの元の加法 $+$ と V の元に K の元をかけるスカラー倍を定める．このとき，ここで定められた加法とスカラー倍が次の条件 (1)–(8) を満たすとき，V を K 上の線形空間という：$a, b, c \in V$ とし，$\alpha, \beta \in K$ とする．

(1) 　 $a + b = b + a$
(2) 　 $a + (b + c) = (a + b) + c$
(3) 　 V には零元 $\mathbf{0}$ が存在し，すべての $a \in V$ に対して $a + \mathbf{0} = a$ を満たす．
(4) 　各 $a \in V$ には逆元と呼ばれる $b \in V$ が存在し，$a + b = \mathbf{0}$ を満たす．
(5) 　 $1a = a$
(6) 　 $\alpha(a + b) = \alpha a + \alpha b$
(7) 　 $(\alpha + \beta)a = \alpha a + \beta a$
(8) 　 $\alpha(\beta a) = (\alpha \beta) a$

零元 $\mathbf{0}$ は単に 0 と表されることが多い．第 2 章でも述べたように V に加法を定めるとは，写像 $+ : V \times V \to V$ を定めることであり，スカラー倍は写像 $\cdot : K \times V \to V$ を定めることである．このように新たに定められた加法とスカラー倍に対して，数の足し算や掛け算と同様の身近な計算ルール (1)–(8) が成立することを，定義 3.1 は要求している．第 2 章で導入された $\mathbb{E}_2$, $\mathbb{E}_3$, $\mathbb{R}^2$, $\mathbb{R}^3$ は，この定義 3.1 に従えば，"$\mathbb{R}$ 上の線形空間" である．

第 1 章でも述べたように，（数学的な対象としての）ものの集まりを集合 (set) という．さらにこの集合に演算などの数学的な構造が与えられたとき，数学ではこれを "空間 (space)" と呼ぶことが多い．線形空間とは，定義 3.1(1)–(8) の性質をもつ加法とスカラー倍の導入された集合ということもできる．$K = \mathbb{R}$ の場合の線形空間は**実線形空間**と呼ばれ，$K = \mathbb{C}$ の場合は**複素線形空間**と呼ばれる．またベクトルとは，定義 3.1 で定まる線形空間（ベクトル空間）の個々の元のことである．

例 3.1 (数ベクトル空間 K^n)　第 2 章では $\mathbb{R}^2$ と $\mathbb{R}^3$ を学習したが，ここでは一般の自然数 n について考える．体 K の n 個の直積集合 K^n を考え，

$$K^n = \left\{ \begin{pmatrix} x_1 \\ x_2 \\ \vdots \\ x_n \end{pmatrix} \middle| \, x_k \in K \, (1 \leq k \leq n) \right\}$$

とし，$x = (x_1, x_2, \ldots, x_n)^T$, $y = (y_1, y_2, \ldots, y_n)^T \in K^n$ と $\alpha \in K$ に対して

$$x + y := (x_1 + y_1, x_2 + y_2, \ldots, x_n + y_n)^T \tag{3.1}$$

$$\alpha x := (\alpha x_1, \alpha x_2, \ldots, \alpha x_n)^T \tag{3.2}$$

とする．さらに零元を $\mathbf{0} = (0, 0, \ldots, 0)^T \in K^n$ とする．くり返すが，(3.1) の右辺にある n 個の加法は K に備わっている数の加法であり，これを利用して左辺の K^n の加法を定義するのである．各 $a = (a_1, a_2, \ldots, a_n)^T$ に対して b を

$$b = (-a_1, -a_2, \ldots, -a_n)^T$$

とすると $a + b = \mathbf{0}$ であり，定義 3.1(4) が成立することになる．これによって (3.1), (3.2) で定められる加法とスカラー倍は定義 3.1(1)-(8) を満たし，K^n は線形空間となることがわかる．なお $x = (x_1, x_2, \ldots, x_n)^T$ において，x_k を x の第 k 成分 (component) という．

演習問題 3.1　K^n に導入された加法 (3.1) とスカラー倍 (3.2) が定義 3.1(1)-(8) を満たすことを確認せよ．

定義 3.1 の零元と逆元については，次の命題が成立する．

3.1 線形空間

> **命題 3.1**
> (1) 定義 3.1(3) で定まる零元 $\mathbf{0}$ は, 唯 1 通りに定まる.
> (2) 定義 3.1(4) で定まる逆元 b は, a が定まる毎に唯 1 つである.

証明 背理法を用いて (2) のみ証明を与えておく. 証明のために (2) を否定するが, その際に (2) は全称命題であることに注意する. すなわち (2) は

「$^\forall a \in V \,|\, $定義 3.1 (4) で定まる b は 1 通りである」

であり, 全称命題の否定 (1.14) に従うと, この命題の否定は

「$^\exists a \in V \,|\, $定義 3.1 (4) で定まる b は 1 通りでない」

となる. これより, ある $a_0 \in V$ に対しては定義 3.1(4) を満たす $b_1, b_2 (b_1 \neq b_2)$ が存在し,

$$a_0 + b_1 = \mathbf{0}, \qquad a_0 + b_2 = \mathbf{0} \tag{3.3}$$

となる. 従って

$$\begin{aligned}
b_1 &= b_1 + \mathbf{0} & (\because \text{定義 3.1(3)}) \\
&= b_1 + (b_2 + a_0) & (\because (3.3)) \\
&= (b_1 + a_0) + b_2 & (\because \text{定義 3.1(1) および (2)}) \\
&= \mathbf{0} + b_2 & (\because (3.3)) \\
&= b_2 & (\because \text{定義 3.1(3)}).
\end{aligned}$$

すなわち $b_1 = b_2$ が成立し, $b_1 \neq b_2$ に矛盾する. これより, (2) は成立することになる. □

> **命題 3.2** V を体 K 上の線形空間とするとき, 任意の $a \in V$ に対して $0a = \mathbf{0}$ である.

証明 $a \in V$ に対して, 定義 3.1(4) で定まる唯 1 つの逆元を b と表す. このとき,

第 3 章　線形空間・ベクトル空間

$$\begin{aligned}
\mathbf{0} &= a + b & (\because 定義 3.1(4)) \\
&= (0+1)a + b & (\because 定義 3.1(5)) \\
&= 0a + (a+b) & (\because 定義 3.1(2) および (7)) \\
&= 0a + \mathbf{0} & (\because 定義 3.1(4)) \\
&= 0a & (\because 定義 3.1(3)).
\end{aligned}$$

よって $0a = \mathbf{0}$ である。　　□

これより，$a + (-1)a = (1-1)a = 0a = \mathbf{0}$ となり，定義 3.1(4) で定まる a の唯 1 つの逆元は $(-1)a$ であることがわかるが，この $(-1)a$ を単に $-a$ と表すことにする。

演習問題 3.2 命題 3.1(1) を証明せよ．

例 3.2 P_n を K の元を係数とする n 次以下の整式の全体とする：

$$P_n := \{p \,|\, p = a_n x^n + a_{n-1} x^{n-1} + \cdots + a_0, \ a_k \in K \ (0 \leq k \leq n)\}. \quad (3.4)$$

この集合 P_n に加法とスカラー倍を次のように定義する。すなわち

$\alpha \in K$, $p = a_n x^n + a_{n-1} x^{n-1} + \cdots + a_0$, $q = b_n x^n + b_{n-1} x^{n-1} + \cdots + b_0$

に対して

$$p + q := (a_n + b_n) x^n + (a_{n-1} + b_{n-1}) x^{n-1} + \cdots + (a_0 + b_0) \quad (3.5)$$

$$\alpha p := (\alpha a_n) x^n + (\alpha a_{n-1}) x^{n-1} + \cdots + (\alpha a_0) \quad (3.6)$$

とし，零元 $\mathbf{0}$ を恒等的に 0 の整式 ($a_n = a_{n-1} = \cdots = a_0 = 0$ の整式) とする．すなわち，係数の和によって整式の和を定義し，係数の定数倍によって整式のスカラー倍を定義する．また

$$p^{-1} := (-a_n) x^n + (-a_{n-1}) x^{n-1} + \cdots + (-a_0)$$

とすると $p + p^{-1} = \mathbf{0}$ であり，(3.5), (3.6) で定めた加法，スカラー倍および零元が，線形空間の定義 3.1(1)–(8) を満たすことが確かめられる。従って P_n は K 上の線形空間である．

例 3.3 I を実数の区間 $I = \{x \mid a < x < b\}$ とし，$C^0(I)$ を I 上の実数値連続関数の全体とする：

$$C^0(I) := \{f \mid f(x) \text{ は } I \text{ 上で定義された実数値の連続関数 }\}.$$

この集合 $C^0(I)$ に加法とスカラー倍を次のように定義する．すなわち $\alpha \in \mathbb{R}$ とし，

$$(f+g)(x) := f(x) + g(x) \quad {}^\forall x \in I, \tag{3.7}$$

$$(\alpha f)(x) := \alpha f(x) \quad {}^\forall x \in I. \tag{3.8}$$

この (3.7), (3.8) の意味を正確に理解するために 1.5 節に立ち戻ろう．実数値関数 f とは写像 $f: I \to \mathbb{R}$ のことであり，$f(x)$ は $x \in I$ に対するこの写像 f の像を意味する．すなわち $C^0(I)$ は写像の集合であり，$C^0(I)$ に加法とスカラー倍を定義することは，写像の和と写像のスカラー倍を定義することである．そこで (3.7) は，2 つの写像 f と g から作られる新たな写像 $f + g$ の $x \in I$ に対する像は 2 数 $f(x)$ と $g(x)$ の和であり，これが定義域 I のすべての x において満たされることを意味しているのである．このとき，新たな写像 $f + g$ は集合 $C^0(I)$ の元になっているかどうかが問題となる．これは $(f+g)(x)$ が連続関数かどうかの判定であるが，(3.7) と微分積分学で学習する連続関数の極限の性質から

$$\lim_{x \to x_0}(f+g)(x) = \lim_{x \to x_0}(f(x) + g(x)) = f(x_0) + g(x_0) = (f+g)(x_0)$$

であり，I のすべての x_0 において

$$\lim_{x \to x_0}(f+g)(x) = (f+g)(x_0)$$

が成立し，$(f+g)(x)$ は $C^0(I)$ の元である．スカラー倍の定義 (3.8) に対しても同様である．恒等的に 0 の値をとる定数関数 $\mathbf{0}(x)$ は $C^0(I)$ の元であるのでこれを零元とすると，線形空間の定義 3.1(1)–(8) が満たされることが確認され，$C^0(I)$ が $\mathbb{R}$ 上線形空間（実線形空間）であることがわかる．これは $f(x)$ が複素数値連続関数の場合も実部と虚部に分けて $f(x) = u(x) + iv(x)$ と考えると，全く同様である．

演習問題 3.3 例 3.2, 例 3.3 に対し，ここで定義された加法とスカラー倍が定義 3.1(1)–(8) を満たすことを確認せよ．

V を体 K 上の線形空間とし，$W \subset V$ とする．このとき，集合 W が V に定められている加法とスカラー倍によって定義 3.1(1)–(8) を満足して線形空間になっているとき，W を V の**線形部分空間** (linear subspace) あるいは単に**部分空間**という．線形部分空間に関しては，次の定理が最も重要である．

> **定理 3.1** V を体 K 上の線形空間とし，W を V の部分集合とする．このとき W が V の線形部分空間であるための必要十分条件は，次の (1) と (2) が成立することである：
> (1) W の任意の元 a, b に対して，$a + b \in W$ である．
> (2) W の任意の元 a と K の任意の元 α に対して，$\alpha a \in W$ である．

証明 W が V の線形部分空間であり，V に定められた加法とスカラー倍によって定義 3.1(1)–(8) を満たすとき，(1) と (2) が成立することは自明である．逆に (1) と (2) が成立するときに W が線形空間になることは，次のように示される．

条件 (1) と (2) から，W には加法とスカラー倍が定義されているが，この加法とスカラー倍はもともと定義 3.1(1)–(2), (5)–(8) を満たしている．従って (1) と (2) を仮定すると W においても定義 3.1(1)–(2), (5)–(8) を満たす．さらに $\alpha = 0$ とすると，命題 3.2 と (2) より $\mathbf{0} = 0a \in W$ となり，W には零元が存在する．また $\alpha = -1$ とすると $a \in W$ に対して $(-1)a \in W$ となり，定義 3.1(4) が成立することもわかる．すなわち，W の中で定義 3.1(1)–(8) が成立し，W が線形空間であることがわかる． □

定理 3.1 は線形空間の部分集合 W が線形部分空間となるための必要十分条件を述べており，具体的な場合では定理 3.1 の (1) と (2) が成立するかどうかをチェックすることで，W が線形部分空間かどうかが判定される．

> **例 3.4** $\mathbb{E}_3$ において $\vec{n}(\neq \vec{0})$ を 1 つ固定し，$\pi := \{\vec{x} \in \mathbb{E}_3 \mid \vec{x} \cdot \vec{n} = 0\}$ とする．このとき $\vec{x}, \vec{y} \in \pi$ と $\alpha \in \mathbb{R}$ に対して

$$(\vec{x}+\vec{y})\cdot\vec{n} = \vec{x}\cdot\vec{n} + \vec{y}\cdot\vec{n} = 0 \quad \text{より} \quad \vec{x}+\vec{y} \in \pi,$$
$$(\alpha\vec{x})\cdot\vec{n} = \alpha(\vec{x}\cdot\vec{n}) = 0 \qquad \text{より} \quad \alpha\vec{x} \in \pi,$$

となり，集合 π が $\mathbb{E}_3$ の 1 つの線形部分空間であることがわかる．図形的な意味を考えると，π は原点を通る平面であり，$\mathbb{E}_3$ においては原点を通る平面上のベクトルの全体は，$\mathbb{E}_3$ の 1 つの線形部分空間である．

例 3.5 $x = (x_1, x_2)^T \in K^2$ を $\tilde{x} = (x_1, x_2, 0)^T \in K^3$ と考えることで，K^2 は K^3 の部分集合と考えることができる．このとき $\tilde{x} = (x_1, x_2, 0)^T$，$\tilde{y} = (y_1, y_2, 0)^T$，$\alpha \in K$ に対して $\tilde{x} + \tilde{y} \in K^2$，$\alpha\tilde{x} \in K^2$ が成立するので，K^2 は K^3 の線形部分空間になっている．具体的に $K = \mathbb{R}$ の場合は，$\mathbb{R}^2 \subset \mathbb{R}^3$ と見なすことが可能であり，この見なし方に従えば，$\mathbb{R}^2$ は $\mathbb{R}^3$ の線形部分空間ということができる．

例 3.6 V を体 K 上の線形空間とし，W_1 と W_2 を V の線形部分空間とする．このとき $W_1 + W_2$ を

$$W_1 + W_2 := \{w \in W \mid w = w_1 + w_2, w_1 \in W_1, w_2 \in W_2\} \quad (3.9)$$

と定めると，$W_1 + W_2$ も V の線形部分空間になっている．実際，

$$w_1 + \tilde{w}_1 \in W_1, \quad w_2 + \tilde{w}_2 \in W_2, \quad \alpha w_1 \in W_1, \quad \alpha w_2 \in W_2$$

より，

$$w + \tilde{w} = (w_1 + \tilde{w}_1) + (w_2 + \tilde{w}_2) \in W_1 + W_2,$$
$$\alpha w = (\alpha w_1) + (\alpha w_2) \in W_1 + W_2$$

が成立する．

線形部分空間の特徴づけについては，定理 3.1 から導かれる次の系が用いられることが多い．

> **定理 3.1 の系** V を体 K 上の線形空間とし，W を V の部分集合とする．このとき W が V の線形部分空間であるための必要十分条件は，W の任意の元 a, b と K の任意の元 α, β に対して $\alpha a + \beta b \in W$ が成立することである．

演習問題 3.4 V を体 K 上の線形空間とし，W_1 と W_2 をその線形部分空間とする．
(1) $W_1 \cap W_2$ は V の線形部分空間であることを示せ．
(2) $W_1 \cup W_2$ は必ずしも V の線形部分空間とはならないことを，例を挙げて示せ．
(3) W_1 と W_2 をともに含む V の線形部分空間は，(3.9) で定められる線形部分空間 $W_1 + W_2$ を含むことを示せ．（この事実を，「$W_1 + W_2$ は W_1 と W_2 をともに含む V の最小の線形部分空間である」という．）

■ 3.2　線形結合と一次独立

第 2 章で学んだ "線形結合" や "一次独立" といったことは，一般の線形空間においても定義される重要な事項であり，次のように定められる．

> **定義 3.2**　（線形結合）　V を体 K 上の線形空間とし，$\{a_k\}_{k=1}^n \subset V$ とする．このとき $\{\alpha_k\}_{k=1}^n \subset K$ に対して
> $$\alpha_1 a_1 + \alpha_2 a_2 + \cdots + \alpha_n a_n \tag{3.10}$$
> の形で与えられる V の元を，$\{a_k\}_{k=1}^n$ の**線形結合** (linear combination) または**一次結合**という．

以下では (3.10) は $\sum_{k=1}^n \alpha_k a_k$ と表すこととし，$\{a_k\}_{k=1}^n \subset V$ に対して "線形結合 $\sum_{k=1}^n \alpha_k a_k$" というとき，その係数は $\{\alpha_k\}_{k=1}^n \subset K$ を意味するものとしておく．

> **定義 3.3**　（線形包）　V を体 K 上の線形空間とし，$\{a_k\}_{k=1}^n \subset V$ とする．このとき，$\{a_k\}_{k=1}^n$ の線形結合の全体を $\{a_k\}_{k=1}^n$ の**線形包** (linear hull) といい，記号では $\langle a_1, a_2, \ldots, a_n \rangle$ と表す．すなわち，

3.2 線形結合と一次独立

$$\langle a_1, a_2, \ldots, a_n \rangle := \{x \in V \mid x = \sum_{k=1}^{n} \alpha_k a_k, \ \alpha_k \in K \ (1 \leq k \leq n)\} \tag{3.11}$$

である.

定義 3.4 (一次独立) V を体 K 上の線形空間とし, $\{a_k\}_{k=1}^{n} \subset V$ とする. このとき線形結合 $\sum_{k=1}^{n} \alpha_k a_k$ に対して, $\sum_{k=1}^{n} \alpha_k a_k = 0$ が成立するのが $\alpha_1 = \alpha_2 = \cdots = \alpha_n = 0$ に限られるとき, $\{a_k\}_{k=1}^{n}$ は V において**一次独立** (linearly independent) または**線形独立**であるという.

$\{a_k\}_{k=1}^{n} \subset V$ が一次独立でないとき, これらは**一次従属** (linearly dependent) の関係にあるといわれる. $\{a_k\}_{k=1}^{n}$ が一次従属であれば, ある整数 j をうまくとることにより,

$$a_j = \alpha_1 a_1 + \cdots + \alpha_{j-1} a_{j-1} + \alpha_{j+1} a_{j+1} + \cdots + \alpha_n a_n \tag{3.12}$$

が成立する. (3.12) の右辺は $\sum_{k \neq j} \alpha_k a_k$ とも書かれる.

例 3.7 K^n において $\{e_k\}_{k=1}^{n}$ を

$$e_k = (0, \ldots, 0, \underset{k\text{番目}}{1}, 0, \ldots, 0)^T \quad (1 \leq k \leq n) \tag{3.13}$$

と定める. ($\mathbb{R}^3$ の場合は, (2.15) を参照せよ.) このとき, この $\{e_k\}_{k=1}^{n}$ は K^n の中で一次独立である. 実際 $\sum_{k=1}^{n} \alpha_k e_k = (\alpha_1, \alpha_2, \ldots, \alpha_n)^T \in K^n$ であり, $\sum_{k=1}^{n} \alpha_k e_k = 0$ とすると $\alpha_1 = \alpha_2 = \cdots = \alpha_n = 0$ が従う.

例 3.8 例 3.2 の P_n においては, $\{1, x, x^2, \ldots, x^n\}$ は一次独立である. 実際 $\{\alpha_k\} \subset K$ に対して

$$\alpha_n x^n + \alpha_{k-1} x^{n-1} + \cdots + \alpha_1 x + \alpha_0 = 0 \tag{3.14}$$

とすると，右辺の $= 0$ は恒等的に 0 という意味であり，整式の恒等式として (3.14) は理解される．従って整式の性質より，$\alpha_0 = \alpha_1 = \cdots = \alpha_n = 0$ である．

演習問題 3.5 「一次独立でない」ということの定義に沿って，(3.12) を満足する整数 j が存在することを確認せよ．（一次独立の定義の命題を否定し，一次従属の定義が"存在命題"であることを確認せよ．）

演習問題 3.6 V を体 K 上の線形空間とし，$\{a_k\}_{k=1}^{n+1} \subset V$ とする．$\{a_k\}_{k=1}^{n}$ が一次独立であり，しかも $\{a_k\}_{k=1}^{n+1}$ が一次従属のとき，$a_{n+1} \in \langle a_1, a_2, \ldots, a_n \rangle$ を示せ．

演習問題 3.7 V を体 K 上の線形空間とし，$a \in V$, $\{a_k\}_{k=1}^{n} \subset V$, $\{b_j\}_{j=1}^{m} \subset V$ とする．このとき $a \in \langle a_1, \ldots, a_n \rangle$ かつ $a_k \in \langle b_1, \ldots, b_m \rangle$ $(1 \leq k \leq n)$ であれば，$a \in \langle b_1, \ldots, b_m \rangle$ となることを示せ．

■ 3.3 線形空間の次元

数ベクトル空間 $\mathbb{R}^2$ において，$e_1 = (1,0)^T$, $e_2 = (0,1)^T$ とすると，$\mathbb{R}^2$ の各元 $x = (x_1, x_2)^T$ に対して $x = x_1 e_1 + x_2 e_2$ が成立し，$\mathbb{R}^2$ のすべての元は $\{e_1, e_2\}$ の線形結合で表される．すなわち $\mathbb{R}^2 = \langle e_1, e_2 \rangle$ が成立する．このように，線形空間 V の 0 とは異なる有限個の元 $\{a_k\}_{k=1}^{n}$ をうまく採ることで $V = \langle a_1, a_2, \ldots, a_n \rangle$ が成り立つとき，V は「**有限生成の線形空間**」と呼ばれ，$\{a_k\}_{k=1}^{n}$ をその**生成系** (system of generators) という．$\mathbb{R}^2$ の例に戻ると，$a = (1,1)^T$, $b = (1,-1)^T$ とすると，$x = (x_1, x_2)^T$ は $x = \frac{1}{2}(x_1 + x_2)a + \frac{1}{2}(x_1 - x_2)b$ が成立するので，$\mathbb{R}^2 = \langle a, b \rangle$ も成立している．さらに $\mathbb{R}^2 = \langle a, b, e_1 \rangle$ も成立するので，$\langle e_1, e_2 \rangle$, $\langle a, b \rangle$, $\langle a, b, e_1 \rangle$ はいずれも $\mathbb{R}^2$ の生成系になっている．一般に，有限生成の線形空間の生成系は一意的ではなく無数に存在するので，その中で最も元の個数の少ない単純な生成系がどのようなものかに興味がもたれる．ここでは，第 2 章で学んだ基底と生成系の関係を調べ，生成系の元の個数の中で最小の値が線形空間の "次元" となることを学習する．

演習問題 3.8 $e_1 = (1,0)^T$, $e_2 = (0,1)^T$, $a = (1,1)^T$ とするとき，$\{e_1, e_2, a\}$ は $\mathbb{R}^2$

の 1 組の生成系であることを示せ.

演習問題 3.9　$e_1 = (1,0,0)^T$, $e_2 = (0,1,0)^T$, $e_2 = (0,0,1)^T$ とする.
(1)　$\{e_1, e_2, e_3\}$ は $\mathbb{R}^3$ および $\mathbb{C}^3$ の 1 組の生成系であることを示せ.
(2)　$a = (1,1,0)^T$ に対して, $\{e_1, e_2, a\}$ は $\mathbb{R}^3$（および $\mathbb{C}^3$）の生成系ではないことを示せ.
(3)　(1) の $\{e_1, e_2, e_3\}$ 以外に, $\mathbb{R}^3$ および $\mathbb{C}^3$ の生成系の例を挙げよ.

定義 2.2 では平面ベクトルや空間ベクトルに対して "基底" を定義したが, 一般の線形空間でも同様に定めることができる.

> **定義 3.5**（**基底**）　V を有限生成の線形空間とし, $\{e_k\}_{k=1}^n \subset V$ をその 1 組の生成系とする. このとき, $\{e_k\}_{k=1}^n$ が一次独立であるとき, $\{e_k\}_{k=1}^n$ を V の**基底** (basis) という.

第 2 章と少し重複するが, 演習問題 3.8 の通り, $e_1 = (1,0)^T$, $e_2 = (0,1)^T$, $a = (1,1)^T$ とすると $\{e_1, e_2, a\}$ は $\mathbb{R}^2$ の生成系になっているが一次独立ではないので, $\{e_1, e_2, a\}$ を基底とはいわない. 一方で $\{e_1, e_2\}$ は一次独立な $\mathbb{R}^2$ の生成系であり, $\mathbb{R}^2$ の標準基底と呼ばれている.

> **例 3.9**　数ベクトル空間 K^n において, (3.13) で与えられる $\{e_k\}_{k=1}^n$ は一次独立である. さらに $x = (x_1, x_2, \ldots, x_n)^T$ を K^n の任意の元とすると, $x = \sum_{k=1}^n x_k e_k$ であり, $K^n = \langle e_1, e_2, \ldots, e_n \rangle$ である. すなわち $\{e_k\}_{k=1}^n$ は K^n の一次独立な生成系であるので, K^n の 1 組の基底になっている. $\mathbb{R}^2$ や $\mathbb{R}^3$ の場合と同様に, (3.13) で与えられる $\{e_k\}_{k=1}^n$ を K^n の**標準基底**という.

> **例 3.10**　例 3.2 の (3.4) に従い, P_3 を 3 次以下の多項式が作る線形空間とする. ここで $E := \{1, x, x^2, x^3\}$ とすると, 例 3.8 で示した通り, E は線形空間 P_3 の一次独立な元の組である. $P_3 = \langle 1, x, x^2, x^3 \rangle$ は明らかであり, E は P_3 の一次独立な生成系であり, E は P_3 の 1 組の基底になっている.

演習問題 3.10 閉区間 $[0,1]$ を n 等分して $x_k = k/n$ $(0 \leq k \leq n)$ とし，x_j では 1，x_i $(i \neq j)$ では 0 となる折れ線関数を $\varphi_j(x)$ $(0 \leq j \leq n)$ とする．

(1) $\{\varphi_j(x)\}_{j=0}^n$ は $[0,1]$ 上の連続関数全体が作る線形空間 $C^0([0,1])$ の中で，一次独立であることを示せ．

(2) $\{\varphi_j(x)\}_{j=0}^n$ は $C^0([0,1])$ の基底ではないことを示せ．

$\{e_k\}_{k=1}^n$ を有限生成の線形空間 V の基底とすると，すべての $x \in V$ は

$$x = x_1 e_1 + x_2 e_2 + \cdots + x_n e_n$$

の形に 1 通りに表される．従って，基底を 1 組定めると，$x \in V$ は $(x_1, x_2, \ldots, x_n)^T \in K^n$ と 1 対 1 の関係になることに注意する．また基底を用いて，線形空間の**次元**を次のように定義する．

> **定義 3.6** （**次元**） V を体 K 上の有限生成の線形空間とする．このとき，V の基底の元の個数を V の次元 (dimension) といい，記号では $\dim V$ と表す．V が有限生成でないときは V を**無限次元**線形空間であるといい，$\dim V = \infty$ とする．

この定義によれば，例 3.9 で与えた K^n の標準基底を利用すると，$\dim K^n = n$ であることがわかる．さらに例 3.10 の P_3 については，$\dim P_3 = 4$ である．零元のみからなる線形空間 $V = \{\mathbf{0}\}$ については，$\dim V = 0$ （0 次元）と考えることにする．また明らかなことではないが，連続関数全体の作る線形空間 $C^0([0,1])$ は有限生成ではないので，$\dim C^0([0,1]) = \infty$ である．

数学的には，定義 3.6 による次元の定義には，いくつか疑問が残る．まず初めに，有限生成の線形空間では必ず基底を見つけることができるのかどうか．さらに，基底の元の個数は，基底の選び方に依らずに一定であるかどうか．たとえば，線形空間 K^n で，標準基底以外の基底で $\{a_k\}_{k=1}^m$ $(m \neq n)$ というものが見つかると，定義 3.6 に従えば $\dim K^n = m$ となってしまい，定義 3.6 の定める "次元" が曖昧なものとなってしまう．このようなことが生じないことを確認することは数学としては極めて大切なことであるが，その詳細は附録 A.3 に委ねることにし，ここでは次の定理を認めて先に進むことにする．

3.3 線形空間の次元

> **定理 3.2** V を体 K 上の有限生成の線形空間とする．このとき，V には有限個の元からなる基底が存在し，その元の個数は基底の採り方によらず一定である．

この定理を認めて，これからは有限生成の線形空間を有限次元線形空間と呼ぶことにする．V を有限次元線形空間とし，W をその線形部分空間とすると，明らかに W は有限生成であり，W も有限次元線形空間である．ここで $\dim V = n$, $\dim W = m$ とすると，明らかに $m \leq n$ である．V の基底を $\{e_k\}_{k=1}^{n}$, W の基底を $\{a_j\}_{j=1}^{m}$ とすると，$V = \langle e_1, e_2, \ldots, e_n \rangle$, $W = \langle a_1, a_2, \ldots, a_m \rangle$ であり，$\langle a_1, a_2, \ldots, a_m \rangle \subset \langle e_1, e_2, \ldots, e_n \rangle$ である．このとき $0 \leq m < n$ であれば，$\{e_k\}_{k=1}^{n}$ の中からうまく e_p を選んで $\{a_1, a_2, \ldots, a_m, e_p\}$ を一次独立にできる．このことは，背理法を用いると次のように簡単に証明できる．少し詳しく考えると，示すべき結論は存在命題

$$^{\exists} e_p \,|\, \{a_1, a_2, \ldots, a_m, e_p\} \text{ は一次独立}$$

であるので，背理法を用いるためにこれを否定すると，全称命題

$$^{\forall} e_p \,|\, \{a_1, a_2, \ldots, a_m, e_p\} \text{ は一次従属}$$

となる．従って，ある係数 $(\alpha_1, \alpha_2, \ldots, \alpha_m, \beta_p) \neq (0, 0, \ldots, 0)^T$ に対して

$$\alpha_1 a_1 + \alpha_2 a_2 + \cdots + \alpha_m a_m + \beta_p e_p = 0 \quad (1 \leq p \leq n) \tag{3.15}$$

が成立することになるが，ここで $\beta_p \neq 0$ に注意する．もしも $\beta_p = 0$ とすると $\alpha_1 a_1 + \alpha_2 a_2 + \cdots + \alpha_m a_m = 0$ となり，$\{a_j\}_{j=1}^{n}$ が W の基底であることから $\alpha_1 = \alpha_2 = \cdots = \alpha_m = 0$ が従い，$(\alpha_1, \alpha_2, \ldots, \alpha_m, \beta_p) = (0, 0, \cdots, 0, 0)$ となってしまうからである．$\beta_p \neq 0$ であるから $\beta_p = -1$ となるように採り直しておくと，(3.15) から

$$e_p = \alpha_1 a_1 + \alpha_2 a_2 + \cdots + \alpha_m a_m \quad (1 \leq p \leq n)$$

が成立し，すべての e_p $(1 \leq p \leq n)$ に対して $e_p \in \langle a_1, a_2, \ldots, a_m \rangle \subset W$ となる．従って $\langle e_1, e_2, \ldots, e_n \rangle \subset \langle a_1, a_2, \ldots, a_m \rangle$ となり $V = W$ となる（→ 演習問題 3.7）が，これは $m < n$ に矛盾し，背理法による証明が完結する．

e_p を定めてから $m+1 < n$ であれば，もう一度この操作を繰り返して e_p とは異なる e_q を $\{e_k\}_{k=1}^n$ の中からとることができて，$\{a_1, a_2, \ldots, a_m, e_p, e_q\}$ が一次独立となる．このような作業を $n-m$ 回行って次の定理を得る．

> **定理 3.3** V を n 次元線形空間とし，その基底を $\{e_k\}_{k=1}^n$ とする．W は V の線形部分空間で，$\dim W = m$ であってその基底を $\{a_j\}_{j=1}^m$ とする．このとき $m < n$ であれば，$\{e_k\}_{k=1}^n$ の中からうまく $n-m$ 個の元 $\{e_p'\}_{p=1}^{n-m}$ を選ぶ[1]と $\{a_1, a_2, \ldots, a_m, e_1', e_2', \ldots, e_{n-m}'\}$ は再び V の基底となる．

> **定理 3.3 の系** V を n 次元線形空間とし，W は V の m 次元線形部分空間で，$\{a_j\}_{j=1}^m$ を W の基底とする．このとき，V からうまく $n-m$ 個の元 $\{v_k\}_{k=1}^{n-m}$ をとると，$\{a_1, a_2, \ldots, v_1, v_2, \ldots, v_{n-m}\}$ は V の基底となる．

これらの定理は，次章で述べる線形写像に対する次元定理を理解するために，重要な役割を果たす．

演習問題 3.11 V を線形空間とし，$\{e_k\}_{k=1}^n$ と $\{a_j\}_{j=1}^m$ はそれぞれ一次独立な V の元の集合とする．このとき $e_k \in \langle a_1, \ldots, a_m \rangle$ $(1 \leq k \leq n)$ かつ $a_j \in \langle e_1, \ldots, e_n \rangle$ $(1 \leq j \leq m)$ が成立すれば，$m = n$ であって $\langle a_1, \ldots, a_m \rangle = \langle e_1, \ldots, e_n \rangle$ が成立することを示せ．

演習問題 3.12 定理 3.3 の厳密な証明を，m に関する数学的帰納法の形で記述してみよ．

---

[1] $\{e_k\}_{k=1}^n$ の中から $(n-m)$ 個の元を選んだあと，番号をつけ直して $\{e_1', e_2', \ldots, e_{n-m}'\}$ としている．

第 4 章

行列と線形写像

本章においても "体 K" というときは，$K = \mathbb{R}$ または $\mathbb{C}$ を意味する．第 1 章の 1.4 節で簡単に導入した行列を詳述することから本章を始め，線形写像の表現と行列の計算が深い関係にあることを示す．

■ 4.1 行列と演算

1.4 節の場合と同様に，$m \times n$ 個の体 K の数 a_{ij} ($1 \leq i \leq m, 1 \leq j \leq n$) を縦と横に並べた

$$A = \begin{pmatrix} a_{11} & a_{12} & \ldots & a_{1n} \\ a_{21} & a_{22} & \ldots & a_{2n} \\ \vdots & \vdots & \ddots & \vdots \\ a_{m1} & a_{m2} & \ldots & a_{mn} \end{pmatrix} \tag{4.1}$$

を m 行 n 列の**行列** (matrix) といい，簡単に $m \times n$ 行列という．行列では横の並びを**行** (row) といい，縦の並びを**列** (column) という．行列 (4.1) の a_{ij} は「第 i 行第 j 列成分」あるいは，第 (i, j) 成分 (entry) と呼ばれるが，行列 A が与えられたとき，この行列の第 (i, j) 成分は $(A)_{ij}$ と表される．従って，行列 (4.1) については $(A)_{ij} = a_{ij}$ である．

$m \times n$ 行列では，横に並ぶ行の n 個の成分をまとめて**行ベクトル**といい，縦に並ぶ列の m 個の成分をまとめて**列ベクトル**という．従って，行列 (4.1) では $(a_{11}, a_{12}, \ldots, a_{1n})$ が第 1 行ベクトルである．これを $(a_{1j})_{j\to}$ と表すこともある．また行ベクトルは $1 \times n$ 行列，列ベクトルは $m \times 1$ 行列と考えることもできる．行列 (4.1) の第 i 行ベクトル $(a_{i1}, a_{i2}, \ldots, a_{in})$ を a_i ($1 \leq i \leq m$)

と表すとき，この行列を

$$A = \begin{pmatrix} a_1 \\ a_2 \\ \vdots \\ a_m \end{pmatrix}$$

のように，行ベクトルを縦に並べて表すこともある．同様に第 j 列ベクトル $(a_{1j}, a_{2j}, \ldots, a_{mj})^T$ を $\widetilde{a}_j$ $(1 \leq j \leq n)$ と表すとき，列ベクトルの横並びにより行列 (4.1) を

$$A = (\,\widetilde{a}_1, \widetilde{a}_2, \ldots, \widetilde{a}_n\,)$$

と表すこともある．ここで，右肩の T は 2.2 節で導入した転置を表す記号で，横書きを縦書きに，縦書きを横書きに変換する記号である．列ベクトルは $\widetilde{a}_j = (a_{ij})_{i\downarrow}$ と表すこともある．

$m = n$ のとき，$n \times n$ 行列を n 次正方行列，あるいは単に**正方行列** (square matrix) という．たとえば

$$A_2 = \begin{pmatrix} a & b \\ c & d \end{pmatrix}, \quad A_3 = \begin{pmatrix} a_{11} & a_{12} & a_{13} \\ a_{21} & a_{22} & a_{23} \\ a_{31} & a_{32} & a_{33} \end{pmatrix} \tag{4.2}$$

では，A_2 を 2 次正方行列，A_3 を 3 次正方行列という．さらに $\widetilde{a}_1 = (a_{11}, a_{21}, a_{31})^T, \widetilde{a}_2 = (a_{12}, a_{22}, a_{32})^T, \widetilde{a}_3 = (a_{13}, a_{23}, a_{33})^T$ とすると，(4.2) の A_3 は

$$A_3 = (\,\widetilde{a}_1\,,\,\widetilde{a}_2\,,\,\widetilde{a}_3\,)$$

とも表される．

体 K の元を成分とする $m \times n$ 行列の全体集合を $M_{m,n}(K)$ と表し，$m = n$ のときは $M_{n,n}(K)$ を単に $M_n(K)$ と表す．(4.2) の例では，$A_2 \in M_2(K), A_3 \in M_3(K)$ である．また $A \in M_{m,n}(K)$ で $(A)_{ij} = a_{ij}$ のとき，行列 A を $A = (a_{ij})$ と表すことが多い．$A, B \in M_{m,n}(K)$ のとき，$A = B$ とは 2 つの行列 A と B の対応する成分がすべて等しいことであり，

$$A = B \iff (A)_{ij} = (B)_{ij} \quad 1 \leq i \leq m,\ 1 \leq j \leq n$$

である.

　第 2 章 2.2 節の通り，数ベクトルにおいては縦ベクトルを横ベクトルにする，あるいは横ベクトルを縦ベクトルにすることを，転置と呼んだ．行列では，すべての行ベクトルとすべての列ベクトルを入れ換えることを**転置**といい，転置で得られる行列を**転置行列** (transposed matrix) といい，右肩に T をつけて表す[1]．たとえば，(4.2) の A_2 を例にとると，2 組の行ベクトル $(a,b),(c,d)$ を列ベクトルとして入れ換えることによって A_2 の転置行列 A_2^T は得られ，

$$A_2 = \begin{pmatrix} a & b \\ c & d \end{pmatrix}, \quad A_2^T = \begin{pmatrix} a & c \\ b & d \end{pmatrix}$$

である．一般に (4.1) の m 行 n 列の行列 A については，その転置行列 A^T は

$$A^T = \begin{pmatrix} a_{11} & a_{21} & \cdots & a_{m1} \\ a_{12} & a_{22} & \cdots & a_{m2} \\ \vdots & \vdots & \ddots & \vdots \\ a_{1n} & a_{2n} & \cdots & a_{mn} \end{pmatrix}$$

という n 行 m 列の行列となり，$A \in M_{m,n}(K)$ に対しては $A^T \in M_{n,m}(K)$ である．すなわち，$1 \leq i \leq m$, $1 \leq j \leq n$ に対して，$(A)_{ij} = (A^T)_{ji}$ が成立する．また $(A^T)^T = A$ が成立することも注意する．

演習問題 4.1

(1)　(4.2) の行列 A_3 の転置行列 A_3^T を，具体的に書き下せ．

(2)　$A \in M_{m,n}(K)$ に対して，$(A)_{ij} = (A^T)_{ji}$ $(1 \leq i \leq m, 1 \leq j \leq n)$ を確認せよ．

　1.4 節でも簡単に説明した通り，行列の和とスカラー倍を次のように定義する．$A, B \in M_{m,n}(K)$ とするとき，行列の和 $A+B$ を行列 A と行列 B の対応する成分毎の和によって定義し，$(A+B)_{ij} := (A)_{ij} + (B)_{ij}$ とする．次に行列のスカラー倍も各成分のスカラー倍によって定義し，$c \in K$ に対して，$(cA)_{ij} := c(A)_{ij}$ とする．この和とスカラー倍は，$A = (a_{ij}), B = (b_{ij})$ に対

---

[1] 行列 A の転置行列 A^T を ^tA と表す流儀もある．ただし A^t と表すことはない．

しては $A+B = (a_{ij} + b_{ij})$, $cA = (ca_{ij})$ とも表される.

> **例 4.1** $A, B \in M_{2,3}(K)$, $c \in K$ とし
>
> $$A = \begin{pmatrix} a_{11} & a_{12} & a_{13} \\ a_{21} & a_{22} & a_{23} \end{pmatrix}, \quad B = \begin{pmatrix} b_{11} & b_{12} & b_{13} \\ b_{21} & b_{22} & b_{23} \end{pmatrix}$$
>
> とする. このとき
>
> $$A+B = \begin{pmatrix} a_{11}+b_{11} & a_{12}+b_{12} & a_{13}+b_{13} \\ a_{21}+b_{21} & a_{22}+b_{22} & a_{23}+b_{23} \end{pmatrix}, \quad cA = \begin{pmatrix} ca_{11} & ca_{12} & ca_{13} \\ ca_{21} & ca_{22} & ca_{23} \end{pmatrix}$$
>
> である.

行列の加減は 2 つの行列が同じ型の場合のみ定義され, 交換法則 $A+B = B+A$ が成立する. また差 $A-B$ については, $(A-B)_{ij} = (A)_{ij} - (B)_{ij}$ である. 転置行列については $(A+B)^T = A^T + B^T$ が成立する.

以上により, $m \times n$ 行列の全体集合 $M_{m,n}(K)$ に加法とスカラー倍が定義された. ここで零行列, $O \in M_{m,n}(K)$ であり, $0A = O$ に注意すると, $M_{m,n}(K)$ は体 K 上の線形空間と考えることができ, その次元は $\dim M_{m,n}(K) = mn$ である.

演習問題 4.2 線形空間の定義 (定義 3.1) に従い, $M_{m,n}(K)$ が K 上の線形空間になっていることを確認せよ.

演習問題 4.3

(1) $E_{ij} \in M_{m,n}(K)$ は, 第 (i,j) 成分が 1 で他の成分がすべて 0 の行列とする. このとき, $m \times n$ 個の行列 $\{E_{11}, E_{12}, \ldots, E_{m\ n-1}, E_{mn}\}$ は線形空間 $M_{m,n}(K)$ の中で一次独立であることを示せ.

(2) (1) を利用して, $\dim M_{m,n}(K) = mn$ であることを確認せよ.

行列 A と行列 B の積は, その 2 つの行列の型がある関係をもつ場合にのみ定義できる. 行列 $A = (a_{ij})$ が $m \times l$ 行列, 行列 B が $l \times n$ 行列のとき, 行列の積 AB を

$$(AB)_{ij} = \sum_{k=1}^{l} a_{ik} b_{kj} \quad (1 \le i \le m, 1 \le j \le n) \tag{4.3}$$

によって定義する．行列の積の計算を模式的に表すと次の通りで，積の行列 AB は $m \times n$ 行列である：

$$\text{積の計算：} \begin{pmatrix} \longleftarrow \text{第}\,i\,\text{行} \longrightarrow \end{pmatrix} \begin{pmatrix} \mid \\ \text{第} \\ j \\ \text{列} \\ \downarrow \end{pmatrix} \implies \text{積の第}\,(i,j)\,\text{成分}.$$

例 4.2 $X = \begin{pmatrix} x_{11} & x_{12} & x_{13} \\ x_{21} & x_{22} & x_{23} \\ x_{31} & x_{32} & x_{33} \end{pmatrix}, \quad Y = \begin{pmatrix} y_{11} & y_{12} \\ y_{21} & y_{22} \\ y_{31} & y_{32} \end{pmatrix}$ とするとき

$$XY = \begin{pmatrix} x_{11}y_{11} + x_{12}y_{21} + x_{13}y_{31} & x_{11}y_{12} + x_{12}y_{22} + x_{13}y_{32} \\ x_{21}y_{11} + x_{22}y_{21} + x_{23}y_{31} & x_{21}y_{12} + x_{22}y_{22} + x_{23}y_{32} \\ x_{31}y_{11} + x_{32}y_{21} + x_{33}y_{31} & x_{31}y_{12} + x_{32}y_{22} + x_{33}y_{32} \end{pmatrix}$$

である．

例 4.3 $A = \begin{pmatrix} 1 & 2 \\ 3 & 4 \end{pmatrix}, B = \begin{pmatrix} 1 & -1 \\ -1 & 2 \end{pmatrix}$ とするとき

$$AB = \begin{pmatrix} -1 & 3 \\ -1 & 5 \end{pmatrix}, \quad BA = \begin{pmatrix} -2 & -2 \\ 5 & 6 \end{pmatrix}$$

である．

演習問題 4.4 $A \in M_{m,l}(K), B \in M_{l,k}(K), C \in M_{k,n}(K)$ とするとき，結合法則：$(AB)C = A(BC)$ が成り立つことを行列の積の定義に従って確かめよ．

　行列の積は 2 つの行列の型が合わなければ定義することはできず，例 4.2 では積 YX を計算することはできない．例 4.3 のように行列 A, B が共に正方行列の場合は AB も BA も定義されるが，例 4.3 に示す通り，一般には $AB \neq BA$ である（→ 演習問題 1.8）．行列の積の計算では掛ける順序が問題となるが，正方行列 A の冪乗は結合法則（→ 演習問題 4.4）より掛ける順

序は問題ではないので，AA を A^2 で表し，同様に A の k 個の積を A^k と表す．また転置行列 $(AB)^T$ については，次の命題が成立する．

> **命題 4.1** $A \in M_{m,l}(K)$, $B \in M_{l,n}(K)$ とする．このとき $(AB)^T = B^T A^T$ が成立する．

証明 $A^T \in M_{l,m}(K)$, $B^T \in M_{n,l}(K)$ であり，B^T の列の数 l と A^T の行の数 l が一致するので $B^T A^T$ は計算され，$B^T A^T \in M_{n,m}(K)$ である．積の定義 (4.3) に従って計算して両辺の第 (p, q) 成分を比較すると，

$$((AB)^T)_{pq} = (AB)_{qp} = \sum_{k=1}^{l} (A)_{qk}(B)_{kp},$$

$$(B^T A^T)_{pq} = \sum_{k=1}^{l} (B^T)_{pk}(A^T)_{kq} = \sum_{k=1}^{l} (B)_{kp}(A)_{qk}.$$

従って，$1 \leq p \leq n, 1 \leq q \leq m$ に対して，$((AB)^T)_{pq} = (B^T A^T)_{pq}$ である． □

演習問題 4.5 $A = \begin{pmatrix} 1 & 2 \\ 3 & 4 \end{pmatrix}$, $B = \begin{pmatrix} 1 \\ -1 \end{pmatrix}$ について，$AB, (AB)^T, B^T A^T$ をそれぞれ計算により求めよ．

自然数 i, j に対して，記号 δ_{ij} を

$$\delta_{ij} = \begin{cases} 1 & i = j \text{ のとき} \\ 0 & i \neq j \text{ のとき} \end{cases} \tag{4.4}$$

とし，"**Kronecker**（クロネッカー）の δ" と呼ぶ．n 次正方行列 I_n を $(I_n)_{ij} = \delta_{ij}$ $(1 \leq i, j \leq n)$ とするとき，I_n を n 次の**単位行列** (unit matrix) という．単位行列は単に I と表されることも多い．具体的には

$$I_2 = \begin{pmatrix} 1 & 0 \\ 0 & 1 \end{pmatrix}, \quad I_3 = \begin{pmatrix} 1 & 0 & 0 \\ 0 & 1 & 0 \\ 0 & 0 & 1 \end{pmatrix}$$

などである．単位行列 I_n は行列の積において重要な性質をもち，$A \in M_n(K)$ を任意の行列とするとき

$$AI_n = I_n A = A \tag{4.5}$$

が成立する.

$A = (a_{ij})$ を $m \times l$ 行列とし,$B = (b_{ij})$ を $l \times n$ 行列とすると,積 AB は計算されて $m \times n$ 行列となる.ここで $\widetilde{b}_j := (b_{ij})_{i\downarrow}$ ($1 \leq j \leq n$) とし行列 B を列ベクトルの横並びで $B = (\widetilde{b}_1, \widetilde{b}_2, \ldots, \widetilde{b}_n)$ とすると,

$$AB = (A\widetilde{b}_1, A\widetilde{b}_2, \ldots, A\widetilde{b}_n)$$

と n 個の列ベクトル $\{A\widetilde{b}_j\}$ の横並びで与えられる.同様に $a_i := (a_{ij})_{j\to}$ ($1 \leq i \leq m$) とし,行列 A を行ベクトルの縦並び

$$A = \begin{pmatrix} a_1 \\ a_2 \\ \vdots \\ a_m \end{pmatrix}$$

とすると

$$AB = \begin{pmatrix} a_1 B \\ a_2 B \\ \vdots \\ a_m B \end{pmatrix}$$

と m 個の行ベクトル $\{a_i B\}$ の縦並びで与えられる.

演習問題 4.6 $A \in M_n(K)$ に対して,(4.5) が成立することを,積の定義 (4.3) に従って示せ.

正方行列については,次の用語がよく用いられる.$A = (a_{ij})$ を n 次正方行列とするとき,$\{a_{11}, a_{22}, \ldots, a_{nn}\}$ の n 個の成分を,A の**対角成分** (diagonal element) という.また対角成分以外の成分(非対角成分)がすべて 0 である行列は,**対角行列** (diagonal matrix) と呼ばれる.具体的に表すと,n 次対角行列とは

$$\begin{pmatrix} d_1 & 0 & 0 & \ldots & 0 \\ 0 & d_2 & 0 & \ldots & 0 \\ \multicolumn{5}{c}{\ldots\ldots\ldots\ldots} \\ 0 & 0 & 0 & \ldots & d_n \end{pmatrix}$$

という正方行列であり，非対角成分をまとめて大きな 0, O で表して

$$\begin{pmatrix} d_1 & & & \\ & d_2 & & O \\ & & \ddots & \\ O & & & d_n \end{pmatrix} \tag{4.6}$$

と表すことも多い．単位行列は，対角成分がすべて 1 の対角行列である．さらに，$1 \leq i < j \leq n$ のとき $(A)_{ij} = 0$ となる行列は，**下三角行列** (lower triangular matrix) と呼ばれる．具体的には下三角行列は

$$\begin{pmatrix} 0 & & & & \\ a_{21} & 0 & & O & \\ a_{31} & a_{32} & 0 & & \\ & & & \ddots & \\ a_{n1} & a_{n2} & \cdots & a_{n\,n-1} & 0 \end{pmatrix}$$

という形をしている．略記するときには，必ずしも 0 ではない成分をまとめて "$*$" で表し，成分が 0 の部分を，(4.6) のように，まとめて O と表す記法が用いられる．この記法によれば，下三角行列は

$$\begin{pmatrix} 0 & & O \\ & \ddots & \\ * & & 0 \end{pmatrix} \tag{4.7}$$

とも表される．反対に，$1 \leq j < i \leq n$ のとき $(A)_{ij} = 0$ である行列は，**上三角行列** (upper triangular matrix) と呼ばれる．(4.7) と同様の略記に従えば，上三角行列は

$$\begin{pmatrix} 0 & & * \\ & \ddots & \\ O & & 0 \end{pmatrix}$$

と表される．

演習問題 4.7 n 次正方行列 A が上三角行列のとき，A^2 も上三角行列であることを示せ．

4.2 逆行列

ここでは正方行列だけを考察の対象とする．A を n 次正方行列，I_n を n 次単位行列とするとき，

$$AX = XA = I_n \tag{4.8}$$

を満たすような n 次正方行列 X が存在するとき，行列 A は**正則** (regular) であるという．このとき，X を A の**逆行列** (inverse matrix) といい，記号では A^{-1} と表し，A インバースと読む．すなわち，正則行列 A については逆行列 A^{-1} が存在し，$AA^{-1} = A^{-1}A = I_n$ が成立する．言い換えれば，逆行列をもつ行列を正則と呼ぶと考えてもよい．また，後に詳しく述べるが，すべての正方行列について逆行列が存在するわけではない．逆行列も含め，正方行列の積についてまとめると，次の定理が得られる．

定理 4.1 $M_n(K)$ において，O を零行列，I_n を単位行列とし，$A, B, C \in M_n(K)$ とする．このとき，次の (1)–(5) が成立する．

(1) $(AB)C = A(BC)$
(2) $(A+B)C = AC + BC$ (2') $A(B+C) = AB + AC$
(3) $AO = OA = O$
(4) $AI_n = I_n A = A$
(5) A が正則行列のときは逆行列 A^{-1} が存在し，
$A^{-1}A = AA^{-1} = I_n$

例 4.4 $A = \begin{pmatrix} -7 & -8 \\ 6 & 7 \end{pmatrix}$, $X = \begin{pmatrix} 7 & -8 \\ 6 & 7 \end{pmatrix}$ とすると，$AX = XA = I_2$ であり，行列 X は行列 A の逆行列である．

逆行列の転置については，次の命題が成立する．

命題 4.2 $A \in M_n(K)$ を正則行列とする．このとき A^T も正則で，$(A^{-1})^T = (A^T)^{-1}$ である．

証明 A は正則行列であるので,A^{-1} が存在し,$AA^{-1} = A^{-1}A = I_n$ が成立する.ここで命題 4.1 を適用すると,$(A^{-1})^T A^T = A^T (A^{-1})^T = I_n^T$ となる.$I_n^T = I_n$ であり,$(A^{-1})^T A^T = A^T (A^{-1})^T = I_n$ より A^T は正則行列であることがわかり,$(A^T)^{-1} = (A^{-1})^T$ である. □

2 次正方行列 $A = \begin{pmatrix} a & b \\ c & d \end{pmatrix}$ の逆行列を,連立方程式を利用して具体的に計算してみよう.$X = \begin{pmatrix} x & u \\ y & v \end{pmatrix}$ とおき,$AX = I_2$ を計算すると

$$\begin{cases} ax + by = 1 \\ cx + dy = 0 \end{cases} \quad \begin{cases} au + bv = 0 \\ cu + dv = 1 \end{cases} \tag{4.9}$$

と同値である.これらを $\{x, y\}, \{u, v\}$ の連立方程式としてそれぞれ解くと,$ad - bc \neq 0$ のとき,

$$x = \frac{d}{ad - bc}, \quad y = \frac{-c}{ad - bc}, \quad u = \frac{-b}{ad - bc}, \quad v = \frac{a}{ad - bc}$$

となる.従って,$ad - bc \neq 0$ のときに限って A は正則であり,

$$X = \frac{1}{ad - bc} \begin{pmatrix} d & -b \\ -c & a \end{pmatrix}$$

とすると $XA = I_2$ も成立し,これが A の逆行列 A^{-1} である.一方,$ad - bc = 0$ のときは連立方程式 (4.9) の解が存在しないため,A の逆行列 A^{-1} は存在しない.すなわち $ad - bc \neq 0$ のときに限って A は正則であり,

$$A^{-1} = \frac{1}{ad - bc} \begin{pmatrix} d & -b \\ -c & a \end{pmatrix} \tag{4.10}$$

である.この $ad - bc$ は 2 次正方行列 A の "行列式" と呼ばれる量で,次章で詳述される.一般に正方行列 A が与えられたとき,その <u>行列式の値が 0 でない</u>場合に限って逆行列が存在することが知られている.

演習問題 4.8 連立方程式を解くことにより,次の行列の逆行列を求めよ.

(1) $\begin{pmatrix} 1 & -1 \\ -2 & 3 \end{pmatrix}$ (2) $\begin{pmatrix} 2 & 1 & 0 \\ 1 & -1 & 1 \\ 0 & 1 & 3 \end{pmatrix}$ (3) $\begin{pmatrix} 1 & 0 & 0 & 1 \\ 0 & 1 & 0 & 2 \\ 0 & 0 & 1 & 3 \\ 0 & 0 & 0 & 1 \end{pmatrix}$

4.3 連立方程式の行列表示

4.2 節では 2 次正方行列の逆行列を求める問題を，$\{x,y\}, \{u,v\}$ を未知数とする連立方程式の解法に帰着したが，ここではその反対に逆行列を用いて連立方程式の解を表すことを考える．
$x_1, x_2, \ldots, x_n$ の n 個の未知数を含む n 元連立一次方程式

$$\begin{cases} a_{11}x_1 + a_{12}x_2 + \cdots + a_{1n}x_n = b_1 \\ a_{21}x_1 + a_{22}x_2 + \cdots + a_{2n}x_n = b_2 \\ \quad \cdots\cdots\cdots\cdots\cdots \\ a_{n1}x_1 + a_{n2}x_2 + \cdots + a_{nn}x_n = b_n \end{cases} \tag{4.11}$$

が与えられたとき，$x = (x_1, x_2, \ldots, x_n)^T$, $b = (b_1, b_2, \ldots, b_n)^T$ とし，n 次正方行列 A を

$$A = \begin{pmatrix} a_{11} & a_{12} & \cdots & a_{1n} \\ a_{21} & a_{22} & \cdots & a_{2n} \\ \multicolumn{4}{c}{\cdots\cdots\cdots} \\ a_{n1} & a_{n2} & \cdots & a_{nn} \end{pmatrix} \tag{4.12}$$

とおく．列ベクトル x と b とを n 行 1 列の行列と考えて行列の積の計算を行うと，連立方程式 (4.11) は

$$Ax = b \tag{4.13}$$

と表すことができる．このとき，右辺の b はこの連立方程式 (4.13) の非斉次項 (inhomogeneous term) と呼ばれる．なお，非斉次項 $b = 0$ のとき，連立方程式 $Ax = 0$ は**斉次方程式**と呼ばれる．さてここでもしも A が正則で逆行列 A^{-1} が存在するなら，(4.13) の辺々に A^{-1} を掛けると $x = A^{-1}b$ が得られる．実際，左辺は $A^{-1}(Ax) = (A^{-1}A)x = I_n x = x$ である．このように連立方程式 (4.11) は，行列を利用すると (4.13) のような簡単な形で表され，(4.12) で与えられる行列を連立方程式 (4.11) の**係数行列**という．さらに係数行列が正則である場合は，この連立方程式の解 (solution) は逆行列を用いて簡単に表すことができる．またこれにより，連立方程式 (4.11) が一意的に解けるかどうかの問題は，係数行列が正則であるかどうかの議論に帰着される

ことがわかる．具体的な行列に対して，その行列が正則であるかどうかの判定や，連立方程式の解を具体的に求めるためには適切な計算方法（アルゴリズム）が必要であり，このことは第 6 章で説明する．

■ 4.4 線形写像と表現行列

V, W を体 K 上の線形空間とし，写像 $T : V \to W$ が

(1) $x \in V, y \in V$ のとき，$T(x+y) = T(x) + T(y)$ (4.14)

(2) $x \in V, \alpha \in K$ のとき，$T(\alpha y) = \alpha T(y)$ (4.15)

を満たすとき[2]，この写像 T を線形空間 V から線形空間 W への**線形写像** (linear mapping) または**一次変換**といい，(4.14) と (4.15) の 2 つの性質を**線形性**という．特に断らない限り，「線形写像 $T : V \to W$」と表すとき，写像 T の定義域は V 全体と考える．また $W = V$ のとき，すなわち $T : V \to V$ が線形写像のとき，T は V 上の線形写像と呼ばれる．V から W への線形写像の全体を $L(V, W)$ と表し，$L(V, V)$ は単に $L(V)$ と表す．

例 4.5 行列 A を $A \in M_{m,n}(K)$ とし，$T : K^n \to K^m$ を $x \in K^n$ に対して $T(x) = Ax$ と定めると，T は線形写像（すなわち，$T \in L(K^n, K^m)$）である．実際 $x, y \in K^n$, $\alpha \in K$ に対して

$$T(x+y) = A(x+y) = Ax + Ay = T(x) + T(y)$$
$$T(\alpha x) = A(\alpha x) = \alpha Ax = \alpha T(x)$$

であり，写像 T は線形性 (4.14), (4.15) を満たしている．

例 4.6 $\mathbb{E}_2$ を平面上の有向線分の作る線形空間とし，$\vec{a} \in \mathbb{E}_2$ に対して，$\vec{a}$ を原点のまわりに θ 回転して得られるベクトル $\vec{a}_\theta$ とする．このとき $R_\theta : \mathbb{E}_2 \to \mathbb{E}_2$ を $R_\theta \vec{a} := \vec{a}_\theta$ と定義すると R_θ は $\mathbb{E}_2$ 上の線形写像，すなわち $R_\theta \in L(\mathbb{E}_2)$ である．

---

[2]写像をアルファベットの大文字で書くとき，$T(x)$ を Tx と表すこともある．

4.4 線形写像と表現行列

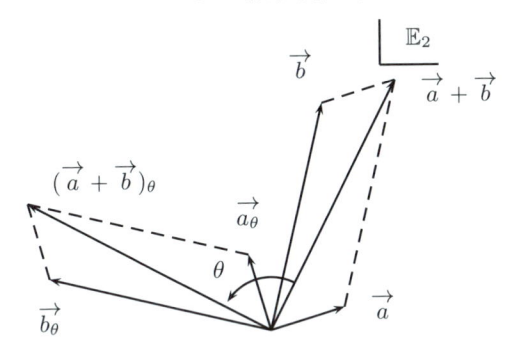

図 4.1 $\mathbb{E}_2$ における回転 R_θ の線形性.

演習問題 4.9 $\mathbb{E}_2$ を xy 平面上の有向線分の作る線形空間とする．xy 平面上の点 P の直線 $y = x$ に関する対称点を P' とし，$T : \mathbb{E}_2 \to \mathbb{E}_2$ を $T(\overrightarrow{OP}) := \overrightarrow{OP'}$ によって定める．このとき，写像 T は $\mathbb{E}_2$ 上の線形写像であることを説明せよ．

V_m, V_n をそれぞれ体 K 上の m 次元，n 次元の線形空間とすると，第 3 章で学んだように，V_m と V_n には基底をとることができる．V_m の基底を $\{e_i\}_{i=1}^m$，V_n の基底を $\{f_i\}_{i=1}^n$ とすると

$$V_m = \langle e_1, e_2, \ldots, e_m \rangle, \quad V_n = \langle f_1, f_2, \ldots, f_n \rangle$$

であり，$y \in V_m$, $x \in V_n$ は $(y_1, y_2, \ldots, y_m)^T \in K^m$, $(x_1, x_2, \ldots, x_n)^T \in K^n$ を用いて

$$x = \sum_{j=1}^n x_j f_j, \quad y = \sum_{i=1}^m y_i e_i \tag{4.16}$$

のように基底の線形結合で表される．3.3 節でも述べたように，もとの線形空間 V_m, V_n の元と対応する数ベクトル空間 K^m, K^n の元との間には 1 対 1 の対応関係が成り立っていることがわかる．線形写像 $T : V_n \to V_m$ とすると，$x \in V_n$ に対して $T(x) \in V_m$ であり，(4.16) より，

$$\begin{aligned} T(x) &= T\Big(\sum_{j=1}^n x_j f_j\Big) \\ &= \sum_{i=1}^n x_j T(f_j) \end{aligned} \tag{4.17}$$

となる. 各 j について $T(f_j) \in V_m$ であるから, $(a_{1j}, a_{2j}, \ldots, a_{mj})^T \in K^m$ をうまく選ぶと

$$T(f_j) = \sum_{i=1}^{m} a_{ij} e_i \quad (1 \leq j \leq n) \tag{4.18}$$

と表すことができる. これを (4.17) に代入すると

$$T(x) = \sum_{i=1}^{m} \sum_{j=1}^{n} a_{ij} x_j e_i$$

が成立する. 改めて $y = T(x)$ とおいて (4.16) を利用すると

$$\sum_{i=1}^{m} y_i e_i = \sum_{i=1}^{m} \sum_{j=1}^{n} a_{ij} x_j e_i$$

となり, $\{e_1, e_2, \ldots, e_m\}$ が基底であることから

$$y_i = \sum_{j=1}^{n} a_{ij} x_i \quad (1 \leq i \leq m) \tag{4.19}$$

が成立する. ここで m 行 n 列の行列 A を $(A)_{ij} = a_{ij}$ $(1 \leq i \leq m, 1 \leq j \leq n)$ とすると, (4.19) は

$$\begin{pmatrix} y_1 \\ y_2 \\ \vdots \\ y_m \end{pmatrix} = A \begin{pmatrix} x_1 \\ x_2 \\ \vdots \\ x_n \end{pmatrix}$$

と表すことができる. 重要なことなので改めて整理しておく. V^m と V^n の基底をそれぞれ 1 つ定めることにより

$$x \in V_n \quad \longleftrightarrow \quad (x_1, x_2, \ldots, x_n)^T \in K^n$$
$$y \in V_m \quad \longleftrightarrow \quad (y_1, y_2, \ldots, y_m)^T \in K^m$$

という 1 対 1 の対応関係が生まれるので, 同じ記号で $x \in K^n, y \in K^m$ と表すことにする. このとき, 線形写像 $T: V_n \to V_m$ による V_n の基底 $\{f_j\}_{j=1}^{n}$ の像 $T(f_j)$ $(1 \leq j \leq n)$ が (4.18) のように表されているとき, この $\{a_{ij}\}$ から作られる行列

4.4 線形写像と表現行列

$$A = \begin{pmatrix} a_{11} & a_{12} & \ldots & a_{1n} \\ a_{21} & a_{22} & \ldots & a_{2n} \\ \multicolumn{4}{c}{\ldots\ldots\ldots} \\ a_{m1} & a_{m2} & \ldots & a_{mn} \end{pmatrix} \in M_{m,n}(K)$$

を用いると $y = Ax$ が成立する．この行列 A を線形写像 T の基底 $\{e_i\}_{i=1}^m$, $\{f_j\}_{j=1}^n$ による**表現行列**という．すなわち，有限次元の線形空間では，基底を導入することにより，線形写像は行列と同一視することができるのである．ただし，表現行列は基底の選び方に依存するので，同じ線形空間と同じ線形写像であっても，基底が異なれば表現行列は一般には異なる．

例 4.7 数ベクトル空間 K^m, K^n の標準基底をそれぞれ $\{e_i\}_{i=1}^m, \{f_j\}_{j=1}^n$ とすると，$x = (x_1, x_2, \ldots, x_n)^T \in K^n$ と $y = (y_1, y_2, \ldots, y_m)^T \in K^m$ は

$$x = \sum_{j=1}^n x_j f_j, \quad y = \sum_{i=1}^m y_i e_i$$

と表される．$T : K^n \to K^m$ を線形写像とすると，(4.18) に従って

$$T(f_j) = \sum_{i=1}^m a_{ij} e_i = (a_{1j}, a_{2j}, \ldots, a_{mj})^T \in K^m \quad (1 \leq j \leq n)$$

とすると，この線形写像の標準基底による表現行列は $A = (a_{ij})$ である．別の見方をすると，K^n の標準基底 $\{f_j\}_{j=1}^n$ の像 $\{T(f_j)\}_{j=1}^n$ を K^m の列ベクトルと考えると，線形写像 T の標準基底による表現行列 A は

$$A = (T(f_1), T(f_2), \ldots, T(f_n))$$

である．

演習問題 4.10 n 次元線形空間 V_n の基底を 1 つ定めるとき，V_n 上の恒等写像 $id.$ の表現行列は n 次の単位行列 I_n であることを確認せよ．

演習問題 4.11 線形写像 $T : K^3 \to K^2$ を $x = (x_1, x_2, x_3)^T \in K^3$ に対して

$$T(x) = \begin{pmatrix} x_1 + x_2 + x_3 \\ x_2 + x_3 \end{pmatrix}$$

とするとき，この線形写像の標準基底による表現行列を求めよ．

次に，線形写像について，1.5 節で学んだ写像の合成を考える．U, V, W をそれぞれ線形空間とし，$F : U \to V$, $G : V \to W$ を線形写像とする．すなわち $F \in L(U, V), G \in L(V, W)$ とする．このとき合成写像 $G \circ F : U \to W$ を考えることができるが，$G \circ F$ も線形写像になり $G \circ F \in L(U, W)$ である．実際，$x, y \in U$, $\alpha \in K$ とすると，

$$
\begin{aligned}
(G \circ F)(x + y) &= G\bigl(F(x + y)\bigr) \\
&= G\bigl(F(x) + F(y)\bigr) \\
&= G(F(x)) + G(F(y)) \\
&= (G \circ F)(x) + (G \circ F)(y)
\end{aligned}
$$

$$
\begin{aligned}
(G \circ F)(\alpha x) &= G\bigl(F(\alpha x)\bigr) \\
&= G\bigl(\alpha F(x)\bigr) \\
&= \alpha (G \circ F)(x)
\end{aligned}
$$

となり，$G \circ F$ は線形性 (4.14)，(4.15) を満たしている．合成された線形写像の表現行列については，次の命題が成立する．

> **命題 4.3** U_p, V_q, W_r を体 K 上のそれぞれ p 次元，q 次元，r 次元の線形空間とし，$\{e_l\}_{l=1}^{p}$, $\{f_m\}_{m=1}^{q}$, $\{g_n\}_{n=1}^{r}$ をそれぞれの基底とする．$F \in L(U_p, V_q)$, $G \in L(V_q, W_r)$ のこれらの基底による表現行列を A_F, A_G とするとき，$G \circ F \in L(U_p, W_r)$ の表現行列は行列の積 $A_G A_F$ で与えられる．

演習問題 4.12 命題 4.3 において $A_F \in M_{q,p}(K), A_G \in M_{r,q}(K)$ を確認し，命題 4.3 の証明を与えよ．

命題 4.3 で $U_p = V_q = W_r$ のとき，すなわち $F, G \in L(U_p)$ のとき，$F \circ G$ も $G \circ F$ も共に線形空間 U_p 上の線形写像として考えられるが，一般には $F \circ G \neq G \circ F$ である．U_p の基底を定めて表現行列を用いると，この場合の表現行列 A_F, A_G は共に p 次の正方行列であり，$F \circ G$ と $G \circ F$ の表現行列はそれぞれ $A_F A_G$ と $A_G A_F$ である．しかし，例 4.3 でも確認したように，

4.4 線形写像と表現行列

一般には正方行列の積について $A_F A_G \neq A_G A_F$ である.

V_n を n 次元線形空間とし, $T \in L(V_n)$ とする. T が全単射写像のときには逆写像 T^{-1} を考えることができるが, T^{-1} も V 上の線形写像である. V に 1 組の基底を導入し, この基底による T と T^{-1} の表現行列をそれぞれ A, X とすると, A と X は共に n 次正方行列である. 逆写像は $T \circ T^{-1} = T^{-1} \circ T = id.$ であり, また恒等写像の表現行列は I_n であり (→ 演習問題 4.10), 命題 4.3 を利用すると $AX = XA = I_n$ が成立する. ここで, 逆行列の定義 (4.8) から, X は A の逆行列 A^{-1} であることがわかる. これらのことをまとめると, 次の命題を得る.

命題 4.4 V_n を体 K 上の n 次元線形空間とし, T を V_n 上の全単射な線形写像とする. このとき, T の表現行列を A とすると $A \in M_n(K)$ は正則であり, T^{-1} の表現行列は A^{-1} である.

命題 4.5 V_n は体 K 上の n 次元線形空間で $T \in L(V_n)$ とし, V_n の基底 $\{e_k\}_{k=1}^n$ による T の表現行列を A とする. このとき, A が正則であれば, 写像 T は V_n 上の全単射写像である.

証明 (1) 単射性: $T(x_1) = T(x_2)$ のとき, $x_1 = x_2$ であることを示せばよい. T の線形性から $T(x_1) = T(x_2)$ と $T(x_1 - x_2) = 0$ は同値であるので, $T(x_0) = 0$ となる x_0 が $x_0 = 0$ のみであることを示すことになる. 基底を用いて $x_0 = \sum_{j=1}^n \alpha_j e_j$ と表すと,

$$T(x_0) = \sum_{j=1}^n \alpha_j T(e_j) = 0$$

となる. 一方 $A = (a_{ij})$ とすると, (4.18) に従えば, $T(e_j) = \sum_{i=1}^n a_{ij} e_i$ ($1 \leq j \leq n$) が成立し, $\sum_{j=1}^n a_{ij} \alpha_j = 0$ ($1 \leq i \leq n$) となる. これより $(\alpha_1, \alpha_2, \ldots, \alpha_n)$ は連立方程式

$$A \begin{pmatrix} \alpha_1 \\ \vdots \\ \alpha_n \end{pmatrix} = \begin{pmatrix} 0 \\ \vdots \\ 0 \end{pmatrix}$$

を満たすが, A が正則なので, 4.3 節の議論のように,

$$\begin{pmatrix} \alpha_1 \\ \vdots \\ \alpha_n \end{pmatrix} = A^{-1} \begin{pmatrix} 0 \\ \vdots \\ 0 \end{pmatrix}$$

すなわち $(\alpha_1, \alpha_2, \ldots, \alpha_n)^T = (0, 0, \ldots, 0)^T$ である．従って $x_0 = 0 \in V_n$ となり T の単射性が示された．
(2) 全射性: すべての $y \in V_n$ に対して $y = T(x)$ となる $x \in V_n$ が存在することを示せばよい．基底を用いて

$$x = \sum_{j=1}^n x_j e_j, \quad y = \sum_{i=1}^n y_i e_i$$

と表すと，(1) と同じ記号を用いると

$$\sum_{i=1}^n y_i e_i = \sum_{i=1}^n \Big(\sum_{j=1}^n a_{ij} x_j \Big) e_i$$

となる．従って $(x_1, x_2, \ldots, x_n)^T$ と $(y_1, y_2, \ldots, y_n)^T$ は連立方程式

$$\begin{pmatrix} y_1 \\ y_2 \\ \vdots \\ y_n \end{pmatrix} = A \begin{pmatrix} x_1 \\ x_2 \\ \vdots \\ x_n \end{pmatrix}$$

を満たすが，A の正則性から，この連立方程式の解は

$$\begin{pmatrix} x_1 \\ x_2 \\ \vdots \\ x_n \end{pmatrix} = A^{-1} \begin{pmatrix} y_1 \\ y_2 \\ \vdots \\ y_n \end{pmatrix}$$

と与えられる．これよりすべての y について $y = T(x)$ となる x が求められるので，T の全射性が示された． □

演習問題 4.13 例 4.5 において $m = n$ で A を n 次正方行列とし，$A : K^n \to K^n$ を線形写像と考える．このとき A が正則であれば，この写像は全単射であることを命題

4.5 の証明にならって示せ．

演習問題 4.14 V_n, W_n をともに体 K 上の n 次元線形空間とし，$T \in L(V_n, W_n)$ を全単射とする．V_n, W_n にそれぞれ基底を導入すると，T の表現行列 A は（基底の取り方に依らず）正則であることを示せ．

演習問題 4.15 V, W を体 K 上の線形空間とする．$F, G \in L(V, W)$ と $\alpha \in K$ に対して，$L(V, W)$ の加法を $(F + G)(x) := F(x) + G(x)$ $(x \in V)$，スカラー倍を $(\alpha F)(x) := \alpha(F(x))$ とする．このとき $L(V, W)$ は K 上の線形空間であることを線形空間の定義 3.1 に沿って確認せよ．

■ 4.5 平面ベクトルと線形写像

$\mathbb{E}_2$ を xy 平面上の有向線分の作る線形空間とし，$\{\vec{e_x}, \vec{e_y}\}$ を $\mathbb{E}_2$ の標準基底とする．点 $P(a, b)$ に対して $\vec{OP} = a\vec{e_x} + b\vec{e_y}$ であり，これを数ベクトル $(a, b)^T \in \mathbb{R}^2$ と同一視する．誤解のない限り $\mathbb{E}_2$ の元と $\mathbb{R}^2$ の元を同じ記号で表すことにし

$$\vec{e_x} = \begin{pmatrix} 1 \\ 0 \end{pmatrix}, \quad \vec{e_y} = \begin{pmatrix} 0 \\ 1 \end{pmatrix}, \quad \vec{OP} = \begin{pmatrix} a \\ b \end{pmatrix} \tag{4.20}$$

などと表すことにする．

前節の例 4.6 の回転についての表現行列を求めてみよう．$\vec{e_x}$ と $\vec{e_y}$ を原点のまわりに θ 回転すると，

$$R_\theta(\vec{e_x}) = \begin{pmatrix} \cos\theta \\ \sin\theta \end{pmatrix} = \cos\theta\, \vec{e_x} + \sin\theta\, \vec{e_y},$$

$$R_\theta(\vec{e_y}) = \begin{pmatrix} \cos(\theta + \frac{\pi}{2}) \\ \sin(\theta + \frac{\pi}{2}) \end{pmatrix} = -\sin\theta\, \vec{e_x} + \cos\theta\, \vec{e_y}$$

であるので，(4.18) に従うと，線形写像 R_θ の標準基底による表現行列 $R(\theta)$ は

$$R(\theta) = \begin{pmatrix} \cos\theta & -\sin\theta \\ \sin\theta & \cos\theta \end{pmatrix} \tag{4.21}$$

であることがわかる．(4.20) のように標準基底を介して xy 平面上の有向線分ベクトルと数ベクトルを同一視してしまうと，一般に線形写像 T の標準基底による表現行列は $(T(\vec{e_x}), T(\vec{e_y}))$ のように 2 の列ベクトル $\{T(\vec{e_x}), T(\vec{e_y})\}$ を並べることで得られ，$T\vec{x} = (T(\vec{e_x}), T(\vec{e_y}))\vec{x}$ が成立する．これは例 4.7 の特別な場合に相当する．また，この例では "回転" の意味から明らかなように，$R(\theta)^{-1} = R(-\theta)$ であることに注意する．実際に行列の成分表示 (4.21) を用いて計算しても，$R(\theta)R(-\theta) = I_2$ が確認できる．

例 4.8 xy 平面上で $\overrightarrow{OP}$ を直線 $y = x\tan\theta$ について対称移動（図 4.2）させる写像 S は線形写像である．このとき

$$S(\vec{e_x}) = \begin{pmatrix} \cos 2\theta \\ \sin 2\theta \end{pmatrix},$$

$$S(\vec{e_y}) = \begin{pmatrix} \sin 2\theta \\ -\cos 2\theta \end{pmatrix}$$

であり，標準基底による線形写像 S の表現行列は

$$\begin{pmatrix} \cos 2\theta & \sin 2\theta \\ \sin 2\theta & -\cos 2\theta \end{pmatrix}$$

である．

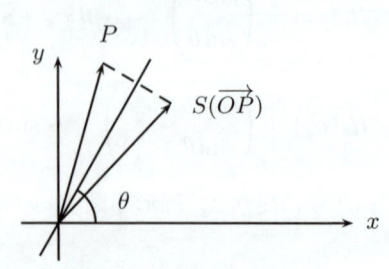

図 4.2 直線 $y = x\tan\theta$ による対称移動．

例 4.9 双曲線 $y=1/x$ $(x\neq 0)$ を原点のまわりに $\pi/4$ 回転することを考える．双曲線上の点 (x,y) が点 (X,Y) に移るとすると，(4.21) を利用して

$$\begin{pmatrix} X \\ Y \end{pmatrix} = R\left(\frac{\pi}{4}\right) \begin{pmatrix} x \\ y \end{pmatrix}, \quad \begin{pmatrix} x \\ y \end{pmatrix} = R\left(-\frac{\pi}{4}\right) \begin{pmatrix} X \\ Y \end{pmatrix}$$

である．これより

$$x = \frac{1}{\sqrt{2}}(X+Y),\ y = \frac{1}{\sqrt{2}}(-X+Y)$$

であり，$(x,y)^T$ は $xy=1$ を満たすことから $-X^2+Y^2=2$ を得る．すなわち，曲線 $y=1/x$ $(x\neq 0)$ を原点のまわりに $\pi/4$ 回転して得られる曲線の方程式は $-x^2+y^2=2$ である．

演習問題 4.16 $R(\alpha+\beta)=R(\alpha)R(\beta)$ を利用して，sin と cos の加法定理を導け．

演習問題 4.17 xy 平面上で $\overrightarrow{OP}$ を直線 $y=x\tan\theta$ について対称移動させてから，さらに原点のまわりに θ 回転させるという線形写像を考える．この線形写像の標準基底による表現行列を求めよ．（ヒント：命題 4.3 を用いよ．）

■ 4.6 階数と次元定理

有限次元の線形空間では，線形写像の単射性と全射性については見通しの良い関係があり，ここではその関係について説明する．

定義 4.1 V と W を体 K 上の線形空間とし，$T\in L(V,W)$ とする．
(1) $\{x\in V\,|\,T(x)=0\ (\text{in } W)\}$ を T の零空間 (null space) または核 (kernel) といい，$N(T)$ または $\mathrm{Ker}(T)$ と表す．
(2) $\{y\in W\,|\,y=T(x),\ x\in V\}$ を T の値域 (range) または像 (image) といい，$R(T)$ または $\mathrm{Im}(T)$ と表す．これを $T(V)$ と表すこともある．

$x,y\in N(T)$, $\alpha,\beta\in K$ とすると，$T(\alpha x+\beta y)=\alpha T(x)+\beta T(y)=0$ であり，$\alpha x+\beta y\in N(T)$ となるので，3.1 節の定理 3.1 の系により，$N(T)$ は V

の線形部分空間であり，同様に $R(T)$ は W の線形部分空間になっている．

演習問題 4.18 $R(T)$ が W の線形部分空間であることを示せ．

T の全射性と単射性は，$N(T), R(T)$ を用いると次のようにも述べることができる．

> **命題 4.6** V, W は線形空間で $T \in L(V, W)$ とする．
> (1) T が単射であるための必要十分条件は，$N(T) = \{0\}$ である．
> (2) T が全射であるための必要十分条件は，$R(T) = W$ である．

証明 (2) は全射の定義の言い換えに過ぎないので，(1) のみ示す．まず，$T(0) = 0$ であるので $N(T) \ni 0$ であるため，T が単射であれば $N(T) = \{0\}$ である．逆に $N(T) = \{0\}$ とする．$T(x_1) = T(x_2)$ とすると $T(x_1 - x_2) = 0$ となり $x_1 - x_2 \in N(T)$ となるので，$x_1 - x_2 = 0$ が成立し，T は単射である． □

> **命題 4.7** V_n を n 次元の線形空間とし，$\{e_k\}_{k=1}^n$ をその 1 組の基底とする．このとき $T \in L(V_n, W)$ に対して，$R(T) = \langle T(e_1), T(e_2), \ldots, T(e_n) \rangle$ である．

証明 $\{e_k\}_{k=1}^n \subset V_n$ より $\{T(e_k)\}_{k=1}^n \subset R(T) \subset W$ であるが，$R(T)$ が線形空間なので $\langle T(e_1), T(e_2), \ldots, T(e_n) \rangle \subset R(T)$ になる（→ 演習問題 3.6）．逆に各 $y \in R(T)$ に対して $x \in V_n$ をうまく選ぶことにより $y = T(x)$ が成立する．$x \in V_n$ を $x = \sum_{k=1}^n \alpha_k e_k$ とすると

$$y = T(x) = \sum_{k=1}^n \alpha_k \, T(e_k) \in \langle T(e_1), T(e_2), \ldots, T(e_n) \rangle$$

となるので，$R(T) \subset \langle T(e_1), T(e_2), \ldots, T(e_n) \rangle$ が従い，命題の結論を得る． □

命題 4.7 によれば，線形写像 T の定義域が有限次元のとき，値域 $R(T)$ は有限生成的であり，値域の次元 $\dim R(T)$ は有限の値となる．この値を写像 T の**階数** (rank) または**ランク**といい，$\mathrm{rank}\,(T)$ と表す．すなわち

$$\mathrm{rank}\,(T) := \dim R(T) \tag{4.22}$$

4.6 階数と次元定理

である．このとき命題 4.7 より $\mathrm{rank}(T) \leq \dim V_n$ であることに注意しておく．

> **定理 4.2** （次元定理） V_n, W を体 K 上の線形空間で, $\dim V_n = n$ とする．また $T \in L(V_n, W)$ とする．このとき
> $$\dim V_n = \dim N(T) + \dim R(T) \tag{4.23}$$
> が成立する．

証明 $m = \dim N(T)$ とすると，$0 \leq m \leq n$ である．$m = n$ のときは $V_n = N(T)$ であり，$R(T) = \{0\}$ となり $\dim N(T) + \dim R(T) = n + 0$ であるので (4.23) は成立する．

$1 \leq m \leq n-1$ のとき，V_n の線形部分空間 $N(T)$ の基底を $\{e_k\}_{k=1}^m$ とすると，定理 3.3 の系により，V_n から $n-m$ 個の元 $\{e_k\}_{k=m+1}^n$ をうまく選んで $\{e_k\}_{k=1}^n$ を V_n の基底とすることができる．ここで $T(e_k) = 0$ $(1 \leq k \leq m)$ に注意すると

$$R(T) = \langle T(e_1), T(e_2), \ldots, T(e_n) \rangle = \langle T(e_{m+1}), \ldots, T(e_n) \rangle$$

であるが，このとき $\{T(e_k)\}_{k=m+1}^n$ は一次独立である．実際，背理法を用いて考えると，$\{T(e_k)\}_{k=m+1}^n$ に対して $(\alpha_{m+1}, \ldots, \alpha_n)^T \in K^{n-m}$ について

$$\sum_{k=m+1}^n \alpha_k T(e_k) = 0$$

が成立するとすると

$$T\Big(\sum_{k=m+1}^n \alpha_k e_k \Big) = 0$$

となり，

$$\sum_{k=m+1}^n \alpha_k e_k \in N(T)$$

となる．しかし $\{e_k\}_{k=m+1}^n$ の取り方から

$$\sum_{k=m+1}^n \alpha_k e_k = 0$$

であり，その一次独立性より $\alpha_{m+1} = \cdots = \alpha_n = 0$. すなわち $\{T(e_k)\}_{k=m+1}^n$ は一次独立であることがわかり，$\dim R(T) = n - m$ となる．従って，$\dim N(T) + \dim R(T) = n$ が成立する．この議論は $m = 0$ のときも同様である． □

写像のランクの記号を用いると，次元定理の (4.23) は

$$\operatorname{rank}(T) = \dim V_n - \dim N(T)$$

と書くこともできる．また命題 4.6 を用いると，次の命題が得られる．

> **命題 4.8** V_n, W_m をそれぞれ n 次元，m 次元の線形空間とし，$T \in L(V_n, W_m)$ とする．
> (1) $n > m$ のとき，$T : V_n \to W_m$ は単射になることはない．
> (2) $n < m$ のとき，$T : V_n \to W_m$ は全射になることはない．
> (3) $n = m$ のとき，$T : V_n \to W_m$ が全射であることと単射であることは同値である．

> **命題 4.8 の系** V_n, V_m をそれぞれ n 次元，m 次元の線形空間とし，$T \in L(V_n, V_m)$ とする．このとき $T : V_n \to V_m$ が全単射であれば $n = m$ である[3]．

> **例 4.10** $\mathbb{E}_3, \mathbb{E}_2$ をそれぞれ xyz 空間および xy 平面上の有向線分の作る線形空間とする．$\mathbb{E}_2$ は $\mathbb{E}_3$ の線形部分空間と見なされることに注意しておく．ここで $\overrightarrow{OP} \in \mathbb{E}_3$ に対し，点 P から xy 平面上に下した垂線の足を H_P として $\overrightarrow{OP}$ の正射影 $\overrightarrow{OH_P}$ を考える．$\overrightarrow{OH_P} \in \mathbb{E}_2$ であり，$T(\overrightarrow{OP}) := \overrightarrow{OH_P}$ によって写像 $T : \mathbb{E}_3 \to \mathbb{E}_3$ を定めると，この T は線形写像である．このとき $R(T) = \mathbb{E}_2$ であり，$\operatorname{rank}(T) = 2$ である．

---

[3] V, W を体 K 上の線形空間とする．$T : V \to W$ が全単射となるような線形写像が存在するとき，"V と W は線形空間として同型である" といい，このときの線形写像 T を同型写像 (isomorphism) という．次元の等しい（有限次元の）線形空間はお互いに線形空間として同型である．また体 K 上の n 次元線形空間 V_n は，K^n と線形空間として同型である．

4.6 階数と次元定理

例 4.5 でも見たように, 行列 $A \in M_{m,n}(K)$ は線形写像 $A: K^n \to K^m$ であるので, 線形写像の特別な場合として行列を考え, 行列の階数を次のように定義する.

定義 4.2 行列 $A \in M_{m,n}(K)$ を線形写像 $A: K^n \to K^m$ と見なすとき, $\dim R(A)$ を**行列の階数** (rank) といい, $\mathrm{rank}\,(A)$ と表す. 本書では "階数" とは呼ばず "行列 A のランク" ということにする.

命題 4.9 A を n 次正方行列とする. A が正則であれば, $\mathrm{rank}\,(A) = n$ である. 逆に $\mathrm{rank}\,(A) = n$ であれば, A は正則である.

証明 A が正則であれば, A は K^n 上の全単射写像である (→ 演習問題 4.13). 従って, $R(A) = K^n$ となり, $\mathrm{rank}\,(A) = n$ である. 逆に $\mathrm{rank}\,(A) = n$ であれば, 次元定理より $N(A) = \{0\}$ となり, 命題4.8(3)より $A: K^n \to K^n$ は全単射であることがわかる. 従って逆写像が存在するが, これは逆行列 A^{-1} である. □

正方行列の正則性を (4.8) では逆行列の存在によって定義したが, 命題4.9 によれば, 正則性は行列のランクを調べることでも判定できることがわかる.

定理 4.3 $A = (a_{ij}) \in M_{m,n}(K)$ を列ベクトル $\tilde{a}_j = (a_{1j}, a_{2j}, \ldots, a_{mj})^T$ $(1 \leq j \leq n)$ の横並びと考える. すなわち $A = (\tilde{a}_1, \tilde{a}_2, \ldots, \tilde{a}_n)$ とする. このとき $\mathrm{rank}\,(A)$ は $\{\tilde{a}_1, \tilde{a}_2, \ldots, \tilde{a}_n\}$ の中の一次独立なものの最大個数である.

証明 $\{e_j\}_{j=1}^n$ を K^n の標準基底とすると, $A e_j = \tilde{a}_j$ $(1 \leq j \leq n)$ である. 従って
$$R(A) = \langle A e_1, A e_2, \ldots, A e_n \rangle = \langle \tilde{a}_1, \tilde{a}_2, \ldots, \tilde{a}_n \rangle$$
であり, $\dim R(A) (= \mathrm{rank}\,(A))$ は $\{\tilde{a}_1, \tilde{a}_2, \ldots, \tilde{a}_n\}$ の中で一次独立なものの最大個数である. □

例 4.11 $A_1 = \begin{pmatrix} 1 & 1 & 1 \\ 1 & 2 & 1 \end{pmatrix}$ では, $\left\{ \begin{pmatrix} 1 \\ 1 \end{pmatrix}, \begin{pmatrix} 1 \\ 2 \end{pmatrix} \right\}$ は一次独立なので,

rank$(A_1) = 2$ である.

$A_2 = \begin{pmatrix} 1 & 1 & 2 \\ 1 & -1 & 0 \\ 1 & 2 & 3 \end{pmatrix}$ では,$\left\{ \begin{pmatrix} 1 \\ 1 \\ 1 \end{pmatrix}, \begin{pmatrix} 1 \\ -1 \\ 2 \end{pmatrix} \right\}$ は一次独立であるが,

$\begin{pmatrix} 1 \\ 1 \\ 1 \end{pmatrix} + \begin{pmatrix} 1 \\ -1 \\ 2 \end{pmatrix} = \begin{pmatrix} 2 \\ 0 \\ 3 \end{pmatrix}$ が成立するので,3つの列ベクトルで一次独立なものは2個であり,rank$(A_2) = 2$ である.

最後に線形写像のランクと行列のランクの関係について述べておこう.V_m, V_n をそれぞれ m 次元,n 次元の線形空間とし,$T: V_n \to V_m$ を線形写像とする.ここで V_n と V_m に基底を導入し,その基底による T の表現行列を $A \in M_{m,n}(K)$ とする.このとき写像のランクと行列のランクについて,

$$\text{rank}(T) = \text{rank}(A)$$

が成立する.数学の議論では,基底の取り方によって異なる表現行列のランクが常に同じか否かが気になるが,この問題は次節の基底の変換という考え方を用いると容易に解決される(→ 演習問題 4.21).

演習問題 4.19 V_m, V_n をそれぞれ体 K 上の m 次元,n 次元の線形空間とし,$T: V_n \to V_m$ を線形写像とする.$\{e_i\}_{i=1}^m$ を V_m の基底,$\{f_j\}_{j=1}^n$ を V_n の基底とし,(4.18)によって $\{a_{ij}\}$ を定めて T の表現行列を $A = (a_{ij})$ とする.
(1) $(x_1, x_2, \ldots, x_n)^T \in N(A)$ のとき,$T\left(\sum_{j=1}^n x_j f_j\right) = 0$ を示せ.
(2) $x = \sum_{j=1}^n x_j f_j \in N(T)$ のとき $(x_1, x_2, \ldots, x_n)^T \in N(A)$ を示せ.
(3) 次元定理を用いて rank$(T) = $ rank(A) を示せ.

4.7 基底の変換[4]

V_n は体 K 上の線形空間で,$\{e_k\}_{k=1}^n$ と $\{f_k\}_{k=1}^n$ を V_n の2組の基底とす

---
[4] 本節は初学者には少しわかりにくいので,後述の固有値と固有ベクトルの学習の際に学習する方がわかりやすいかも知れない.固有ベクトルを利用した基底の変換は,線形代数の中で重要な話題である.

4.7 基底の変換

る. $\{e_k\}_{k=1}^n, \{f_k\}_{k=1}^n$ は共に V_n の基底であるので

$$V_n = \langle e_1, e_2, \ldots, e_n \rangle = \langle f_1, f_2, \ldots, f_n \rangle$$

が成立し, 同じ V_n が見かけ上は異なる線形空間 $\langle e_1, e_2, \ldots, e_n \rangle$ と $\langle f_1, f_2, \ldots, f_n \rangle$ になる. 線形写像 $T: V_n \to V_n$ の $\{e_k\}_{k=1}^n$ による表現行列を $A = (a_{ij})$, $\{f_k\}_{k=1}^n$ による表現行列を $B = (b_{ij})$ とすると, A, B は共に体 K 上の n 次正方行列であり, 4.4 節の通り,

$$T(e_j) = \sum_{i=1}^n a_{ij} e_i, \quad T(f_j) = \sum_{i=1}^n b_{ij} e_i \quad (1 \le j \le n) \tag{4.24}$$

を満たすことになる.

一方, V_n 上の恒等写像 $id.: V_n \to V_n$ は, すべての $x \in V_n$ に対して $id.(x) = x$ を満たす線形写像であり, $id.: \langle e_1, e_2, \ldots, e_n \rangle \to \langle e_1, e_2, \ldots, e_n \rangle$ と考えると恒等写像の表現行列は単位行列となる (→ 演習問題 4.10). しかし $id.: \langle e_1, e_2, \ldots, e_n \rangle \to \langle f_1, f_2, \ldots, f_n \rangle$ と考えてその表現行列を $P = (p_{ij})$ とすると,

$$id.(e_j) = \sum_{i=1}^n p_{ij} f_i$$

であり $id.(e_j) = e_j = \sum_{i=1}^n p_{ij} f_i \ (1 \le j \le n)$ である. また恒等写像 $id.$ は全単射であるので P は正則行列である. ここで (4.24) を利用すると

$$T(e_j) = \sum_{k=1}^n a_{kj} e_k = \sum_{i=1}^n \sum_{k=1}^n p_{ik} a_{kj} f_i,$$

$$T(e_j) = \sum_{i=1}^n p_{ij} T(f_i) = \sum_{i=1}^n \sum_{k=1}^n p_{ij} b_{ki} f_k = \sum_{i=1}^n \sum_{k=1}^n b_{ik} p_{kj} f_i$$

となり, $1 \le i, j \le n$ に対して $\sum_{k=1}^n p_{ik} a_{kj} = \sum_{k=1}^n b_{ik} p_{kj}$ が成立する. これは行列として $PA = BP$ が成立することと同値である. これをまとめると次の命題を得る.

命題 4.10 $\{e_k\}_{k=1}^n, \{f_k\}_{k=1}^n$ を体 K 上の n 次元線形空間 V_n の 2 組の基底とし, ある $\{p_{ij}\} \subset K$ に対して

$$e_j = \sum_{i=1}^{n} p_{ij} f_i \quad (1 \leq j \leq n) \tag{4.25}$$

が成立しているとする．このとき n 次元正方行列 P を $(P)_{ij} := p_{ij}$ とすると行列 P は正則である．また V_n 上の線形写像 T の $\{e_k\}_{k=1}^{n}, \{f_k\}_{k=1}^{n}$ による表現行列をそれぞれ A, B とすると，$PA = BP$ が成立する．

(4.25) は形式的な行列の計算（1 行 n 列ベクトルと n 次正方行列の積計算）を許すと，$(e_1, e_2, \ldots, e_n) = (f_1, f_2, \ldots, f_n)P$ と表すことができ，2 組の基底の関係を行列 P を用いて示していると見なせる．このため，この行列 P を基底 $\{f_k\}_{k=1}^{n}$ から基底 $\{e_k\}_{k=1}^{n}$ への**基底変換行列**という．数ベクトル空間 K^n では，標準基底

$$e_1 = \begin{pmatrix} 1 \\ 0 \\ \vdots \\ 0 \end{pmatrix}, e_2 = \begin{pmatrix} 0 \\ 1 \\ \vdots \\ 0 \end{pmatrix}, \cdots, e_n = \begin{pmatrix} 0 \\ 0 \\ \vdots \\ 1 \end{pmatrix}$$

が種々の計算においても便利と思われる．しかし行列や線形写像を K^n 上で考える場合は，これらの行列や線形写像に固有な特別な基底を考えて計算する方が遙かに見通しが良い場合もある．基底変換行列は，このようなときに標準基底と特別な基底の 2 組の基底を考える場合の計算にしばしば用いられるものである．

例 4.12 $\mathbb{R}^2$ で $e_1 = (1, 0)^T, e_2 = (0, 1)^T, a = (1, 1)^T, b = (1, -1)^T$ の 4 つのベクトルを考え，$\mathbb{R}^2$ に 2 組の基底 $\{e_1, e_2\}$ と $\{a, b\}$ を導入する．このとき

$$a = e_1 + e_2, \quad b = e_1 - e_2$$

であるので，

$$P = \begin{pmatrix} 1 & 1 \\ 1 & -1 \end{pmatrix}$$

とおくと形式的に $(a, b) = (e_1, e_2)P$ が成立し，この行列 P が $\{e_1, e_2\}$ から $\{a, b\}$ への基底変換行列である．ここで 2 次正方行列

4.7 基底の変換

$$A = \begin{pmatrix} 1 & 2 \\ 1 & -2 \end{pmatrix}$$

に対して $\mathbb{R}^2$ 上の線形写像 T を $T(x) = Ax \ (x \in \mathbb{R}^2)$ によって定めると，

$$T(a) = \begin{pmatrix} 3 \\ -1 \end{pmatrix} = a + 2b, \quad T(b) = \begin{pmatrix} -1 \\ 3 \end{pmatrix} = a - 2b$$

であり，従って基底 $\{a, b\}$ による線形写像 T の表現行列 B は

$$B = \begin{pmatrix} 1 & 1 \\ 2 & -2 \end{pmatrix}$$

である．このとき

$$PA = BP = \begin{pmatrix} 2 & 0 \\ 0 & 4 \end{pmatrix}$$

であるが，これは線形写像 T を $T : \langle e_1, e_2 \rangle \to \langle a, b \rangle$ と考えたとき，この 2 組の基底による T の表現行列が

$$\begin{pmatrix} 2 & 0 \\ 0 & 4 \end{pmatrix}$$

となることを意味している．

演習問題 4.20

(1) $A, P \in M_n(K)$ とし，P は正則行列とする．このとき $\operatorname{rank}(A) = \operatorname{rank}(AP) = \operatorname{rank}(PA)$ が成立することを示せ．

(2) 命題 4.11 において，$\operatorname{rank}(A) = \operatorname{rank}(B)$ であることを示せ．

演習問題 4.21 V_m, V_n をそれぞれは体 K 上の m 次元，n 次元の線形空間とし，$T : V_n \to V_m$ を線形写像とする．V_m と V_n に基底を導入して線形写像 T の表現行列を考えるとき，この行列のランクは基底の取り方に依存しないことを示せ．

第 5 章

行 列 式

第 4 章の 4.2 節では，2 次正方行列 $\begin{pmatrix} a & b \\ c & d \end{pmatrix}$ に対して $ad - bc$ をこの行列の行列式と呼び，逆行列の計算において重要であることを確認した．行列式は正方行列に対して定義される量であり，本章では一般の正方行列の行列式の定義を与えてその性質と応用について説明する．ここでも特に断らない限り，体 K は $\mathbb{R}$ または $\mathbb{C}$ のいずれかである．

■ 5.1 行列式の定義

行列式を定義する方法は色々あるが，ここでは少し抽象的な方法で導入する．$A = (a_{ij})$ を体 K 上の n 次正方行列とすると，4.1 節でも述べた通り，A は n 個の列ベクトルの横並びと考えられるし，n 個の行ベクトルの縦並びとも考えられる．$A = (a_{ij}) \in M_n(K)$ に対して n 個の列ベクトル $\tilde{a}_j$ $(1 \leq j \leq n)$ を $\tilde{a}_j = (a_{ij})_{i\downarrow}$ すなわち

$$\tilde{a}_j = (a_{1j}, a_{2j}, \ldots, a_{nj})^T \in K^n \qquad (1 \leq j \leq n)$$

とすると，行列 A は $A = (\tilde{a}_1, \tilde{a}_2, \ldots, \tilde{a}_n)$ と n 個の列ベクトルの横並びにより表すことができる．この記法を用いて，行列式を次のように定義する．

> **定義 5.1**　(行列式)　n 次正方行列 $A = (\tilde{a}_1, \tilde{a}_2, \ldots, \tilde{a}_n) \in M_n(K)$ に対し，次の (1)–(3) を満たす $M_n(K)$ 上の関数
>
> $$\det : M_n(K) \to K$$
>
> を **行列式** (determinant) と呼び，$\det A$, $\det(A)$ あるいは $|A|$ 等と表す．
> (1) **多重線形** (multilinear) **性**：$\tilde{b} \in K^n, c \in K$ とするとき，すべての

j に対して

$$\det(\widetilde{a}_1, \ldots, \widetilde{a}_j + c\widetilde{b}, \ldots, \widetilde{a}_n)$$
$$= \det(\widetilde{a}_1, \ldots, \widetilde{a}_j, \ldots, \widetilde{a}_n) + c\det(\widetilde{a}_1, \ldots, \underset{\underset{j\text{番目}}{\uparrow}}{\widetilde{b}}, \ldots, \widetilde{a}_n)$$

(2) 歪対称(skew symmetric)性: $i \neq j$ のとき

$$\det(\widetilde{a}_1, \ldots, \widetilde{a}_i, \ldots, \widetilde{a}_j, \ldots, \widetilde{a}_n) = -\det(\widetilde{a}_1, \ldots, \underset{\underset{i\text{番目}}{\uparrow}}{\widetilde{a}_j}, \ldots, \underset{\underset{j\text{番目}}{\uparrow}}{\widetilde{a}_i}, \ldots, \widetilde{a}_n)$$

(3) $\{e_j\}_{j=1}^n$ を K^n の標準基底とするとき, $\det(e_1, e_2, \ldots, e_n) = 1$.

多重線形性とは, 各 j に対して線形性 (4.14), (4.15) が成立することを意味している. また**歪対称性**は, i と j とが異なるとき, i 番目と j 番目を入れ換えたときに符号が変わることを意味している. このように行列式の定義を与えたとき, この条件 (1)–(3) を満たす関数 det が存在するのか, またその関数が 1 通りに定まる（一意性）かの吟味が数学的には重要である. この問題の回答は次節に譲るとして, この定義から, 直ちに次の命題が得られる.

命題 5.1 $\widetilde{b} \in K^n$ とするとき, $\det(\widetilde{a}_1, \ldots, \underset{\underset{i\text{番目}}{\uparrow}}{\widetilde{b}}, \ldots, \underset{\underset{j\text{番目}}{\uparrow}}{\widetilde{b}}, \ldots, \widetilde{a}_n) = 0$

である.

証明 定義 5.1 の (2) の条件（歪対称性）を利用して i 番目と j 番目を入れ換えると $\det(\widetilde{a}_1, \ldots, \widetilde{b}, \ldots, \widetilde{b}, \ldots, \widetilde{a}_n) = -\det(\widetilde{a}_1, \ldots, \widetilde{b}, \ldots, \widetilde{b}, \ldots, \widetilde{a}_n)$ となり, $\det(\widetilde{a}_1, \ldots, \widetilde{b}, \ldots, \widetilde{b}, \ldots, \widetilde{a}_n) = 0$ が従う. □

命題 5.2 $\{\widetilde{a}_j\}_{j=1}^n \subset K^n$ が一次従属のとき, $\det(\widetilde{a}_1, \widetilde{a}_2, \ldots, \widetilde{a}_n) = 0$ である.

証明 $\{\widetilde{a}_j\}_{j=1}^n$ が一次従属であれば, (3.12) の議論と同様に考えると,

ある $(\alpha_1, \alpha_2, \ldots, \alpha_n) \neq (0, 0, \ldots, 0)$ に対して

$$\alpha_1 \widetilde{a}_1 + \alpha_2 \widetilde{a}_2 + \ldots + \alpha_n \widetilde{a}_n = 0$$

となる．ここで $\alpha_p \neq 0$ であれば $\widetilde{a}_p = -\sum_{k \neq p} \dfrac{\alpha_k}{\alpha_p} \widetilde{a}_k$ となり，

$$\det(\widetilde{a}_1, \ldots, \widetilde{a}_p, \ldots, \widetilde{a}_n)$$
$$= -\sum_{k \neq p} \frac{\alpha_k}{\alpha_p} \det(\widetilde{a}_1, \ldots, \underset{\underset{p\,\text{番目}}{\uparrow}}{\widetilde{a}_k}, \ldots, \widetilde{a}_n) \quad (\because \text{多重線形性})$$

$$= 0 \quad (\because \text{命題 5.1}) \qquad \square$$

> 命題 5.2 の系 $A \in M_n(K)$ が $\operatorname{rank} A \leq n-1$ のとき，$\det A = 0$ である．

証明 n 次正方行列 $A = (\widetilde{a}_1, \widetilde{a}_2, \ldots, \widetilde{a}_n)$ のランクが $n-1$ 以下であるということは，$\{\widetilde{a}_j\}_{j=1}^n$ が一次従属であることを意味するので，$\det A = 0$ である． $\square$

演習問題 5.1 A, B が共に n 次正方行列で，A または B のランクが $n-1$ 以下であるとき，$\det(AB) = 0$ となることを示せ．

演習問題 5.2 $c \in K, A \in M_n(K)$ とするとき $\det(cA) = c^n \det A$ となることを示せ．

行列式の定義と命題 5.1 を用いて，2 次正方行列 $A = \begin{pmatrix} a & b \\ c & d \end{pmatrix}$ の行列式を計算してみよう．$\{e_1, e_2\}$ を K^2 の標準基底とすると，行列 A の 2 つの列ベクトルは

$$\begin{pmatrix} a \\ c \end{pmatrix} = ae_1 + ce_2, \quad \begin{pmatrix} b \\ d \end{pmatrix} = be_1 + de_2$$

となる．従って

$$\det A = \det(ae_1 + ce_2, \ be_1 + de_2)$$
$$= a \det(e_1, be_1 + de_2) + c \det(e_2, be_1 + de_2)$$

$$= ab\det(e_1,e_1) + ad\det(e_1,e_2) + bc\det(e_2,e_1) + cd\det(e_2,e_2)$$
$$= ad - bc$$

となり，4.2 節で予告した通り $\det\begin{pmatrix} a & b \\ c & d \end{pmatrix} = ad - bc$ である．またこの計算を精密に検討すると，2 次正方行列の全体 $M_2(K)$ 上の関数 det が存在することもわかる．

演習問題 5.3 $A = \begin{pmatrix} a_{11} & a_{12} & a_{13} \\ a_{21} & a_{22} & a_{23} \\ a_{31} & a_{32} & a_{33} \end{pmatrix} \in M_3(K)$ に対しては，$\det A = a_{11}a_{22}a_{33} - a_{11}a_{23}a_{32} - a_{12}a_{21}a_{33} + a_{12}a_{23}a_{31} + a_{13}a_{21}a_{32} - a_{13}a_{22}a_{31}$ であることを示せ[1]．

5.2 行列式の性質

行列式の定義から直ちに導かれる性質として命題 5.1 と命題 5.2 を前節で示したが，行列式に対してはこの他にも重要な公式や性質が知られている．その中で最も重要なものが "行列式の展開" という行列式の計算方法であるが，その説明のために "置換" という概念を導入する．

$1, 2, \ldots, n$ の n 個の数字の "並べ換えの全体" を S_n と表し，S_n の各元 σ を**置換** (permutation) という．n 個の整数 $i_1, i_2, \ldots, i_n$ が $1 \leq i_k \leq n\ (1 \leq k \leq n)$ であってお互いに相異なるとき，並び $(i_1, i_2, \ldots, i_n)$ は 1 から n までの整数の並び換えになっている．この並び換えを σ とすると，

$$\sigma = \begin{pmatrix} 1 & 2 & \ldots & n \\ i_1 & i_2 & \ldots & i_n \end{pmatrix} \quad \begin{matrix} \leftarrow \text{元々の数の並び} \\ \leftarrow \text{新しい数の並び} \end{matrix} \tag{5.1}$$

と表すとわかり易い．これは 1 には i_1 が，2 には i_2 が，以下同様に n には i_n が対応することを表すもので，集合 $\{1, 2, \ldots, n\}$ から自分自身への 1 つの全単射写像と見なすことができる．従って，置換の全体 S_n は集合 $\{1, 2, \ldots, n\}$ から自分自身への全単射写像全体の集合と考えることができる．この中には

---

[1] この計算結果を "Sarrus（サラス）の公式" と呼ぶこともあるが，特に記憶に値しない公式である．

並び換えても元の順番通りの $\begin{pmatrix} 1 & 2 & \cdots & n \\ 1 & 2 & \cdots & n \end{pmatrix}$ も S_n に含まれているが，これは写像という視点では恒等写像であり，この置換を $\sigma_{id.}$ と表す．$\sigma_1, \sigma_2 \in S_n$ に対して合成写像 $\sigma_2 \circ \sigma_1$ は σ_1 で写してからさらに σ_2 で写すという意味であるが，具体例で考えるとわかり易い．例えば S_3 で $\sigma_1 = \begin{pmatrix} 1 & 2 & 3 \\ 2 & 1 & 3 \end{pmatrix}$, $\sigma_2 = \begin{pmatrix} 1 & 2 & 3 \\ 3 & 2 & 1 \end{pmatrix}$ とすると，1 は σ_1 によって 2 に写り，ここで σ_2 を施すとさらに 2 に写すことになる．同様に $2 \xrightarrow{\sigma_1} 1 \xrightarrow{\sigma_2} 3, 3 \xrightarrow{\sigma_1} 3 \xrightarrow{\sigma_2} 1$ であるから，

$$\sigma_2 \circ \sigma_1 = \begin{pmatrix} 1 & 2 & 3 \\ 2 & 3 & 1 \end{pmatrix}$$

であることがわかる．同じように $\sigma_1 \circ \sigma_2$ も計算できるが，

$$\sigma_1 \circ \sigma_2 = \begin{pmatrix} 1 & 2 & 3 \\ 3 & 1 & 2 \end{pmatrix}$$

となり，この例では $\sigma_1 \circ \sigma_2 \neq \sigma_2 \circ \sigma_1$ となっていることに注意しておく．一般に合成写像 $\sigma_2 \circ \sigma_1$ は 2 つの置換 σ_1 と σ_2 の積と呼ばれ $\sigma_2 \sigma_1$ と表されることもあるが，この例からもわかる通り，一般には $\sigma_1 \sigma_2 \neq \sigma_2 \sigma_1$ である．ところで数字の対応関係だけに注意すると，今考えている σ_1 は 1 を 2 に，2 を 1 に，3 を 3 に写す写像であるから，$\sigma_1 = \begin{pmatrix} 1 & 3 & 2 \\ 2 & 3 & 1 \end{pmatrix}$ あるいは $\sigma_1 = \begin{pmatrix} 3 & 2 & 1 \\ 3 & 1 & 2 \end{pmatrix}$ と表しても同じ内容である．そこで $\sigma = \begin{pmatrix} 1 & 2 & \cdots & n \\ i_1 & i_2 & \cdots & i_n \end{pmatrix}$ に対して

$\sigma^{-1} := \begin{pmatrix} i_1 & i_2 & \cdots & i_n \\ 1 & 2 & \cdots & n \end{pmatrix}$ により σ^{-1} を定めると，$\sigma^{-1} \circ \sigma = \sigma^{-1} \circ \sigma = \sigma_{id.}$ が成立し，σ^{-1} は全単射写像 σ の逆写像になっていることがわかる．この σ^{-1} は置換 σ の逆置換と呼ばれ，逆置換に対しては $\sigma^{-1}\sigma = \sigma\sigma^{-1} = \sigma_{id.}$ が成立する．

演習問題 5.4

(1) $\#S_n = n!$，すなわち S_n の元の個数は $n!$ 個であることを示せ．

(2) $\sigma_1, \sigma_2, \sigma_3 \in S_n$ のとき，$\sigma_1 \circ (\sigma_2 \circ \sigma_3) = (\sigma_1 \circ \sigma_2) \circ \sigma_3$ が成立することを確認

5.2 行列式の性質

せよ．

置換によって動かない数があるときはその数を省略して σ を表現することにすると，(5.1) の表現は少し単純化される．例えば $\sigma = \begin{pmatrix} 1 & 2 & 3 & 4 & 5 \\ 1 & 3 & 4 & 2 & 5 \end{pmatrix} \in S_5$ では 1 と 5 が動かないので，$\sigma = \begin{pmatrix} 2 & 3 & 4 \\ 4 & 3 & 2 \end{pmatrix}$ と表すことにする．その省略の規則に従うと

$$\begin{pmatrix} 1 & 2 & 3 & 4 & 5 \\ 5 & 2 & 3 & 4 & 1 \end{pmatrix} = \begin{pmatrix} 1 & 5 \\ 5 & 1 \end{pmatrix}$$

であるが，このような 2 つの数字のみの入れ換えは置換の最も単純な場合であり，これを**互換** (transposition) と呼ぶ．実は置換と互換の間には次のような重要な関係があるが，本書ではこの事実を証明なしに認めることにする．

> **定理 5.1** (1) $\sigma \in S_n$ はいくつかの互換の積の形で表すことができる．
> (2) $\sigma \in S_n$ を互換の積の形で表すとき，その表し方は一意的ではないが，そこで用いられる互換の個数が偶数個であるか奇数個であるかは，σ 毎に決まる．

定理 5.1(2) を利用して，$\sigma \in S_n$ に対して次のような**符号** (signature) を決める．

$$\mathrm{sgn}\,\sigma = \begin{cases} 1 & \sigma \text{ が偶数個の互換の積で表される場合} \\ -1 & \sigma \text{ が奇数個の互換の積で表される場合.} \end{cases} \tag{5.2}$$

具体例で考えてみると，$\sigma = \begin{pmatrix} 1 & 2 & 3 \\ 2 & 3 & 1 \end{pmatrix} \in S_3$ については

$$\begin{pmatrix} 1 & 2 & 3 \\ 2 & 3 & 1 \end{pmatrix} = \begin{pmatrix} 1 & 3 \\ 3 & 1 \end{pmatrix} \begin{pmatrix} 1 & 2 \\ 2 & 1 \end{pmatrix}$$

と 2 個の互換の積で表されるので $\mathrm{sgn}\,\sigma = 1$ であり，$\sigma = \begin{pmatrix} 1 & 2 & 3 & 4 \\ 4 & 1 & 2 & 3 \end{pmatrix} \in S_4$ については

$$\begin{pmatrix} 1 & 2 & 3 & 4 \\ 4 & 1 & 2 & 3 \end{pmatrix} = \begin{pmatrix} 1 & 2 \\ 2 & 1 \end{pmatrix} \begin{pmatrix} 1 & 3 \\ 3 & 1 \end{pmatrix} \begin{pmatrix} 1 & 4 \\ 4 & 1 \end{pmatrix}$$

であるので $\mathrm{sgn}\,\sigma = -1$ である．なお $\sigma_{id.}$ は 0 個の互換の積と考えて $\mathrm{sgn}\,(\sigma_{id.}) = 1$ としておく．

命題 5.3 $\sigma_1, \sigma_2 \in S_n$ のとき，$\mathrm{sgn}\,(\sigma_1 \sigma_2) = (\mathrm{sgn}\,\sigma_1)(\mathrm{sgn}\,\sigma_2)$ である．

証明 置換 σ_1, σ_2 はそれぞれ互換の積で表されるので，積 $\sigma_1 \sigma_2$ はそれらの互換の積になっている．従って，次の場合分けの表（表 5.1）を見ると，結論が得られる． □

命題 5.3 の系 $\sigma \in S_n$ の逆置換を σ^{-1} とするとき，$\mathrm{sgn}\,\sigma = \mathrm{sgn}\,\sigma^{-1}$ である．

命題 5.4 $\{e_k\}_{k=1}^n$ を K^n の標準基底とする．
$\sigma = \begin{pmatrix} 1 & 2 & \ldots & n \\ i_1 & i_2 & \ldots & i_n \end{pmatrix} \in S_n$ のとき，$\det(e_{i_1}, e_{i_2}, \ldots, e_{i_n}) = \mathrm{sgn}\,\sigma$ が成立する．

証明 行列式の歪対称性（定義 5.1 の条件 (2)）により，行列を構成する列ベクトルの 1 回の入れ替え（互換）により行列式の符号は変わる．σ によって $1, 2, \ldots, n$ が $i_1, i_2, \ldots, i_n$ に変わるが，この置換が l 回の互換によって表されるのであれば

$$\det(e_{i_1}, e_{i_2}, \ldots, e_{i_n}) = (-1)^l$$

表 5.1

σ_1 の互換の個数	σ_2 の互換の個数	$\mathrm{sgn}\,\sigma_1$	$\mathrm{sgn}\,\sigma_2$	$\sigma_1 \sigma_2$ の互換の個数	$\mathrm{sgn}\,(\sigma_1 \sigma_2)$
偶数	偶数	1	1	偶数	1
偶数	奇数	1	-1	奇数	-1
奇数	偶数	-1	1	奇数	-1
奇数	奇数	-1	-1	偶数	1

5.2 行列式の性質

であり, (5.2) より $(-1)^l$ は $\operatorname{sgn}\sigma$ と一致する. □

定理 5.2 (行列式の展開)　$A = (a_{ij}) \in M_n(K)$ に対して

$$\det A = \sum_{\sigma = \begin{pmatrix} 1 & 2 & \cdots & n \\ i_1 & i_2 & \cdots & i_n \end{pmatrix} \in S_n} (\operatorname{sgn}\sigma)\, a_{i_1 1} a_{i_2 2} \ldots a_{i_n n} \tag{5.3}$$

である.

証明の前に確認しておくが, (5.3) の $\sum$ による和は S_n のすべての置換 σ についての総和であり, それは $n!$ 回 (→ 演習問題 5.4(1)) の足し算を意味する. 例えば $10! = 3628800$ であるので, 10 次の正方行列の行列式をこの定理に従って計算すれば, 3628800 回の足し算が必要である. この定理は, 行列式の計算方法というよりは, 関数 det を具体的に表示することによってその存在を示すというもので, 行列式の具体的な計算には不向きな式であることに注意する.

証明　$\tilde{a}_j := (a_{1j}, a_{2j}, \ldots, a_{nj})^T \in K^n \ (1 \le j \le n)$ とすると, 標準基底 $\{e_k\}_{k=1}^n$ を用いることにより $\tilde{a}_j = \sum_{i_j=1}^n a_{i_j j} e_{i_j} \ (1 \le j \le n)$ となり, 行列式の多重線形性より

$$\det A = \det\left(\sum_{i_1=1}^n a_{i_1 1} e_{i_1}, \sum_{i_2=1}^n a_{i_2 2} e_{i_2}, \ldots, \sum_{i_n=1}^n a_{i_n n} e_{i_n}\right)$$
$$= \sum_{i_1=1}^n \sum_{i_2=1}^n \cdots \sum_{i_n=1}^n a_{i_1 1} a_{i_2 2} \ldots a_{i_n n} \det(e_{i_1}, e_{i_2}, \ldots, e_{i_n}).$$

ここで $\{e_{i_1}, e_{i_2}, \ldots, e_{i_n}\}$ の中で同じ添字番号のものがあれば命題 5.1 より行列式は 0, すなわち $\det(e_{i_1}, e_{i_2}, \ldots, e_{i_n}) = 0$ であるので, 添字の $i_1, i_2, \ldots, i_n$ がすべて相異なるものだけを考えればよい. 従って $i_1, i_2, \ldots, i_n$ が $1, 2, \ldots, n$ の並び換えの場合だけを考えればよいので, 命題 5.4 を用いると,

$$\det A = \sum_{\sigma = \begin{pmatrix} 1 & 2 & \cdots & n \\ i_1 & i_2 & \cdots & i_n \end{pmatrix} \in S_n} a_{i_1 1} a_{i_2 2} \ldots a_{i_n n} \det(e_{i_1}, e_{i_2}, \ldots, e_{i_n})$$
$$= \sum_{\sigma = \begin{pmatrix} 1 & 2 & \cdots & n \\ i_1 & i_2 & \cdots & i_n \end{pmatrix} \in S_n} (\operatorname{sgn}\sigma)\, a_{i_1 1} a_{i_2 2} \ldots a_{i_n n}$$

となる. □

定理 5.2 の系　$A \in M_n(K)$ のとき, $\det A = \det A^T$ である.

証明　$A^T = (b_{ij})$ とすると, $b_{ij} = a_{ji}$ $(1 \leq i, j \leq n)$ であり,

$$\det A^T = \sum_{\sigma = \begin{pmatrix} 1 & 2 & \cdots & n \\ j_1 & j_2 & \cdots & j_n \end{pmatrix} \in S_n} (\mathrm{sgn}\,\sigma)\, b_{j_1 1} b_{j_2 2} \ldots b_{j_n n}$$

$$= \sum_{\sigma = \begin{pmatrix} 1 & 2 & \cdots & n \\ j_1 & j_2 & \cdots & j_n \end{pmatrix} \in S_n} (\mathrm{sgn}\,\sigma)\, a_{1 j_1} a_{2 j_2} \ldots a_{n j_n}$$

となる. ところで σ の表現で, 下段の $j_1, j_2, \ldots, j_n$ の方が 1 から始まる書き方にすると

$$\sigma = \begin{pmatrix} 1 & 2 & \cdots & n \\ j_1 & j_2 & \cdots & j_n \end{pmatrix}$$

$$= \begin{pmatrix} i_1 & i_2 & \cdots & i_n \\ 1 & 2 & \cdots & n \end{pmatrix}$$

とできるが, $\begin{pmatrix} i_1 & i_2 & \cdots & i_n \\ 1 & 2 & \cdots & n \end{pmatrix}$ と $\begin{pmatrix} 1 & 2 & \cdots & n \\ i_1 & i_2 & \cdots & i_n \end{pmatrix}$ はお互いに逆置換の関係にあり, 命題 5.3 の系より符号は等しいので

$$\mathrm{sgn}\,\sigma = \mathrm{sgn} \begin{pmatrix} i_1 & i_2 & \cdots & i_n \\ 1 & 2 & \cdots & n \end{pmatrix} = \mathrm{sgn} \begin{pmatrix} 1 & 2 & \cdots & n \\ i_1 & i_2 & \cdots & i_n \end{pmatrix}$$

　　　　↑　　　　　　　　　　　　　↑
　σ の表現を変えただけ　　　$\mathrm{sgn}\,\sigma = \mathrm{sgn}\,\sigma^{-1}$ (命題 5.3 の系)

が成立する. また, $\begin{pmatrix} 1 & 2 & \cdots & n \\ j_1 & j_2 & \cdots & j_n \end{pmatrix}$ と $\begin{pmatrix} 1 & 2 & \cdots & n \\ i_1 & i_2 & \cdots & i_n \end{pmatrix}$ は 1 対 1 に対応するので,

$$\det A^T = \sum_{\sigma = \begin{pmatrix} 1 & 2 & \cdots & n \\ i_1 & i_2 & \cdots & i_n \end{pmatrix} \in S_n} (\operatorname{sgn} \sigma) \, a_{i_1 1} a_{i_2 2} \ldots a_{i_n n} = \det A.$$ □

演習問題 5.5 定理 5.2 の証明を参考に，定義 5.1 で定められる関数 det は一意的であることを示せ．（定義 5.1 の (1)–(3) を満たす関数が 2 つあり，それらを det と DET と表すとき，すべての $A \in M_n(K)$ に対して $\det(A) = \mathrm{DET}(A)$ が成立することを示す．）

転置行列 A^T は元の行列 A の行と列を入れ換えたものであるから，$\det A = \det A^T$ の成立は，行列式の計算においては行列を列ベクトルの横並びと考えても，行ベクトルの縦並びと考えてもよいことを意味している．この事実を定理としてまとめておくと，次のように表される．

定理 5.3 $A = (a_{ij}) \in M_n(K)$ に対して $a_i = (a_{ij})_{j \to}$，すなわち $a_i = (a_{i1}, a_{i2}, \ldots, a_{in}) \in K^n \ (1 \leq i \leq n)$ によって行ベクトルを定めて行列を

$$A = \begin{pmatrix} a_1 \\ a_2 \\ \vdots \\ a_n \end{pmatrix}$$

と行ベクトルの縦並びと考えるとき，次の (1)(2) が成立する．

(1) 行ベクトルについての多重線形性: $b = (b_1, b_2, \ldots, b_n) \in K^n, c \in K$ とするとき，

$$\det \begin{pmatrix} a_1 \\ \vdots \\ a_i + cb \\ \vdots \\ a_n \end{pmatrix} = \det \begin{pmatrix} a_1 \\ \vdots \\ a_i \\ \vdots \\ a_n \end{pmatrix} + c \det \begin{pmatrix} a_1 \\ \vdots \\ b \\ \vdots \\ a_n \end{pmatrix}. \leftarrow i \text{ 行目}$$

(2) 行ベクトルについての歪対称性: $i \neq j$ のとき

$$\det \begin{pmatrix} a_1 \\ \vdots \\ a_i \\ \vdots \\ a_j \\ \vdots \\ a_n \end{pmatrix} = -\det \begin{pmatrix} a_1 \\ \vdots \\ a_j \\ \vdots \\ a_i \\ \vdots \\ a_n \end{pmatrix} \begin{matrix} \\ \\ \leftarrow i\,\text{行目} \\ \\ \leftarrow j\,\text{行目} \\ \\ \end{matrix}.$$

演習問題 5.6 n 次正方行列 A を構成する n 個の行ベクトル $\{a_i\}_{i=1}^n \subset K^n$ が一次従属のとき，$\det A = 0$ であることを示せ．

行列式については，以下の性質が基本的である．

命題 5.5 $A \in M_n(K)$ が正則行列のとき，$\det A \neq 0$ である．

証明 仮定により A は逆行列 $A^{-1} = (\alpha_{ij})$ をもち，$A^{-1}A = I_n$ である．定理 5.3 と同様に A の行ベクトルを $a_i = (a_{ij})_{j\to} \in K^n \,(1 \leq i \leq n)$ とするとき

$$A^{-1}A = \left(\sum_{k=1}^n \alpha_{ik} a_k \right)_{i\downarrow}$$

であり，$A^{-1}A$ を行ベクトルの縦並びと考えて定理 5.3 を適用すると，行ベクトルについての多重線形性を利用して計算することで，$\det(A^{-1}A)$ は $\det A$ の定数倍，すなわちある $c \in K$ がとれて $\det(A^{-1}A) = c(\det A)$ となることがわかる．一方で $\det(A^{-1}A) = \det(I_n) = 1$ であるので，$c \neq 0$ かつ $\det A \neq 0$ である． □

$A \in M_n(K)$ が正則行列でないときは $\mathrm{rank}\,A \leq n-1$ であり ($\to$ 命題 4.9)，$\det A = 0$ となる ($\to$ 命題 5.2)．命題 5.5 も含めてこれらの事実をまとめると，

5.2 行列式の性質

$$A \text{ が正則行列} \Leftrightarrow \operatorname{rank} A = n \Leftrightarrow \det A \neq 0 \tag{5.4}$$

$$A \text{ が逆行列をもたない} \Leftrightarrow \operatorname{rank} A \leq n-1 \Leftrightarrow \det A = 0 \tag{5.5}$$

であることがわかる．すなわち，$\underline{\det A \neq 0 \text{ は } A \text{ が逆行列をもつことと同値}}$である．

> **命題 5.6** $A, B \in M_n(K)$ とするとき，
> $$\det(AB) = (\det A)(\det B)$$
> である．

証明 $\det A = 0$ のときは $\operatorname{rank} A \leq n-1$ より $\operatorname{rank} AB \leq n-1$ となり $\det AB = 0$ ($\to$(5.4)，演習問題 5.1) が成立するので，定理は成り立つ．$\det A \neq 0$ のとき，$B \in M_n(K)$ に対して

$$D(B) := \frac{1}{\det A} \det(AB)$$

とすると，$D(B)$ は列ベクトルに対して多重線形性をもち，歪対称である．実際，行列を列ベクトルの横並び $A = (\widetilde{a}_1, \widetilde{a}_2, \ldots, \widetilde{a}_n)$，$B = (\widetilde{b}_1, \widetilde{b}_2, \ldots, \widetilde{b}_n)$ とすると，4.1 節で述べた通り

$$AB = (A\widetilde{b}_1, A\widetilde{b}_2, \ldots, A\widetilde{b}_n)$$

と表されるので，$\widetilde{b} \in K^n, c \in K$ に対して

$$D(\widetilde{b}_1, \ldots, \widetilde{b}_i + c\widetilde{b}, \ldots, \widetilde{b}_n) = \frac{1}{\det A} \det(A\widetilde{b}_1, \ldots, A\widetilde{b}_i + cA\widetilde{b}, \ldots, A\widetilde{b}_n)$$
$$= D(\widetilde{b}_1, \ldots, \widetilde{b}_i, \ldots, \widetilde{b}_n) + cD(\widetilde{b}_1, \ldots, \widetilde{b}, \ldots, \widetilde{b}_n),$$
$$D(\widetilde{b}_1, \ldots, \widetilde{b}_i, \ldots, \widetilde{b}_j, \ldots, \widetilde{b}_n) = -D(\widetilde{b}_1, \ldots, \widetilde{b}_j, \ldots, \widetilde{b}_i, \ldots, \widetilde{b}_n) \quad (i \neq j)$$

が成立する．さらに標準基底 $\{e_k\}_{k=1}^n$ に対して，

$$D(e_1, e_2, \ldots, e_n) = \frac{1}{\det A} \det(\widetilde{a}_1, \widetilde{a}_2, \ldots, \widetilde{a}_n) = 1$$

が成立する．すなわち定義 5.1 と行列式の一意性（$\to$ 演習問題 5.5）より $D(B) = \det B$ であり，

$$\det(AB) = (\det A)(\det B)$$

が成り立つ. □

命題 5.6 の系 $A \in M_n(K)$ が正則行列のとき,$\det A \neq 0$ であり
$$\det(A^{-1}) = \frac{1}{\det A}$$
である.

証明は $AA^{-1} = I_n$ より $(\det A)(\det A^{-1}) = 1$ が成立するので明らかである.

命題 5.7 $A \in M_m(K), B \in M_n(K)$ とするとき,
$$\det \begin{pmatrix} A & * \\ O & B \end{pmatrix} = (\det A)(\det B)$$
である.

行列 $\begin{pmatrix} A & * \\ O & B \end{pmatrix}$ は $(m+n)$ 次の正方行列であり,O は n 行 m 列の零行列で,$*$ の部分は m 行 n 列の行列である.例えば5次の正方行列

$$A_5 = \begin{pmatrix} 1 & 2 & 3 & 4 & 5 \\ 6 & 7 & 8 & 9 & 10 \\ 0 & 0 & 11 & 12 & 13 \\ 0 & 0 & 14 & 15 & 16 \\ 0 & 0 & 17 & 18 & 19 \end{pmatrix} \tag{5.6}$$

は

$$A_2 = \begin{pmatrix} 1 & 2 \\ 6 & 7 \end{pmatrix}, A_3 = \begin{pmatrix} 11 & 12 & 13 \\ 14 & 15 & 16 \\ 17 & 18 & 19 \end{pmatrix}$$

とすることにより,$A_5 = \begin{pmatrix} A_2 & * \\ O & A_3 \end{pmatrix}$ と表されるものと考える.また

5.2 行列式の性質

$$\begin{pmatrix} a & b & c \\ 0 & d & e \\ 0 & f & g \end{pmatrix} \in M_3(K)$$

では，$a \in K$ を 1 次の正方行列と考え，$A = \begin{pmatrix} d & e \\ f & g \end{pmatrix} \in M_2(K)$ とすることにより

$$\begin{pmatrix} a & b & c \\ 0 & d & e \\ 0 & f & g \end{pmatrix} = \begin{pmatrix} a & * \\ 0 & A \end{pmatrix}$$

である．例えばこの例に命題 5.7 を適用すると，

$$\det \begin{pmatrix} a & b & c \\ 0 & d & e \\ 0 & f & g \end{pmatrix} = \det \begin{pmatrix} a \end{pmatrix} \det \begin{pmatrix} d & e \\ f & g \end{pmatrix} = a(dg - ef) \tag{5.7}$$

が得られる．

演習問題 5.7 演習問題 5.3 による 3 次正方行列の行列式の展開を利用し，(5.7) を確認せよ．

命題 5.7 の証明に移ろう．まず $\det B = 0$ のときは $\det B^T = 0$ も成立し，B を構成する n 個の行ベクトルは一次従属（すなわち，$\operatorname{rank} B \leq n-1$）である．従って行列 $\begin{pmatrix} A & * \\ O & B \end{pmatrix}$ を構成する $m+n$ 個の行ベクトルも一次従属であり，$\det \begin{pmatrix} A & * \\ O & B \end{pmatrix} = 0$ となり（→ 演習問題 5.6），命題 5.7 は成立する．次に $\det B \neq 0$ の場合を考える．命題 5.6 の証明の場合と同様に，行列 A を m 個の列ベクトルの横並び $A = (\tilde{a}_1, \ldots, \tilde{a}_m)$ とし，

$$D(\tilde{a}_1, \ldots, \tilde{a}_m) := \frac{1}{\det B} \det \begin{pmatrix} (\tilde{a}_1, \ldots, \tilde{a}_m), & * \\ O & B \end{pmatrix}$$

とすると，$D(\tilde{a}_1, \ldots, \tilde{a}_m)$ は行列式の定義で述べられる (1) 多重線形性，(2) 歪対称性の 2 つの条件を満たすことが容易にわかる．さらに標準基底

$\{e_j\}_{j=1}^m \subset K^m$ に対して，定理 5.2 の行列式の展開を用いて計算すると，

$$\det \begin{pmatrix} (e_1,\ldots,e_m), & * \\ O & B \end{pmatrix} = \det B (\neq 0) \tag{5.8}$$

であることがわかり，$D(e_1,\ldots,e_m) = 1$ となる．従って，行列式の定義により，$D(\tilde{a}_1,\ldots,\tilde{a}_m) = \det A$ であることがわかり，

$$\det A = \frac{1}{\det B} \det \begin{pmatrix} A & * \\ O & B \end{pmatrix}$$

が成立し，命題 5.7 が証明される．

演習問題 5.8 定理 5.2 を用い，直接計算によって (5.8) を確認せよ．

この命題 5.7 により，直ちに次の命題が示される．

> **命題 5.8** n 次の上三角行列 $T = \begin{pmatrix} a_{11} & & & * \\ & a_{22} & & \\ & & \ddots & \\ O & & & a_{nn} \end{pmatrix}$ に対して，
>
> $$\det T = a_{11} a_{22} \ldots a_{nn}$$
>
> である．

> **命題 5.8 の系** n 次の対角行列 $D = \begin{pmatrix} \mu_1 & & & O \\ & \mu_2 & & \\ & & \ddots & \\ O & & & \mu_n \end{pmatrix}$ に対して，
>
> $$\det D = \mu_1 \mu_2 \ldots \mu_n$$
>
> である．

与えられた行列を適当に変形して上三角行列 T や対角行列 D に帰着させて行列式の値を計算することができれば計算が容易である．実際，コンピュー

5.2 行列式の性質

タを用いた行列式の計算ではそのような方法が用いられる．その詳しい方法は第 6 章の Gauss 消去法と Gauss-Jordan 法の説明に譲ることにしよう．

演習問題 5.9 命題 5.7 と数学的帰納法を用い，命題 5.8 を証明せよ．

例えば，(5.6) で与えられる 5 次正方行列 A_5 の行列式の値を定理 5.2 の展開により計算しようとすると，$5! = 120$ 回の和の計算が必要な上，120 個の置換の符号を予め調べておかねばならず，極めて面倒である．しかし

$$A_5 = \begin{pmatrix} A_2 & * \\ O & A_3 \end{pmatrix}$$

という形に気づけば，$\det A_5 = (\det A_2)(\det A_3)$ によって計算される．このように成分に 0 がかたまってある行列では，行列式が比較的容易に計算できることがわかる．しかしたとえ成分に 0 が多くても

$$X = \begin{pmatrix} 1 & 2 & 2 & 1 \\ 2 & -1 & 1 & 3 \\ 0 & 2 & 0 & 5 \\ 0 & -1 & 0 & 7 \end{pmatrix} \tag{5.9}$$

の例では，このままでは命題 5.7 が適用できない．ここで行列式の定義の中で，歪対称性を思い出してみよう．(5.9) で与えられる 4 次正方行列 X の第 2 列目と第 3 列目を入れ換えると

$$\widetilde{X} = \begin{pmatrix} 1 & 2 & 2 & 1 \\ 2 & 1 & -1 & 3 \\ 0 & 0 & 2 & 5 \\ 0 & 0 & -1 & 7 \end{pmatrix}$$

となるが，この $\widetilde{X}$ には命題 5.7 が適用されて

$$\det \widetilde{X} = \det \begin{pmatrix} 1 & 2 \\ 2 & 1 \end{pmatrix} \det \begin{pmatrix} 2 & 5 \\ -1 & 7 \end{pmatrix} = (-3) \times 19 = -57$$

となり，$\det X = -\det \widetilde{X} = 57$ が容易に得られる．定理 5.3 により，行列を行ベクトルの縦並びと考えた場合にも行列式は歪対称性をもつので，

行列式の値は，列ベクトルの 1 回の入れ換えにより符号が変わる　(5.10)

行列式の値は，行ベクトルの 1 回の入れ換えにより符号が変わる　(5.11)

が成立することを再確認しておこう．

　予め成分に 0 の多い行列については列の入れ換えや行の入れ換えにより 0 の位置を左下にかためて計算が容易な形に変換できるが，与えられた行列の成分に 0 が含まれていないとき，行列式の値が同じで成分に 0 の多い行列をうまく見つけることはできないだろうか．ここで再び行列式の定義を思い出し，今度は多重線形性を利用をする．n 次正方行列 A を n 個の列ベクトル横並び $A = (\tilde{a}_1, \tilde{a}_2, \ldots, \tilde{a}_n)$ とするとき，多重線形性と命題 5.1 の結果により $c \in K$ に対して

$$\det(\tilde{a}_1, \ldots, \tilde{a}_i, \ldots, \tilde{a}_n) = \det(\tilde{a}_1, \ldots, \tilde{a}_i + c\tilde{a}_j, \ldots, \tilde{a}_n) \quad (i \neq j)$$

が成立する．ここで $c \in K$ を上手に選んで多くの成分が 0 となるように "消去" を行うと，行列式の値は同じであって，しかも成分に 0 の多い行列が得られる．例えば

$$Y = \begin{pmatrix} 0 & 2 & 3 & 1 \\ -1 & -1 & 4 & 3 \\ -5 & 2 & 5 & 5 \\ -7 & -1 & 7 & 7 \end{pmatrix}$$

では，第 1 列目に第 4 列目を加えると

$$\begin{pmatrix} 1 & 2 & 3 & 1 \\ 2 & -1 & 4 & 3 \\ 0 & 2 & 5 & 5 \\ 0 & -1 & 7 & 7 \end{pmatrix}$$

が得られ，さらに第 3 列目から第 4 列目を引く（(-1) 倍して加える）と，

$$\begin{pmatrix} 1 & 2 & 2 & 1 \\ 2 & -1 & 1 & 3 \\ 0 & 2 & 0 & 5 \\ 0 & -1 & 0 & 7 \end{pmatrix}$$

5.2 行列式の性質

となり，(5.9) で与えた X と一致する．従って $\det Y = \det X = 57$ である．この場合も定理 5.3 により，行列を行ベクトルの縦並びと考えても同様であり，

行列のある列に別の列の定数倍を加えても，行列式の値は変わらない
$$(5.12)$$

行列のある行に別の行の定数倍を加えても，行列式の値は変わらない
$$(5.13)$$

が成立する．この性質を利用して成分の消去を繰り返すことにより，行列式の計算のし易い行列に変形することが重要である．このような計算を系統的に行うためには，次章で述べる行列の基本変形の計算が役に立つ．

演習問題 5.10 ω を $\omega^3 = 1$ を満たす複素数であって $\omega \neq 1$ とするとき，

$$\det \begin{pmatrix} 1 & \omega & \omega^2 \\ \omega & \omega^2 & 1 \\ \omega^2 & 1 & \omega \end{pmatrix}$$

を求めよ．

演習問題 5.11 次の行列の行列式の値を求めよ．

(1) $\begin{pmatrix} -9 & -13 & 3 & -17 \\ 0 & 0 & -1 & 1 \\ 7 & 13 & -5 & 17 \\ 7 & 9 & -1 & 13 \end{pmatrix}$ (2) $\begin{pmatrix} 1 & 1 & 1 \\ x & y & z \\ x^2 & y^2 & z^2 \end{pmatrix}$

第6章

行列の基本変形と連立方程式

連立一次方程式は数学のみならず，最先端の科学・技術と関連して多くの分野に現れる重要な問題である．$x_1, x_2, \ldots, x_n$ の n 個を未知数とする n 元連立一次方程式

$$\begin{cases} a_{11}x_1 + a_{12}x_2 + \cdots + a_{1n}x_n = b_1 \\ a_{21}x_1 + a_{22}x_2 + \cdots + a_{2n}x_n = b_2 \\ \cdots\cdots\cdots \\ a_{n1}x_1 + a_{n2}x_2 + \cdots + a_{nn}x_n = b_n \end{cases} \tag{6.1}$$

は係数行列の導入によって簡単に表され，その逆行列を用いることによって解が表示されることは既に 4.3 節において学習した．本章では逆行列の計算を連立方程式の視点から考察すると共に，そこで表れる幾つかの考え方が行列式や行列のランクの計算においても有用であることを示す．また，科学・技術の研究や開発と関連しては規模の小さい場合でも 100 元以上の連立方程式が頻繁に現れることを考慮し，コンピュータを利用して連立方程式を解くための基本的な考え方も紹介する．本章においても体 K は $\mathbb{R}$ または $\mathbb{C}$ とする．

■ 6.1 行列の余因子と逆行列

n 次正方行列 $A = (a_{ij})$ の第 p 行と第 q 列を取り除いて得られる $(n-1)$ 次の正方行列を $A(p, q)$ と表し，

$$\Delta_{p,q} := \det A(p, q) \qquad (1 \leq p \leq n, 1 \leq q \leq n)$$

とする．具体的には $A(p, q)$ は次の通りである：

6.1 行列の余因子と逆行列

$$A = \begin{pmatrix} a_{11} & \cdots & a_{1q} & \cdots & a_{1n} \\ \cdots & \cdots & \cdots & \cdots & \cdots \\ a_{p1} & \cdots & a_{pq} & \cdots & a_{pn} \\ \cdots & \cdots & \cdots & \cdots & \cdots \\ a_{n1} & \cdots & a_{nq} & \cdots & a_{nn} \end{pmatrix} \rightarrow 削除する第 p 行$$

$$\downarrow$$

削除する第 q 列

$$\implies A(p,q) = \begin{pmatrix} a_{11} & \cdots & a_{1\,q-1} & a_{1\,q+1} & \cdots & a_{1n} \\ & & \cdots & & & \\ a_{p-1\,1} & \cdots\cdots\cdots\cdots\cdots\cdots\cdots & a_{p-1\,n} \\ a_{p+1\,1} & \cdots\cdots\cdots\cdots\cdots\cdots\cdots & a_{p+1\,n} \\ & & \cdots & & & \\ a_{n1} & \cdots & a_{n\,q-1} & a_{n\,q+1} & \cdots & a_{nn} \end{pmatrix}.$$

$A = (a_{ij})$ に対して第 5 章と同様に列ベクトル $\widetilde{a}_j := (a_{1j}, a_{2j}, \ldots, a_{nj})^T \in K^n$ $(1 \leq j \leq n)$ とし, 行列 A を列ベクトルの横並び $A = (\widetilde{a}_1, \widetilde{a}_2, \ldots, \widetilde{a}_n)$ と考えると, 標準基底 $\{e_j\}_{j=1}^n$ を利用すると

$$\widetilde{a}_q = \sum_{p=1}^n a_{pq} e_p$$

と表されるので

$$A = \left(\widetilde{a}_1, \ldots, \widetilde{a}_{q-1}, \sum_{p=1}^n a_{pq} e_p, \widetilde{a}_{q+1}, \ldots, \widetilde{a}_n \right)$$

となるが, 行列式の多重線形性により

$$\det A = \sum_{p=1}^n a_{pq} \det (\widetilde{a}_1, \ldots, \widetilde{a}_{q-1}, e_p, \widetilde{a}_{q+1}, \ldots, \widetilde{a}_n)$$

$$= \sum_{p=1}^n a_{pq} \det \begin{pmatrix} a_{11} & \cdots & a_{1\,q-1} & 0 & a_{1\,q+1} & \cdots & a_{1n} \\ & \cdots & & \vdots & & \cdots & \\ a_{p1} & \cdots & a_{p\,q-1} & 1 & a_{p\,q+1} & \cdots & a_{pn} \\ & \cdots & & \vdots & & \cdots & \\ a_{n1} & \cdots & a_{n\,q-1} & 0 & a_{n\,q+1} & \cdots & a_{nn} \end{pmatrix} \quad (6.2)$$

となる．ここで (6.2) に現れる行列に注目すると

$$\begin{pmatrix} a_{11} & \cdots & a_{1\,q-1} & 0 & a_{1\,q+1} & \cdots & a_{1n} \\ & & \cdots & & & & \\ a_{p1} & \cdots & a_{p\,q-1} & 1 & a_{p\,q+1} & \cdots & a_{pn} \\ & & \cdots & & & & \\ a_{n1} & \cdots & a_{n\,q-1} & 0 & a_{n\,q+1} & \cdots & a_{nn} \end{pmatrix} \Bigg\} \begin{matrix} p-1 \text{ 回の隣接行ベク} \\ \text{トルの入れ換え} \end{matrix}$$

$q-1$ 回の隣接列ベクトルの入れ換え

$$\Longrightarrow \begin{pmatrix} 1 & a_{p1} & \cdots & a_{p\,q-1} & a_{p\,q+1} & \cdots & a_{pn} \\ 0 & a_{11} & \cdots & a_{1\,q-1} & a_{1\,q+1} & \cdots & a_{1n} \\ \vdots & & & \cdots & & & \\ 0 & a_{n1} & \cdots & a_{n\,q-1} & a_{n\,q+1} & \cdots & a_{nn} \end{pmatrix} = \begin{pmatrix} 1 & * \\ O & A(p,q) \end{pmatrix}$$

であることがわかり，列の入れ替え (5.10) を $q-1$ 回と行の入れ替え (5.11) を $p-1$ 回利用したことを考慮して命題 5.7 を用いると，

$$\det A = \sum_{p=1}^{n} a_{pq} \left\{ (-1)^{(p-1)+(q-1)} \det \begin{pmatrix} 1 & * \\ 0 & A(p,q) \end{pmatrix} \right\}$$
$$= \sum_{p=1}^{n} a_{pq} \left((-1)^{p+q} \Delta_{p,q} \right) \tag{6.3}$$

となる．ここで現れる $(-1)^{p+q}\Delta_{p,q} (= (-1)^{p+q} \det A(p,q))$ を行列 A の第 (p,q) **余因子** (cofactor) といい，余因子を成分とする行列を余因子行列と呼んで $\mathrm{Cof}\,A$ と表す．すなわち

$$(\mathrm{Cof}\,A)_{pq} := (-1)^{p+q} \Delta_{p,q}$$

であり，(6.3) による行列式の計算を"行列式の余因子展開"と呼ぶ．余因子展開を利用すると，行列式の計算はサイズの 1 つ小さな行列式の計算に帰着される．例えば

$$A_3 = \begin{pmatrix} a & b & c \\ d & e & f \\ g & h & i \end{pmatrix}$$

6.1 行列の余因子と逆行列

の行列式を第1列に目をつけて計算すると

$$\det A_3 = a \times (-1)^{1+1} \det \begin{pmatrix} e & f \\ h & i \end{pmatrix}$$
$$+ d \times (-1)^{2+1} \det \begin{pmatrix} b & c \\ h & i \end{pmatrix} + g \times (-1)^{3+1} \det \begin{pmatrix} b & c \\ e & f \end{pmatrix}$$

となり，第2列に目をつけて計算すると

$$\det A_0 = h \times (-1)^{1+2} \det \begin{pmatrix} d & f \\ g & i \end{pmatrix}$$
$$+ e \times (-1)^{2+2} \det \begin{pmatrix} a & c \\ g & i \end{pmatrix} + h \times (-1)^{3+2} \det \begin{pmatrix} a & c \\ d & f \end{pmatrix}$$

となる.

余因子を成分とする**余因子行列** $\mathrm{Cof}\, A$ は行列 A と同じ型の正方行列である．すなわち余因子行列 $\mathrm{Cof}\, A$ の成分を第 (i,j) 余因子を用いて表すと，

$$\mathrm{Cof}\, A = ((\mathrm{Cof}\, A)_{ij}) = ((-1)^{i+j}\Delta_{i,j}) \in M_n(K) \tag{6.4}$$

である．従って余因子行列の記号を用いて (6.3) を表すと

$$\det A = \sum_{p=1}^{n} a_{pq} (\mathrm{Cof}\, A)_{pq} \tag{6.5}$$

となる.

演習問題 6.1 行列を行ベクトルの縦並びと考えて計算を行うとき (→ 定理 5.3), (6.2) と同様の計算によって (6.3) と同様の結果，すなわち

$$\det A = \sum_{q=1}^{n} a_{pq}((-1)^{p+q}\Delta_{p,q}) = \sum_{q=1}^{n} a_{pq}(\mathrm{Cof}\, A)_{pq} \quad (1 \leq p \leq n) \tag{6.6}$$

が得られることを確認せよ.

列ベクトルの横並びとして行列を考えた場合，$A = (\tilde{a}_1, \ldots, \tilde{a}_n)$ において $\tilde{a}_q = \tilde{a}_k$ $(k \neq q)$ のときは命題 5.1 により $\det A = 0$ となる．そこで (6.3) に $a_{pq} = a_{pk}$ $(k \neq q, 1 \leq p \leq n)$ を代入すると，(6.5) により，

$$\sum_{p=1}^{n} a_{pk}((-1)^{p+q}\Delta_{p,q}) = \sum_{p=1}^{n} a_{pk}(\operatorname{Cof} A)_{pq} = 0 \quad (q \neq k) \tag{6.7}$$

が得られる．ここで (4.4) で導入した Kronecker の δ

$$\delta_{ij} = \begin{cases} 1 & (i = j \text{ のとき}) \\ 0 & (i \neq j \text{ のとき}) \end{cases}$$

を用いて (6.5) と (6.7) の結果をまとめると，次の命題が得られる．

命題 6.1 $A = (a_{ij}) \in M_n(K)$ とし，I_n を n 次単位行列とする．このとき，$1 \leq k, q \leq n$ について

$$\sum_{p=1}^{n} a_{pk}(\operatorname{Cof} A)_{pq} = (\det A)\delta_{kq} \tag{6.8}$$

である．すなわち

$$A^T \operatorname{Cof} A = (\det A)I_n \tag{6.9}$$

が成立する．

(6.8) と (6.9) が同値であることだけを確認しておこう．A の転置行列を $A^T = (\alpha_{ij}) \in M_n(K)$ とすると，$\alpha_{ij} = a_{ji}$ $(1 \leq i, j \leq n)$ である．これを (6.8) に代入して添字の番号をつけかえると

$$\sum_{k=1}^{n} \alpha_{ik}(\operatorname{Cof} A)_{kj} = (\det A)\delta_{ij}$$

となるが，左辺はまさに行列の積の成分計算である ($\to$(4.3))．従って (6.9) の成立が確認された．(6.6) を用いると $(\operatorname{Cof} A)A^T = (\det A)I_n$ も同様に確認できる．従って $A \in M_n(K)$ が正則行列，すなわち $\det A \neq 0$ のとき，$X \in M_n(K)$ を

$$X = \frac{1}{\det A} \operatorname{Cof} A$$

とすると，$A^T X = X A^T = I_n$ が成立することになる．ここで再び転置行列の計算 $(A^T X)^T = X(A^T)^T = XA$ を用いると，逆行列についての次の重要な定理が得られる．

6.1 行列の余因子と逆行列

定理 6.1 $A \in M_n(K)$ が正則,すなわち $\det A \neq 0$ のとき,A の逆行列 A^{-1} は

$$A^{-1} = \frac{1}{\det A} (\text{Cof}\, A)^T \tag{6.10}$$

によって与えられる.

例えば $A_2 = \begin{pmatrix} a & b \\ c & d \end{pmatrix}$ の場合は $\Delta_{11} = d, \Delta_{12} = c, \Delta_{21} = b, \Delta_{22} = a$ であり,余因子行列は

$$\text{Cof}\, A_2 = \begin{pmatrix} (-1)^{1+1}d & (-1)^{1+2}c \\ (-1)^{2+1}b & (-1)^{2+2}a \end{pmatrix} = \begin{pmatrix} d & -c \\ -b & a \end{pmatrix}$$

となる.従って A_2 が正則行列すなわち $\det A_2 = ad - bc \neq 0$ のときは

$$A_2^{-1} = \frac{1}{ad - bc} \begin{pmatrix} d & -b \\ -c & a \end{pmatrix}$$

となり,既に示した (4.10) と一致する.

連立一次方程式 (6.1) は,係数行列を $A = (a_{ij})$,未知数を $x = (x_1, \ldots, x_n)^T \in K^n$,非斉次項を $b = (b_1, \ldots, b_n)^T \in K^n$ とすると $Ax = b$ と表され ($\to$(4.13)),行列 A が正則であるときは $x = A^{-1}b$ によって解が与えられることを 4.3 節で示した.従って定理 6.1 の結果を利用すると

$$x = \frac{1}{\det A} (\text{Cof}\, A)^T b \Leftrightarrow x_q = \frac{1}{\det A} \sum_{p=1}^{n} (\text{Cof}\, A)_{pq} b_p \ (1 \leq q \leq n)$$

となるが,行列を列ベクトルの横並びと考えて (6.3) と比較すると

$$\sum_{p=1}^{n} (\text{Cof}\, A)_{pq} b_p = \det(\tilde{a}_1, \ldots, \tilde{a}_{q-1}, b, \tilde{a}_{q+1}, \ldots, \tilde{a}_n)$$

であることがわかる.この式を利用して連立方程式の解を表現する方法を Cramer (クラーメル) の公式といい,次の定理としてまとめられる.

定理 6.2 （Cramer の公式）

$A \in M_n(K)$ を列ベクトルの横並び $A = (\tilde{a}_1, \ldots, \tilde{a}_n)$ とし，A は正則であるとする．非斉次項 $b = (b_1, b_2, \ldots, b_n)^T \in K^n$ に対して $x = (x_1, x_2, \ldots, x_n)^T \in K^n$ を求める方程式 $Ax = b$ を考えるとき，この連立方程式の解は

$$x_i = \frac{\det(\tilde{a}_1, \ldots, \tilde{a}_{i-1}, b, \tilde{a}_{i+1}, \ldots, \tilde{a}_n)}{\det A} \quad (1 \leq i \leq n) \tag{6.11}$$

によって与えられる．

Cramer の公式は連立方程式の解が行列式を利用して書き下せるという点で極めて重要であり，しかも美しい結果である．しかしながら，限られた場合の数学上の議論を除き，この公式は役に立たない．特に先端の科学・技術に現れる大規模な連立方程式を数値的に具体的に解こうとする場合には，全く無力である．その原因は，行列式の値の計算に要する手間である．一般に，数値により具体的に与えれられた連立方程式を解くために予め逆行列の計算を行うことは，計算に要する手間の観点から，非現実的と考えるべきである．

■ 6.2　Gauss 消去法と Gauss-Jordan 法

連立方程式 (6.1) の解を係数行列の逆行列 (6.9) や行列式を用いて表す方法 (6.11) を前節で学習したが，一般には行列式の計算が面倒なため，規模の大きな具体的な連立方程式にこれらを適用することは容易ではない．科学においても工学においても複数の事象や物質等の変化を数学を用いて記述することは多く，このような問題が数百個以上の未知数を含む連立方程式の問題に帰着されることは今や日常的である．また場合によっては百万個以上の未知数を含む連立方程式の解法が必要となることもある．これらの場合には手間の多い行列式の計算を利用する解法は殆ど非現実的であり，効率的に連立方程式を解く別途の方法が必要となる．

連立方程式 (6.1) の特別な場合で係数行列が対角行列の場合

6.2 Gauss 消去法と Gauss-Jordan 法

$$\begin{pmatrix} a_{11} & & & O \\ & a_{22} & & \\ & & \ddots & \\ O & & & a_{nn} \end{pmatrix} \begin{pmatrix} x_1 \\ x_2 \\ \vdots \\ x_n \end{pmatrix} = \begin{pmatrix} b_1 \\ b_2 \\ \vdots \\ b_n \end{pmatrix} \quad (6.12)$$

は，$a_{kk} \neq 0$ $(1 \leq k \leq n)$ であれば容易に解け，$x_k = \frac{b_k}{a_{kk}}$ $(1 \leq k \leq n)$ となる．同様に係数行列が（広義の）[1] 上三角行列の場合

$$\begin{pmatrix} a_{11} & a_{12} & \cdots & a_{1n} \\ & a_{22} & \cdots & a_{2n} \\ & & \ddots & \vdots \\ O & & & a_{nn} \end{pmatrix} \begin{pmatrix} x_1 \\ x_2 \\ \vdots \\ x_n \end{pmatrix} = \begin{pmatrix} b_1 \\ b_2 \\ \vdots \\ b_n \end{pmatrix} \quad (6.13)$$

は，$a_{kk} \neq 0$ $(1 \leq k \leq n)$ のときは後退代入 (backward substitution) といって，n 番めから始める代入計算

$$x_n = \frac{b_n}{a_{nn}}$$

$$a_{n-1\ n-1} x_{n-1} + a_{n-1\ n} x_n = b_{n-1}$$
$$\Longrightarrow x_{n-1} = \frac{1}{a_{n-1\ n-1}} \left\{ b_{n-1} - \frac{a_{n-1\ n} b_n}{a_{nn}} \right\}$$

の繰り返しで x_n から順番に x_1 まで求められる．なお，対角成分 $\{a_{11}, a_{22}, \ldots, a_{nn}\}$ の何れかが 0 のときは，命題 5.8 により係数行列の行列式の値は 0 となり，連立方程式 (6.13) を解くことはできない．

一般に与えられた連立方程式を対角型 (6.12) あるいは上三角型 (6.13) に帰着するアルゴリズムがあれば，大規模な連立方程式でも容易に解を求めることができる．ここで 3 元連立方程式

$$\begin{cases} x_1 + x_2 + x_3 = 6 & \text{①} \\ 2x_1 + x_2 - x_3 = 1 & \text{②} \\ 3x_1 - 2x_2 + x_3 = 2 & \text{③} \end{cases} \quad (6.14)$$

---

[1] 広義の上三角行列とは，(6.13) のように，対角成分も含んだ上三角行列を指す．同様に対角成分も含んだ下三角行列を広義の下三角行列という．

を例にとると，①はそのままで②$-2\times$①，③$-3\times$①を計算すると

$$\begin{cases} x_1 + x_2 + x_3 = 6 & \text{①} \\ -x_2 - 3x_3 = -11 & \text{②}' \\ -5x_2 - 2x_3 = -16 & \text{③}' \end{cases} \tag{6.15}$$

となり，さらに①,②'はそのままにして③'$+(-5)\times$②'とすると

$$\begin{cases} x_1 + x_2 + x_3 = 6 & \text{①} \\ -x_2 - 3x_3 = -11 & \text{②}' \\ 13x_3 = 39 & \text{③}'' \end{cases} \tag{6.16}$$

を得る．これより後退代入により③''より$x_3 = 3$，②'より$x_2 = 2$，①より$x_1 = 1$が得られる．この(6.14)–(6.16)を行列表示すると

$$\begin{pmatrix} 1 & 1 & 1 \\ 2 & 1 & -1 \\ 3 & -2 & 1 \end{pmatrix} \begin{pmatrix} x_1 \\ x_2 \\ x_3 \end{pmatrix} = \begin{pmatrix} 6 \\ 1 \\ 2 \end{pmatrix} \Longrightarrow \begin{pmatrix} 1 & 1 & 1 \\ 0 & -1 & -3 \\ 0 & -5 & -2 \end{pmatrix} \begin{pmatrix} x_1 \\ x_2 \\ x_3 \end{pmatrix} = \begin{pmatrix} 6 \\ -11 \\ -16 \end{pmatrix}$$

$$\Longrightarrow \begin{pmatrix} 1 & 1 & 1 \\ 0 & -1 & -3 \\ 0 & 0 & 13 \end{pmatrix} \begin{pmatrix} x_1 \\ x_2 \\ x_3 \end{pmatrix} = \begin{pmatrix} 6 \\ -11 \\ 39 \end{pmatrix}$$

となり，3元連立方程式の係数行列が2ステップの消去計算によって（広義の）上三角化されたことがわかる．この手順を一般のn元連立方程式に適用してみよう．連立方程式(6.1)の係数行列を$A = (a_{ij}) \in M_n(K)$とし，説明の便宜上から非斉次項の表示を$a_{i\,n+1} := b_i \quad (1 \leq i \leq n)$としておく．このとき対象とする連立方程式は

$$\begin{pmatrix} a_{11} & a_{12} & \ldots & a_{1n} \\ a_{21} & a_{22} & \ldots & a_{2n} \\ & & \ldots & \\ a_{n1} & a_{n2} & \ldots & a_{nn} \end{pmatrix} \begin{pmatrix} x_1 \\ x_2 \\ \vdots \\ x_n \end{pmatrix} = \begin{pmatrix} a_{1\,n+1} \\ a_{2\,n+1} \\ \vdots \\ a_{n\,n+1} \end{pmatrix} \tag{6.17}$$

である．(6.14)→(6.15)→(6.16)とした消去は，一般には

6.2 Gauss 消去法と Gauss-Jordan 法

$$\begin{pmatrix} a_{11} & a_{12} & \cdots & & a_{1n} \\ & a'_{22} & \cdots & & a'_{2n} \\ & & \ddots & & \vdots \\ & O & & a'_{kk} & \cdots & a'_{kn} \\ & & & \vdots & & \vdots \\ & & & a'_{nk} & \cdots & a'_{nn} \end{pmatrix} \begin{pmatrix} x_1 \\ x_2 \\ \vdots \\ \\ \\ x_n \end{pmatrix} = \begin{pmatrix} a_{1\ n+1} \\ a'_{2\ n+1} \\ \vdots \\ \\ \\ a'_{n\ n+1} \end{pmatrix} \quad (6.18)$$

↓↓ $k+1 \leq i \leq n$ のとき，第 i 行目から第 k 行目の定数倍を引く

$$\begin{pmatrix} a_{11} & a_{12} & \cdots & & & a_{1n} \\ & a'_{22} & \cdots & & & a'_{2n} \\ & & \ddots & & & \\ & & & a'_{kk} & \cdots & a'_{kn} \\ & O & & 0 & a''_{k+1\ k+1} & \cdots & a''_{k+1\ n} \\ & & & \vdots & \vdots & & \vdots \\ & & & 0 & a''_{n\ k+1} & \cdots & a''_{nn} \end{pmatrix} \begin{pmatrix} x_1 \\ x_2 \\ \vdots \\ \\ \\ \\ x_n \end{pmatrix} = \begin{pmatrix} a_{1\ n+1} \\ a'_{2\ n+1} \\ \vdots \\ a'_{k\ n+1} \\ a''_{k+1\ n+1} \\ \vdots \\ a''_{n\ n+1} \end{pmatrix}$$

の繰り返しであり，1 ステップ進む毎に縦に並ぶ 0 が増えて最終的に係数行列が（広義の）上三角化される．この消去法を **Gauss 消去法** (Gauss elimination) といい，そのアルゴリズムを式で表すと次のようになる．成分 $a_{ij}^{(k)}$ は第 k ステップでの係数行列 A_k の第 (i,j) 成分を表すことにする：

$$\begin{array}{l} \rightarrow i = 1, 2, \ldots, \rightarrow n \\ \quad \rightarrow j = 1, 2, \ldots, \rightarrow n+1 \\ \qquad a_{ij}^{(1)} := a_{ij} \\ \quad \longleftarrow j \text{ の値を 1 つずつ増やす} \\ \longleftarrow i \text{ の値を 1 つずつ増やす} \end{array} \quad (6.19)$$

$$
\begin{aligned}
&\quad k = 1, 2, \ldots, \to n-1 \\
&\qquad i = k+1, k+2, \ldots, \to n \\
&\qquad\quad j = k, k+1, \ldots, \to n+1 \\
&\qquad\qquad a_{ij}^{(k+1)} := a_{ij}^{(k)} - \frac{a_{kj}^{(k)}}{a_{kk}^{(k)}} \times a_{ik}^{(k)} \qquad (6.20) \\
&\qquad\qquad (\text{第 } i \text{ 行目から第 } k \text{ 行目の定数倍を引く}) \\
&\qquad\quad j \text{ の値を 1 つずつ増やす} \\
&\qquad i \text{ の値を 1 つずつ増やす} \\
&\quad k \text{ の値を 1 つずつ増やす}
\end{aligned}
$$

この (6.19), (6.20) により $A_1 = A$ から始めて

$$
\begin{pmatrix} a_{11}^{(1)} & \cdots & a_{1n}^{(1)} \\ a_{21}^{(1)} & \cdots & a_{2n}^{(1)} \\ & \cdots & \\ a_{n1}^{(1)} & \cdots & a_{nn}^{(1)} \end{pmatrix} \begin{pmatrix} x_1 \\ x_2 \\ \vdots \\ x_n \end{pmatrix} = \begin{pmatrix} a_{1\ n+1}^{(1)} \\ a_{2\ n+1}^{(1)} \\ \vdots \\ a_{n\ n+1}^{(1)} \end{pmatrix}
$$

$$
\Longrightarrow \begin{pmatrix} a_{11}^{(1)} & & & \\ & a_{22}^{(2)} & & * \\ & & \ddots & \\ & O & & a_{nn}^{(n)} \end{pmatrix} \begin{pmatrix} x_1 \\ x_2 \\ \vdots \\ x_n \end{pmatrix} = \begin{pmatrix} a_{1\ n+1}^{(1)} \\ a_{2\ n+1}^{(2)} \\ \vdots \\ a_{n\ n+1}^{(n)} \end{pmatrix}
$$

となり, 最終的な係数行列 A_n は上三角化されて (6.13) に帰着される.
ところで, 連立方程式

$$
\begin{pmatrix} 0 & 1 \\ 2 & 3 \end{pmatrix} \begin{pmatrix} x_1 \\ x_2 \end{pmatrix} = \begin{pmatrix} 1 \\ 5 \end{pmatrix} \iff \begin{cases} 0 \times x_1 + 1 \times x_2 = 1 \\ 2 \times x_1 + 3 \times x_2 = 5 \end{cases}
$$

は $\det \begin{pmatrix} 0 & 1 \\ 2 & 3 \end{pmatrix} = -2\ (\neq 0)$ で係数行列は正則であるにも関わらず, (6.19) で定まる $a_{1,1}^{(1)} = 0$ のために (6.20) の計算ができない. しかし予め行の入れ換えを行うと

6.2 Gauss 消去法と Gauss-Jordan 法

$$\begin{pmatrix} 2 & 3 \\ 0 & 1 \end{pmatrix} \begin{pmatrix} x_1 \\ x_2 \end{pmatrix} = \begin{pmatrix} 5 \\ 1 \end{pmatrix} \iff \begin{cases} 2 \times x_1 + 3 \times x_2 = 5 \\ 0 \times x_1 + 1 \times x_2 = 1 \end{cases}$$

となり (6.20) の適用が可能となる．式 (6.20) における $a_{k,k}^{(k)}$ は **Gauss 消去法の軸** (pivot) と呼ばれ，Gauss 消去法においては軸が 0 か 0 でないかの判定が計算過程で必要である．もしもある第 k_0 ステップにおいて軸 $a_{k_0 k_0}^{(k_0)} = 0$ となった場合には，第 k_0 行よりも下の行，すなわち $a_{k_0+1,k_0}^{(k_0)}, a_{k_0+2,k_0}^{(k_0)}, \cdots, a_{n,k_0}^{(k_0)}$ の中で 0 でない成分が第 k_0 行目になるように行の入れ換えを行い，(6.20) による消去計算を継続する．この操作を**軸選択** (pivoting) といい，軸選択を伴うことで Gauss 消去法は連立方程式を解くアルゴリズムとして実効的[2] となる．ここで

$$a_{k_0,k_0}^{(k_0)} = a_{k_0+1,k_0}^{(k_0)} = \cdots = a_{n,k_0}^{(k_0)} = 0$$

となった場合はどうするかという疑問が生じるが，その回答が次の命題である．

> **命題 6.2** 連立方程式 (6.17) に軸選択を伴う Gauss 消去法を適用したとき，ある第 k_0 ステップにおいて
>
> $$a_{k_0,k_0}^{(k_0)} = a_{k_0+1,k_0}^{(k_0)} = \cdots = a_{n,k_0}^{(k_0)} = 0 \tag{6.21}$$
>
> となったとする．(すなわち，(6.18) において $a'_{k,k} = a'_{k+1,k} = \cdots = a'_{n,k} = 0$ とする．) このとき，(6.17) の係数行列は正則ではない．

再び 3 元連立方程式の例 (6.14) に戻ってみよう．(6.14) から (6.15) に変形し，さらに (6.16) の上三角行列に着したが，(6.15) から (6.16) に移るステップで ① をそのままにせず，① + ②$'$, ③$'$ + $(-5) \times$ ②$'$ を行うと

$$\begin{cases} x_1 & -2x_3 = -5 & (a) \\ -2x_2 & -3x_3 = -11 & (b) \\ & 13x_3 = 39 & (c) \end{cases}$$

---

[2] コンピュータを利用した数値計算においては，コンピュータの実数値データの表現方法の制約から，軸選択は軸 $a_{kk}^{(k)}$ が 0 か 0 でないかの判定だけではすまない．コンピュータによる数値計算では，$|a_{k,k}^{(k)}|, |a_{k+1,k}^{(k)}|, \cdots, |a_{n,k}^{(k)}|$ の中で値の最大のものが軸となるような行の入れ換えとして，各計算ステップにおいて軸選択は行われる．

が得られ，さらに第3ステップとして $(a) + 2 \times \frac{1}{13} \times (c)$, $(b) + 3 \times \frac{1}{13} \times (c)$ を行うと

$$\begin{cases} x_1 & = 1 \\ -x_2 & = -2 \\ 13x_3 & = 39 \end{cases}$$

となり，直ちに $x_1 = 1, x_2 = 2, x_3 = 3$ が得られる．これを行列表示すると

$$\begin{pmatrix} 1 & 1 & 1 \\ 2 & 1 & -1 \\ 3 & -2 & 1 \end{pmatrix} \begin{pmatrix} x_1 \\ x_2 \\ x_3 \end{pmatrix} = \begin{pmatrix} 6 \\ 1 \\ 2 \end{pmatrix} \Longrightarrow \begin{pmatrix} 1 & 0 & -2 \\ 0 & -1 & -3 \\ 0 & 0 & 13 \end{pmatrix} \begin{pmatrix} x_1 \\ x_2 \\ x_3 \end{pmatrix} = \begin{pmatrix} -5 \\ -11 \\ -39 \end{pmatrix}$$

$$\Longrightarrow \begin{pmatrix} 1 & 0 & 0 \\ 0 & -1 & 0 \\ 0 & 0 & 13 \end{pmatrix} \begin{pmatrix} x_1 \\ x_2 \\ x_3 \end{pmatrix} = \begin{pmatrix} 1 \\ -2 \\ 39 \end{pmatrix}$$

となり，連立方程式 (6.14) が (6.12) の対角行列の場合に帰着されたことがわかる．この消去法は **Gauss - Jordan** 法あるいは **Jordan** の掃出し法と呼ばれ，n 元連立方程式 (6.17) に対するアルゴリズムの形で書くと，第1ステップの設定 (6.19) のあとに

$$\begin{array}{l} k = 1, 2, \ldots, \to n-1 \\ \quad i = k+1, k+2, \ldots, \to n;\ k-1, k-2, \ldots, \to 1 \\ \quad\quad j = k, k+1, \ldots, \to n+1 \\ \quad\quad\quad a_{ij}^{(k+1)} := a_{ij}^{(k)} - \dfrac{a_{kj}^{(k)}}{a_{kk}^{(k)}} \times a_{ik}^{(k)} \\ \quad\quad j \text{ の値を1つずつ増やす} \\ \quad i \text{ の値を1つずつ\underline{更新}する} \\ k \text{ の値を1つずつ増やす} \end{array} \qquad (6.22)$$

を実行することになる．これによって

$$\begin{pmatrix} a_{11}^{(1)} & \cdots & a_{1n}^{(1)} \\ a_{21}^{(1)} & \cdots & a_{2n}^{(1)} \\ & \cdots & \\ a_{n1}^{(1)} & \cdots & a_{nn}^{(1)} \end{pmatrix} \begin{pmatrix} x_1 \\ x_2 \\ \vdots \\ x_n \end{pmatrix} = \begin{pmatrix} a_{1\ n+1}^{(1)} \\ a_{2\ n+1}^{(1)} \\ \vdots \\ a_{n\ n+1}^{(1)} \end{pmatrix}$$

$$\Longrightarrow \begin{pmatrix} a_{11}^{(1)} & & & \\ & a_{22}^{(2)} & & O \\ & & \ddots & \\ O & & & a_{nn}^{(n)} \end{pmatrix} \begin{pmatrix} x_1 \\ x_2 \\ \vdots \\ x_n \end{pmatrix} = \begin{pmatrix} a_{1\ n+1}^{(n)} \\ a_{2\ n+1}^{(n)} \\ \vdots \\ a_{n\ n+1}^{(n)} \end{pmatrix}$$

となり，係数行列は対角化される．Gauss-Jordan 法においても軸 $a_{k,k}^{(k)}$ が 0 であるか 0 でないかの判定は (6.22) の計算において必要であり，その利用においては<u>軸選択を併用する</u>ことになる．Gauss-Jordan 法に対しても命題 6.2 は全く同様に成立する．

最後に行列式の計算について触れておこう．軸選択を伴わない Gauss 消去法と Gauss-Jordan 法は，行列のある行ベクトルに別の行ベクトルを加える操作であり，行に関する計算 (5.13) の計算を繰り返して用いているに過ぎない．すなわち軸選択を伴わない Gauss 消去法と Gauss-Jordan 法の掃出し法によって，係数行列の行列式の値は不変である．また軸選択は行ベクトルの入れ換えであり，(5.11) の計算に相当する．これより，次の命題が成立する．

> **命題 6.3** $A = (a_{ij})$ は n 次正方行列とする．このとき
>
> $$A \xrightarrow{N \text{ 回の軸選択を伴う Gauss 消去法}} \begin{pmatrix} \mu_1 & & & * \\ & \mu_2 & & \\ & & \ddots & \\ O & & & \mu_n \end{pmatrix}$$
>
> $$A \xrightarrow{N \text{ 回の軸選択を伴う Gauss-Jordan 法}} \begin{pmatrix} \mu_1 & & & O \\ & \mu_2 & & \\ & & \ddots & \\ O & & & \mu_n \end{pmatrix}$$

であるとすると，$\det A = (-1)^N \mu_1 \mu_2 \cdots \mu_n$ である．また計算の途中で軸が 0 となり (6.21) が成立した場合は，$\det A = 0$ である．

Gauss 消去法や Gauss-Jordan 法を用いた行列式の計算は，行列 A が大規模な場合のコンピュータを用いた行列式の計算においてもしばしば用いられている．

演習問題 6.2 命題 5.7 を用いて命題 6.2 の証明を与えよ．

6.3 逆行列の計算

A を n 次正方行列とし，$x, b \in K^n$ とするとき，連立方程式 $Ax = b$ の解法が A の逆行列の計算に帰着されることを 6.1 節で述べた．一方で第 4 章の 4.2 節では，連立方程式の解法によって n 個の連立方程式を解くことで逆行列が求められることを例を通して学習した．ここでは 4.2 節の考え方を発展させ，Gauss 消去法や Gauss-Jordan 法によって n 個の連立方程式を解くことで逆行列が容易に求められることを説明する．

A を体 K 上の n 次正方行列とし，I_n を n 次単位行列とする．(4.8) でも述べたように，$AX = XA = I_n$ を満たす n 次正方行列 X が存在するとき A を正則行列といい，$X = A^{-1}$ である．ここで $\widetilde{x}_j = (x_{1j}, x_{2j}, \ldots, x_{nj})^T \in K^n$ ($1 \leq j \leq n$) を用いて行列 X を列ベクトル $\{\widetilde{x}_j\}_{j=1}^n$ の横並び $X = (\widetilde{x}_1, \widetilde{x}_2, \ldots, \widetilde{x}_n)$ と考える．同様の表記法を用いると K^n の標準基底（の列ベクトル）$\{e_j\}_{j=1}^n$ に対して $I_n = (e_1, e_2, \ldots, e_n)$ であり，

$$AX = I_n \Leftrightarrow A(\widetilde{x}_1, \widetilde{x}_2, \ldots, \widetilde{x}_n) = (e_1, e_2, \ldots, e_n) \Leftrightarrow A\widetilde{x}_j = e_j \ (1 \leq j \leq n) \tag{6.23}$$

が成立することがわかる．すなわち行列の積 $AX = I_n$ は n 個の連立方程式 $A\widetilde{x}_j = e_j$ ($1 \leq j \leq n$) を同時に考えることと同値である．このとき行列 A が正則であれば各連立方程式は一意的に解をもつので，行列 X が一意的に求められることになる．

3 次の正方行列

6.3 逆行列の計算

$$A_3 = \begin{pmatrix} 2 & 1 & 0 \\ 1 & -1 & 1 \\ 0 & 1 & 3 \end{pmatrix}$$

を例にとり，連立方程式を具体的に解いて A_3^{-1} を計算してみよう．A_3 に対して (6.23) を適用すると，

$$A_3 \begin{pmatrix} x_{11} \\ x_{21} \\ x_{31} \end{pmatrix} = \begin{pmatrix} 1 \\ 0 \\ 0 \end{pmatrix}, \quad A_3 \begin{pmatrix} x_{12} \\ x_{22} \\ x_{32} \end{pmatrix} = \begin{pmatrix} 0 \\ 1 \\ 0 \end{pmatrix}, \quad A_3 \begin{pmatrix} x_{13} \\ x_{23} \\ x_{33} \end{pmatrix} = \begin{pmatrix} 0 \\ 0 \\ 1 \end{pmatrix} \quad (6.24)$$

の 3 つの連立方程式を同時に考えることになる．この連立方程式に Gauss-Jordan 法（Jordan の掃出し法）を適用すると，第 1 の方程式から

$$\begin{pmatrix} 2 & 1 & 0 \\ 1 & -1 & 1 \\ 0 & 1 & 3 \end{pmatrix} \begin{pmatrix} x_{11} \\ x_{21} \\ x_{31} \end{pmatrix} = \begin{pmatrix} 1 \\ 0 \\ 0 \end{pmatrix}$$

$$\xrightarrow{\text{第 }(1,1)\text{ 成分を軸として消去}} \begin{pmatrix} 2 & 1 & 0 \\ 0 & -\frac{3}{2} & 1 \\ 0 & 1 & 3 \end{pmatrix} \begin{pmatrix} x_{11} \\ x_{21} \\ x_{31} \end{pmatrix} = \begin{pmatrix} 1 \\ -\frac{1}{2} \\ 0 \end{pmatrix}$$

$$\xrightarrow{\text{第 }(2,2)\text{ 成分を軸として消去}} \begin{pmatrix} 2 & 0 & \frac{2}{3} \\ 0 & -\frac{3}{2} & 1 \\ 0 & 0 & \frac{11}{3} \end{pmatrix} \begin{pmatrix} x_{11} \\ x_{21} \\ x_{31} \end{pmatrix} = \begin{pmatrix} \frac{2}{3} \\ -\frac{1}{2} \\ -\frac{1}{3} \end{pmatrix}$$

$$\xrightarrow{\text{第 }(3,3)\text{ 成分を軸として消去}} \begin{pmatrix} 2 & 0 & 0 \\ 0 & -\frac{3}{2} & 0 \\ 0 & 0 & \frac{11}{3} \end{pmatrix} \begin{pmatrix} x_{11} \\ x_{21} \\ x_{31} \end{pmatrix} = \begin{pmatrix} \frac{8}{11} \\ -\frac{9}{22} \\ -\frac{1}{3} \end{pmatrix}$$

$$\therefore \begin{pmatrix} x_{11} \\ x_{21} \\ x_{31} \end{pmatrix} = \begin{pmatrix} \frac{4}{11} \\ \frac{3}{11} \\ -\frac{1}{11} \end{pmatrix},$$

が得られる．第 2 番目の方程式と第 3 番目の方程式についても同様の計算を実行すれば (6.24) の 3 つの連立方程式の解が求められることから $X = A_3^{-1}$

第6章 行列の基本変形と連立方程式

が求められる．この計算では軸選択は行っていないので命題6.3より

$$\det A_3 = \det \begin{pmatrix} 2 & 0 & 0 \\ 0 & -\frac{3}{2} & 0 \\ 0 & 0 & \frac{11}{3} \end{pmatrix} = 2 \times \left(-\frac{3}{2}\right) \times \frac{11}{3} = -11$$

であることもわかる．逆行列の計算では3つの連立方程式を並列に解くことになるが，(6.24) の3つの連立方程式を

$$\left(\begin{array}{ccc|ccc} 2 & 1 & 0 & 1 & 0 & 0 \\ 1 & -1 & 1 & 0 & 1 & 0 \\ 0 & 1 & 3 & 0 & 0 & 1 \end{array} \right)$$

と略記する方法を採用すると，連立方程式の解法は次のようにまとめられる．

$$\left(\begin{array}{ccc|ccc} 2 & 1 & 0 & 1 & 0 & 0 \\ 1 & -1 & 1 & 0 & 1 & 0 \\ 0 & 1 & 3 & 0 & 0 & 1 \end{array} \right)$$

$\xrightarrow{\text{第}(1,1)\text{成分を軸として消去}}$
$$\left(\begin{array}{ccc|ccc} 2 & 1 & 0 & 1 & 0 & 0 \\ 0 & -\frac{3}{2} & 1 & -\frac{1}{2} & 1 & 0 \\ 0 & 1 & 3 & 0 & 0 & 1 \end{array} \right)$$

$\xrightarrow{\text{第}(2,2)\text{成分を軸として消去}}$
$$\left(\begin{array}{ccc|ccc} 2 & 0 & \frac{2}{3} & \frac{2}{3} & \frac{2}{3} & 0 \\ 0 & -\frac{3}{2} & 1 & -\frac{1}{2} & 1 & 0 \\ 0 & 0 & \frac{11}{3} & -\frac{1}{3} & \frac{2}{3} & 1 \end{array} \right)$$

$\xrightarrow{\text{第}(3,3)\text{成分を軸として消去}}$
$$\left(\begin{array}{ccc|ccc} 2 & 0 & 0 & \frac{8}{11} & \frac{6}{11} & -\frac{2}{11} \\ 0 & -\frac{3}{2} & 0 & -\frac{9}{22} & \frac{9}{11} & -\frac{3}{11} \\ 0 & 0 & \frac{11}{3} & -\frac{1}{3} & \frac{2}{3} & 1 \end{array} \right)$$

$$\therefore \begin{pmatrix} x_{11} & x_{12} & x_{13} \\ x_{21} & x_{22} & x_{23} \\ x_{31} & x_{32} & x_{33} \end{pmatrix} = \frac{1}{11} \begin{pmatrix} 4 & 3 & -1 \\ 3 & -6 & 2 \\ -1 & 2 & 3 \end{pmatrix}.$$

逆行列は正則行列に対して考えるものであるが，一方で与えられた行列が

正則であるかどうかを予め判断することは容易ではない．(5.4), (5.5) でも示した通り，正方行列 A が正則であることとその行列式 $\det A$ が 0 でないことは同値である．しかし行列式の値を求めることは面倒である．それに対して Gauss-Jordan 法を用いた逆行列の計算では，結果として行列式の値も求めることもできる．また計算過程で軸選択を行っても (6.21) のように軸の値が 0 になる場合はこの行列は正則ではなく (→ 命題 6.2)，そもそも逆行列は存在しない．すなわち Gauss-Jordan 法は，逆行列の存在を判断しながら逆行列を計算する方法になっている．

演習問題 6.3 次の正方行列が正則であるかどうかを判定し，正則行列であればその逆行列を求めよ．

$$\begin{pmatrix} 2 & 6 & 5 \\ 4 & -1 & 6 \\ 3 & 1 & 5 \end{pmatrix}, \quad \begin{pmatrix} 1 & 2 & 3 \\ 2 & 0 & 5 \\ 0 & 4 & 1 \end{pmatrix}, \quad \begin{pmatrix} 10 & 7 & 8 & 7 \\ 7 & 5 & 6 & 5 \\ 8 & 6 & 10 & 9 \\ 7 & 5 & 9 & 10 \end{pmatrix}$$

6.4 行列の基本変形

ここでは**基本変形** (elementary transformation) 行列を導入し，Gauss 消去法や Gauss-Jordan 法を行列の基本変形の視点から整理してみよう．$P_{ij}^{(n)}, Q_{ij}^{(n)}(c) \in M_n(K)$ を次のように定める：$\{e_k\}_{k=1}^n$ を K^n の標準基底の列ベクトル，$i \neq j, c \in K$ とするとき

$$P_{ij}^{(n)} := (e_1, \ldots, e_{i-1}, e_j, e_{i+1}, \ldots, e_{j-1}, e_i, e_{j+1}, \ldots, e_n), \quad (6.25)$$

$$Q_{ij}^{(n)}(c) := (e_1, \ldots, e_i, \ldots, e_j + ce_i, \ldots, e_n) \quad (i \neq j). \quad (6.26)$$

$n = 4$ のときには，例えば

$$P_{23}^{(4)} = \begin{pmatrix} 1 & 0 & 0 & 0 \\ 0 & 0 & 1 & 0 \\ 0 & 1 & 0 & 0 \\ 0 & 0 & 0 & 1 \end{pmatrix}, \quad Q_{23}^{(4)}(c) = \begin{pmatrix} 1 & 0 & 0 & 0 \\ 0 & 1 & c & 0 \\ 0 & 0 & 1 & 0 \\ 0 & 0 & 0 & 1 \end{pmatrix}$$

である．基本変形行列の添字の n は，行列の型が決まっていて混乱が生じない場合は省略され，P_{ij} や $Q_{ij}(c)$ と表されることが多い．基本変形行列は次のような性質をもつ．

> **命題 6.4** $i \neq j$ とし，$P_{ij}, Q_{ij}(c) \in M_n(K)$ を基本変形行列とすると，次の (1)–(3) が成立する．
> (1) $(P_{ij})^T = P_{ji} = P_{ij}, \quad (Q_{ij}(c))^T = Q_{ji}(c)$．
> (2) $\det P_{ij} = -1, \quad \det Q_{ij}(c) = 1$．
> (3) $P_{ij}^{-1} = P_{ij}, \quad Q_{ij}(c)^{-1} = Q_{ij}(-c)$．

証明 (1) は自明である．また I_n を n 次の単位行列とすると，定義 5.1（行列式の定義）で定められた行列式の多重線形性，歪対称性および $\det I_n = 1$ から (2) が従う．(3) については具体的な計算を行うと

$$P_{ij}P_{ij} = I_n, \quad Q_{ij}(c)Q_{ij}(-c) = I_n \tag{6.27}$$

が成立することが確かめられ，P_{ij} と $Q_{ij}(-c)$ がそれぞれ逆行列であることがわかる． □

m 行 n 列 ($m \times n$) の行列 A を (m 個の要素からなる) 列ベクトルの n 個の横並び $A = (\tilde{a}_1, \tilde{a}_2, \ldots, \tilde{a}_n)$ と考えると，

$$AP_{ij}^{(n)} = (\tilde{a}_1, \tilde{a}_2, \ldots, \underline{\tilde{a}_j}, \ldots, \underline{\tilde{a}_i}, \ldots, \tilde{a}_n),$$
$$\qquad\qquad\qquad\quad \text{第 } i \text{ 列目} \quad \text{第 } j \text{ 列目}$$

$$AQ_{ij}^{(n)}(c) = (\tilde{a}_1, \ldots, \tilde{a}_i, \ldots, \underline{\tilde{a}_j + c\tilde{a}_i}, \ldots, \tilde{a}_n) \tag{6.28}$$
$$\qquad\qquad\qquad\qquad\qquad\qquad \text{第 } j \text{ 列目}$$

が成立することが簡単な計算によって確かめられる．すなわち，行列 A の右側から基本変形行列 $P_{ij}^{(n)}$ を掛けると，行列 A の第 i 列ベクトルと第 j 列ベクトルが入れ換えられる．また行列 A の右側から基本変形行列 $Q_{ij}^{(n)}(c)$ を掛けると，行列 A の第 j 列目に第 i 列ベクトルの c 倍を加えることになる．次に n 行 m 列 ($n \times m$) の行列 B を (m 個の要素からなる) 行ベクトル $\{b_i\}_{i=1}^n$ の n 個の縦並び

$$B = \begin{pmatrix} b_1 \\ b_2 \\ \vdots \\ b_n \end{pmatrix}$$

6.4 行列の基本変形

とすると，

$$P_{ij}^{(n)}B = \begin{pmatrix} b_1 \\ \vdots \\ b_j \\ \vdots \\ b_i \\ \vdots \\ b_n \end{pmatrix} \begin{matrix} \\ \\ \leftarrow 第\,i\,行目 \\ \\ \leftarrow 第\,j\,行目 \\ \\ \end{matrix}, \quad Q_{ij}^{(n)}(c)B = \begin{pmatrix} b_1 \\ \vdots \\ b_i + cb_j \\ \vdots \\ b_j \\ \vdots \\ b_n \end{pmatrix} \begin{matrix} \\ \\ \leftarrow 第\,i\,行目 \\ \\ \leftarrow 第\,j\,行目 \\ \\ \end{matrix} \tag{6.29}$$

が成立することがわかる．もちろん簡単な直接計算で確認できるが，転置を利用して $B^T = (b_1^T, b_2^T, \ldots, b_n^T)$ に注意して命題 4.1 と (6.28) を用いると

$$(P_{ij}^{(n)}B)^T = B^T P_{ij}^{(n)T} = B^T P_{ji}^{(n)} = B^T P_{ij}^{(n)} = (b_1^T, \ldots, b_j^T, \ldots, b_i^T, \ldots, b_n^T)$$

という計算によっても示される．$Q_{ij}^{(n)}(c)B$ についても同様である．これらの操作をそれぞれ行列の列に関する基本変形，行に関する基本変形という:

(1) $A \in M_{m,n}(K)$ の列に関する基本変形
 - 行列 A の第 i 列ベクトルと第 j 列ベクトルを入れ換える $\Leftrightarrow AP_{ij}^{(n)}$
 - 行列 A の第 j 列ベクトルに第 i 列ベクトルの c 倍を加える $\Leftrightarrow AQ_{ij}^{(n)}(c)$

(2) $B \in M_{n,m}(K)$ の行に関する基本変形
 - 行列 B の第 i 行ベクトルと第 j 行ベクトルを入れ換える $\Leftrightarrow P_{ij}^{(n)}B$
 - 行列 B の第 i 行ベクトルに第 j 行ベクトルの c 倍を加える $\Leftrightarrow Q_{ij}^{(n)}(c)B$

基本変形行列は上記の基本変形を式として記述する行列であり，次の命題が成立する．

> **命題 6.5** $i \neq j$ で，$c \in K$ とする．
> (1) $A \in M_{m,n}(K)$ に対して
> $$\mathrm{rank}\,(AP_{ij}^{(n)}) = \mathrm{rank}\,A, \quad \mathrm{rank}\,(AQ_{ij}^{(n)}(c)) = \mathrm{rank}\,A$$
> である．

(2) $B \in M_{n,m}(K)$ に対して

$$\operatorname{rank}(P_{ij}^{(n)}B) = \operatorname{rank} B, \quad \operatorname{rank}(Q_{ij}^{(n)}(c)B) = \operatorname{rank} B$$

である.

証明 (1) 行列のランクは,定理 4.3 により,行列 A の n 個の列ベクトルの中で一次独立なものの最大数である.行列の積 $AP_{ij}^{(n)}$ は行列 A の列ベクトルを入れ換えただけであり,一次独立なものの最大数は変わらない.従って $\operatorname{rank}(AP_{ij}^{(n)}) = \operatorname{rank} A$ が成立する.同様に $AQ_{ij}^{(n)}(c)$ の列ベクトルは,第 j 列目だけに第 i 列ベクトルの c 倍を加えたものであり,一次独立な列ベクトルの最大数は変わらない.従って $\operatorname{rank}(AQ_{ij}^{(n)}(c)) = \operatorname{rank} A$ が成立する.

(2) 行列の積を写像の合成と考え,まず 2 つの線形写像 $B: K^m \to K^n$ と $P_{ij}^{(n)}B: K^m \to K^n$ を考える.命題 6.3 より行列 $P_{ij}^{(n)}$ は正則であり,線形写像 $P_{ij}^{(n)}: K^n \to K^n$ は全単射写像であることに注意すると,零空間について

$$N(P_{ij}^{(n)}B) = N(B) \tag{6.30}$$

が成立する.ここで次元定理より

$$\dim R(P_{ij}^{(n)}B) + \dim N(P_{ij}^{(n)}B) = m, \quad \dim R(B) + \dim N(B) = m$$

が成立するので $\dim R(P_{ij}^{(n)}B) = \dim R(B)$ が成立し,$\operatorname{rank}(P_{ij}^{(n)}B) = \operatorname{rank} B$ が成立する.$\operatorname{rank}(Q_{ij}^{(n)}(c)B) = \operatorname{rank} B$ についても全く同様に証明される. □

命題 6.5 の系 P を正則な n 次正方行列とする.
(1) $A \in M_{m,n}(K)$ に対して,$\operatorname{rank}(AP) = \operatorname{rank} A$ である.
(2) $B \in M_{n,m}(K)$ に対して,$\operatorname{rank}(PB) = \operatorname{rank} B$ である.

また A が n 次正方行列の場合は AP_{ij}, $P_{ij}A$, $AQ_{ij}(c)$, $Q_{ij}(c)A$ がすべて定義されて $(AP_{ij})^T = P_{ij}A^T$, $(AQ_{ij}(c))^T = Q_{ji}(c)A^T$ が成立する.また命題 6.3 より,行列式についての次の命題が成立する.

> **命題 6.6** A を n 次正方行列とするとき，
> $$\det(AP_{ij}) = \det(P_{ij}A) = -\det A,$$
> $$\det(AQ_{ij}(c)) = \det(Q_{ij}(c)A) = \det A$$
>
> である．

Gauss 消去法と Gauss-Jordan 法は行列の行に関する基本変形を繰り返し，Gauss 消去法では（広義の）上三角行列に帰着させ，Gauss-Jordan 法では対角行列に帰着させている．このように考えると，命題 6.6 から命題 6.3 を直ちに証明することもできる．Gauss 消去法について少し詳しく述べておこう．正則な n 次正方行列 A に対して連立方程式 $Ax = b$ を考えたとき，上三角化のために A に施す（A に左から掛ける）基本変形行列の積を B として

$$Ax = b \Rightarrow BAx = Bb$$

としたとき，行列 BA は広義の上三角行列になっている．一方で Gauss 消去法に現れる $Q_{ij}(c)$ は (6.20) より $i > j$ を満たす広義の下三角行列であり，行列 B は広義の下三角行列であることがわかる．広義の下三角行列の逆行列も再び広義の下三角行列であるので，広義の上三角行列 BA を U，広義の下三角行列 B^{-1} を L と表すと，$A = LU$ となる．一般に与えられた正方行列を広義の下三角行列 L と広義の上三角行列 U の積 $A = LU$ の形に表すことを行列の **LU 分解** といい，Gauss 消去法は LU 分解を与える 1 つのアルゴリズムである．LU 分解を与えるアルゴリズムは他にも知られている．ひとたび行列が LU 分解されてしまえば，連立方程式は代入計算の繰り返しによって解けるので，大規模な行列の逆行列もコンピュータを利用して容易に求めることができる．

演習問題 6.4 基本変形行列について，(6.27) および次の事項の成立を確認せよ．
 (1) $(P_{ij})^T = P_{ij}$, $(Q_{ij}(c))^T = Q_{ji}(c)$．（命題 6.4(1) の確認．）
 (2) $i > j$ を満たす複数の $Q_{ij}(c)$ の積は，広義の下三角行列である．

演習問題 6.5 行についての基本変形について，(6.29) が成立することを確認せよ．

演習問題 6.6 零空間についての関係 (6.30) が成立することを証明せよ．（ヒント：$x \in N(B)$ であれば $x \in N(P_{ij}^{(n)}B)$ は明らかであるので，$x \in N(P_{ij}^{(n)}B)$ ならば

第 6 章　行列の基本変形と連立方程式

$x \in N(B)$ であることを証明せよ．）

演習問題 6.7　命題 6.5 の系を証明せよ．（ヒント：(1) については AP を線形写像の合成と考えよ．(2) については命題 6.5(2) の証明を参考にせよ．）

演習問題 6.8　広義の下三角行列 L と広義の上三角行列 U が共に正則であるとき，その逆行列 L^{-1} と U^{-1} もそれぞれ広義の下三角行列，上三角行列であることを示せ．（ヒント：例えば L についていえば，その対角成分はすべて 0 ではないので，連立方程式 $LX = I_n$ の代入計算に帰着させて考えてみよ．）

■ 6.5　行列のランク

　行列のランクの計算は，数学のみならず物理学や工学の諸分野でも必要となる重要なものである．定義 4.2 で与えた通り，$A \in M_{m,n}(K)$ を線形写像 $A : K^n \to K^m$ と考えたときの写像のランク $\dim R(A)$ が行列 A のランクである．その計算は定理 4.3 に基づいて

$$\text{rank}\, A = （A の n 個の列ベクトルの中で一次独立なものの最大個数） \tag{6.31}$$

として計算するか，次元定理を利用して[3]

$$\text{rank}\, A = n - \dim N(A) \tag{6.32}$$

として計算するかであるが，どちらの場合も連立方程式の解法が必要である．一方で命題 6.5 の通り，基本変形を施しても行列のランクは変わらないので，ここでは連立方程式の解法で用いた行の基本変形に基づく Gauss 消去法のアルゴリズムと列に関する基本変形を組み合わせ，例を通してランクの計算を学習する．まず Gauss 消去法の単純適用により

$$A = \begin{pmatrix} 8 & 2 & 3 \\ 5 & 0 & 2 \\ 1 & 4 & 0 \end{pmatrix} \tag{6.33}$$

---

[3] 零空間 $N(A)$ を定めることと，斉次方程式 $Ax = 0$ $(x \in K^n)$ の解を求めることは同値である．

6.5 行列のランク

を広義の上三角行列に帰着させてみる：

$$\xrightarrow{\text{第}(1,1)\text{成分を軸として消去}} \begin{pmatrix} 8 & 2 & 3 \\ 0 & -\frac{5}{4} & \frac{1}{8} \\ 0 & \frac{15}{4} & -\frac{3}{8} \end{pmatrix}$$

$$\xrightarrow{\text{第}(2,2)\text{成分を軸として消去}} \begin{pmatrix} 8 & 2 & 3 \\ 0 & -\frac{5}{4} & \frac{1}{8} \\ 0 & 0 & 0 \end{pmatrix}.$$

これによって $\operatorname{rank} A = 2$ であることが直ちにわかる．この A に対して予め列に関する基本変形によって第 1 列と第 2 列を入れ換えてから始めると，

$$\begin{pmatrix} 2 & 8 & 3 \\ 0 & 5 & 2 \\ 4 & 1 & 0 \end{pmatrix} \Longrightarrow \begin{pmatrix} 2 & 8 & 3 \\ 0 & 5 & 2 \\ 0 & -15 & -6 \end{pmatrix} \Longrightarrow \begin{pmatrix} 2 & 8 & 3 \\ 0 & 5 & 2 \\ 0 & 0 & 0 \end{pmatrix}$$

となり，同じ結論 $\operatorname{rank} A = 2$ がより簡単な計算によって求められる．次に

$$B = \begin{pmatrix} 1 & 6 & 10 & 9 \\ 3 & 9 & 24 & 3 \\ -2 & -3 & -14 & 12 \end{pmatrix}$$

のランクを計算してみよう．列ベクトルの一次独立性を調べるときには各列ベクトルを定数倍しても一次独立性は変わらないので，この B については第 3 列を 2 で割り，第 2 列と第 4 列を 3 で割ってから始めても構わない．従って

$$\begin{pmatrix} 1 & 2 & 5 & 3 \\ 3 & 3 & 12 & 1 \\ -2 & -1 & -7 & 4 \end{pmatrix} \Longrightarrow \begin{pmatrix} 1 & 2 & 5 & 3 \\ 0 & -3 & -3 & -8 \\ 0 & 3 & 3 & 10 \end{pmatrix}$$

$$\Longrightarrow \begin{pmatrix} 1 & 2 & 5 & 3 \\ 0 & -3 & -3 & -8 \\ 0 & 0 & 0 & 2 \end{pmatrix}$$

$$\Longrightarrow \begin{pmatrix} 1 & 2 & 3 & 5 \\ 0 & -3 & -8 & -3 \\ 0 & 0 & 2 & 0 \end{pmatrix} \quad \begin{array}{l} \text{（列の基本変形により} \\ \text{第 3 列と第 4 列を} \\ \text{入れ換え）} \end{array}$$

となり，rank $B = 3$ が得られる．

ここで行った列ベクトルの定数倍を行列の積の立場から説明しておこう．$c \in K$ に対して n 次正方行列 $R_i^{(n)}(c)$ を[4)]

$$R_i^{(n)}(c) = (e_1, \ldots, e_{i-1}, ce_i, e_{i+1}, \ldots, e_n)$$

とする．すなわち

$$R_i^{(n)}(c) = \begin{pmatrix} 1 & & & & & & \\ & \ddots & & & & & \\ & & 1 & & & & \\ & & & c & & & \\ & & & & 1 & & \\ & & & & & \ddots & \\ & & & & & & 1 \end{pmatrix} \leftarrow \text{第 } i \text{ 行目}$$

$$\uparrow \text{第 } i \text{ 列目}$$

である．$c \neq 0$ のときは $R_i^{(n)}(c)$ は正則行列で，$R_i^{(n)}(c)^{-1} = R_i^{(n)}(1/c)$ である．$A \in M_{m,n}(K)$ に対して積 $AR_i^{(n)}(c)$ を計算すると，行列 A の第 i 列目の成分がすべて c 倍されている．同様に $B \in M_{n,m}(K)$ に対して積 $R_i^{(n)}(c)B$ を計算すると，行列 B の第 i 行目の成分がすべて c 倍されている．$c \neq 0$ のとき前節の命題 6.5 の系を適用すると，

$$\operatorname{rank}(AR_i^{(n)}(c)) = \operatorname{rank} A, \quad \operatorname{rank}(R_i^{(n)}(c)B) = \operatorname{rank} B \tag{6.34}$$

である．この行列 $R_i^{(n)}(c)$ に対しても行列の型についての誤解が生じないときは，n を省略して $R_i(c)$ と表す．行列式に関しては，A が n 次正方行列のとき

$$\det(R_i(c)A) = \det(AR_i(c)) = c \det A$$

である．

コンピュータを用いないで手計算で行列のランクを求める場合，複雑な "分

[4)] 行ベクトルや列ベクトルの定数倍を基本変形に加え，$R_i^{(n)}(c)$ を行列の基本変形行列に加えているテキストもある．

6.5 行列のランク

数"が現れると計算が面倒である．例えば (6.33) の A の場合について Gauss 消去法の単純適用では

$$\begin{pmatrix} 8 & 2 & 3 \\ 5 & 0 & 2 \\ 1 & 4 & 0 \end{pmatrix} \Longrightarrow \begin{pmatrix} 8 & 2 & 3 \\ 0 & -\frac{5}{4} & \frac{1}{8} \\ 0 & \frac{15}{4} & -\frac{3}{8} \end{pmatrix} \Longrightarrow \begin{pmatrix} 8 & 2 & 3 \\ 0 & -\frac{5}{4} & \frac{1}{8} \\ 0 & 0 & 0 \end{pmatrix}$$

であったが，計算過程で行の定数倍も併せて施すと

$$\begin{pmatrix} 8 & 2 & 3 \\ 5 & 0 & 2 \\ 1 & 4 & 0 \end{pmatrix} \longrightarrow \begin{pmatrix} 8 & 2 & 3 \\ 0 & -\frac{5}{4} & \frac{1}{8} \\ 0 & \frac{15}{4} & -\frac{3}{8} \end{pmatrix} \Longrightarrow \begin{pmatrix} 8 & 2 & 3 \\ 0 & -10 & 1 \\ 0 & 10 & -1 \end{pmatrix} \Longrightarrow \begin{pmatrix} 8 & 2 & 3 \\ 0 & -10 & 1 \\ 0 & 0 & 0 \end{pmatrix}$$

となり，計算が一層容易になる．行列のランクを手計算する場合には，行列の基本変形に基づく消去計算に加えて，行ベクトルや列ベクトルの定数倍をうまく組み合わせることが大切である．

これまでの例では Gauss 消去法の過程で軸が 0 となることはなかったが，(6.21) のようにある段階で軸となる要素がすべて 0 となって軸選択が行えない場合は，その列と最後の列とを入れ換えたうえで消去の計算を進める．例えば

$$C = \begin{pmatrix} 1 & 2 & 3 & 4 \\ 2 & 4 & 7 & 7 \\ 1 & 2 & 5 & 2 \end{pmatrix}$$

の場合は，

$$\begin{pmatrix} 1 & 2 & 3 & 4 \\ 2 & 4 & 7 & 7 \\ 1 & 2 & 5 & 2 \end{pmatrix} \Longrightarrow \begin{pmatrix} 1 & 2 & 3 & 4 \\ 0 & 0 & 1 & -1 \\ 0 & 0 & 2 & -2 \end{pmatrix}$$

となり，第 2 段階で軸選択ができなくなるが，第 2 列と最終列とを入れ換えると

$$\begin{pmatrix} 1 & 4 & 3 & 2 \\ 0 & -1 & 1 & 0 \\ 0 & -2 & 2 & 0 \end{pmatrix} \Longrightarrow \begin{pmatrix} 1 & 4 & 3 & 2 \\ 0 & -1 & 1 & 0 \\ 0 & 0 & 0 & 0 \end{pmatrix}$$

によって $\mathrm{rank}\, C = 2$ が得られる．

軸選択が行えない場合はその列と最終列を入れ換え，次に軸選択が行えない場合は最終列の 1 つ前の列と入れ換え，以下同様に軸選択が行えなくなった場合には入れ換える列を 1 つずつ前にずらして入れ換えを行いながら Gauss 消去法を進める．これによって最終的には $\mu_k \neq 0 \ (1 \leq k \leq p)$ で

$$
\begin{pmatrix}
\mu_1 & & & & & & \\
& \mu_2 & & & \text{\Large *} & & \\
& & \ddots & & & & \\
& & & \mu_p & & & \\
& & & & 0 & \cdots & 0 \\
& \text{\Large O} & & & \vdots & & \vdots \\
& & & & 0 & \cdots & 0
\end{pmatrix}
\begin{matrix} \\ \\ \\ p\ \text{行} \\ \\ (m-p)\ \text{行} \\ \\ \end{matrix}
\tag{6.35}
$$

$$\underbrace{\qquad\qquad}_{p\ \text{列}}\ \underbrace{\qquad}_{(n-p)\ \text{列}}$$

という形が得られる．ここで $p \leq \min(m, n)$ であり，$m - p = 0$ や $n - p = 0$ のときは $\mu_p (\neq 0)$ が右端または下端にきている．この最終形を見ると，p 個の列ベクトルが一次独立であることと同時に p 個の行ベクトルも一次独立であることがわかる．もともとはランクの計算は，(6.31) により列ベクトルの一次独立性を調べていたが，消去計算の最終形 (6.35) は

$$\operatorname{rank} A = (A \text{ の } m \text{ 個の行ベクトルの中で一次独立なものの最大個数}) \tag{6.36}$$

が成立することを意味している．これより行列のランクに関する次の重要な性質が成立する．

定理 6.3 $A \in M_{m,n}(K)$ に対して，$\operatorname{rank} A = \operatorname{rank} A^T$ である．

本書では記述していないが，線形空間に対する双対空間 (dual space) の概念を導入すると，定理 6.3 は数学的にきわめて見通しよく説明することができる．

最後に，行列式を用いて行列のランクを計算することもできることを示しておこう．A_n を n 次正方行列とするとき，

6.5 行列のランク

$$\det A_n \neq 0 \Leftrightarrow \operatorname{rank} A_n = n$$

は必要十分条件であるので，定理 6.3 も考慮すると

$$\det A_n \neq 0 \Leftrightarrow 正方行列 A_n の n 個の列ベクトルは一次独立$$
$$\Leftrightarrow 正方行列 A_n の n 個の行ベクトルは一次独立$$

が成立する．$A \in M_{m,n}(K)$ の m 個の行ベクトルから k 個を選び，n 個の列ベクトルから k 個を選んで，その共通要素を成分とする k 次正方行列 A_k を作り，これを k 次小行列という．このとき小行列 A_k に対して $\det A_k \neq 0$ であれば，選んだ k 個の行ベクトルは一次独立であり，また k 個の列ベクトルも一次独立である[5]．これより次の命題が成立することがわかる．

> **命題 6.7** $A \in M_{m,n}(K)$ の m 個の行ベクトルから k 個を選び，n 個の列ベクトルの中から k 個を選び，その共通要素を成分とする k 次小行列を A_k とする．このときある整数 p に対して $k \geq p+1$ のすべての k に対して k 次小行列 A_k は $\det A_k = 0$ を満たしてさらにある p 次小行列 A_p については $\det A_p \neq 0$ であることと，$\operatorname{rank} A = p$ であることは，同値である．

4.6 節でも述べた通り，線形写像のランクを求める場合には基底を導入して線形写像の表現行列を求めた上で，その表現行列のランクを求めることによって線形写像のランクを求めればよい．このとき基底の取り方によって表現行列は異なるが，基底変換行列が正則であるので，命題 6.5 の系によりランクは不変である．従って，線形写像のランクの計算については，計算し易いある基底に対する表現行列を利用して計算すれば十分である．

演習問題 6.9 次の行列のランクを求めよ．

$$(1) \begin{pmatrix} 1 & 1 & 1 & 1 \\ 10 & 6 & 3 & 1 \\ 20 & 10 & 4 & 1 \\ 35 & 15 & 5 & 1 \end{pmatrix} \quad (2) \begin{pmatrix} 3 & -5 & 1 & 2 \\ 16 & 0 & 0 & 19 \\ 16 & 0 & 0 & 19 \\ 4 & -3 & 0 & 4 \end{pmatrix} \quad (3) \begin{pmatrix} 7 & 4 & -4 & 6 \\ 3 & 9 & -12 & 6 \\ 3 & 8 & 16 & 9 \end{pmatrix}$$

演習問題 6.10 $\{a_k\}_{k=1}^n, \{b_k\}_{k=1}^n \subset K$ のとき $(A)_{ij} = a_i b_j$ $(1 \leq i, j \leq n)$ で与えら

---
[5] $\det A_k = 0$ であっても，選んだ k 個の行ベクトルや列ベクトルが一次従属とは限らないことに注意する．

れる n 次正方行列のランクを求めよ．

演習問題 6.11 行列 (6.35) の p 個の行ベクトルが一次独立であることを示せ．

演習問題 6.12 A を n 次正方行列とし，$x \in K^n, b \in K^n$ とするとき，連立方程式 $Ax = b$ に関して次の (1)–(4) が同値であることを確認せよ．
 (1) 任意の $b \in K^n$ に対して唯 1 つの解 $x \in K^n$ が存在する．
 (2) $\det A \neq 0$ である．
 (3) $\mathrm{rank}\, A = n$ である．
 (4) 斉次方程式 $Ax = 0$ の解は $x = (0, \ldots, 0)^T$ のみである．

第7章

内積とノルム

　第3章から第6章までは線形空間や線形写像, 行列の演算等の代数的性質を中心に学習したが, 本章ではベクトルの大きさや直交性といった図形的性質について学習する. まず第2章で学習したベクトルの大きさを一般化し, 一般の線形空間の場合の"ベクトルの大きさ"に相当するノルム (norm) を学習する. 次に内積についても一般の線形空間での内積を考えるが, そこでは体 K が複素数体 $\mathbb{C}$ の場合と実数体 $\mathbb{R}$ の場合とで若干の相異があるので注意が必要である. これらによって線形写像の連続性なども定義される.

■ 7.1 ノルム

　第2章で学習した有向線分全体の線形空間 $\mathbb{E}_2$ および $\mathbb{E}_3$ では, 有向線分 $\overrightarrow{PQ}$ の長さ $\overline{PQ}$ によってベクトルの大きさ $|\overrightarrow{PQ}|$ を定義し, それは

(1) 実数 α と $\vec{a} \in \mathbb{E}_3$ (または $\mathbb{E}_2$) に対して $|\alpha \vec{a}| = |\alpha||\vec{a}|$,

(2) $\vec{a}, \vec{b} \in \mathbb{E}_3$ (または $\mathbb{E}_2$) に対して $|\vec{a} + \vec{b}| \leq |\vec{a}| + |\vec{b}|$

　　（三角不等式），

(3) $|\vec{a}| = 0$ となるのは $\vec{a}$ が零ベクトル $\vec{0}$ の場合に限る,

という3つの性質をもっていた. 本節ではこの3つの性質をふまえてノルム (norm) と呼ばれる"ベクトルの大きさ"を一般の線形空間にも導入し, 線形空間のもつ定量的な性質を考えていくことにする.

> **定義 7.1**　（ノルムの定義）　体 K ($=\mathbb{R}$ または $\mathbb{C}$) 上の線形空間 V から非負実数 $\mathbb{R}^+ = \{r \mid r \in \mathbb{R}, r \geq 0\}$ への写像 $\| \ \|$

$$\begin{array}{ccc} \|\ \|: & V & \longrightarrow & \mathbb{R}^+ \\ & \cup & & \cup \\ & x & \longmapsto & \|x\| \end{array}$$

が次の 3 つの条件を満たすとき，この $\|\ \|$ を V のノルムと呼ぶ：
(1) $\alpha \in K$ と $x \in V$ に対して $\|\alpha x\| = |\alpha|\|x\|$,
(2) $x, y \in V$ に対して $\|x+y\| \leq \|x\| + \|y\|$ （三角不等式），
(3) $\|x\| = 0$ となる V の元は $x = 0$（V の零元）に限る．

ノルムの導入された線形空間は**ノルム線形空間** (normed linear space) あるいは単純に**ノルム空間** (normed space) と呼ばれる．これをノルム空間 $(V, \|\ \|)$ と表すこともある．またノルム空間で $\|x\| = 1$ を満たすような x を，単位ベクトルという．最も基本的なノルム空間の例は，線形空間 $\mathbb{E}_2$ や $\mathbb{E}_3$ に $\|\vec{x}\| := |\vec{x}|$ によってノルムを定めた場合である．また n 次元線形空間 K^n の元 $x = (x_1, x_2, \ldots, x_n)^T$ に対して

$$\|x\|_\infty := \max_{1 \leq j \leq n} |x_j| \tag{7.1}$$

とすると，この $\|\ \|_\infty$ は K^n の 1 つのノルムになっている．実際すべての $x \in K^n$ に対して (7.1) によって非負の実数 $\|x\|_\infty$ が定まるので，写像 $\|\ \|_\infty : K^n \to \mathbb{R}^+$ が考えられる．このとき $\alpha \in K$, $x = (x_1, x_2, \ldots, x_n)^T \in K^n$ に対して $\alpha x = (\alpha x_1, \alpha x_2, \ldots, \alpha x_n)^T$ であるので，

$$\|\alpha x\|_\infty = \max_{1 \leq j \leq n} |\alpha x_j| = \max_{1 \leq j \leq n} |\alpha||x_j| = |\alpha|\Big(\max_{1 \leq j \leq n}|x_j|\Big) = |\alpha|\|x\|_\infty$$

であり定義 7.1(1) が成立する．次に $y = (y_1, y_2, \ldots, y_n)^T \in K^n$ に対して

$$\|x+y\|_\infty = \max_{1 \leq j \leq n} |x_j + y_j| \leq \max_{1 \leq j \leq n} (|x_j| + |y_j|) \leq \max_{1 \leq j \leq n} |x_j| + \max_{1 \leq j \leq n} |y_j|$$

であるので，$\|x+y\|_\infty \leq \|x\|_\infty + \|y\|_\infty$ である．また $\|x\|_\infty = 0$ とすると非負の実数 $\{|x_j|\}_{j=1}^n$ の最大値が 0 となり，$|x_1| = \cdots = |x_n| = 0$ が従い，$x = 0$（K^n の零元）であることがわかる．すなわち (7.1) で定めた $\|\ \|_\infty$ は定義 7.1 の 3 条件 (1)–(3) を満たすので線形空間 K^n の 1 つのノルムになっており，従って $(K^n, \|\ \|_\infty)$ はノルム空間である．一般に線形空間に導入されるノルムは多様であり，線形空間 K^n の場合では代表的なノルムとして，

$x = (x_1, x_2, \ldots, x_n)^T \in K^n$ に対して

$$\|x\|_p := \begin{cases} \Big(\sum_{j=1}^{n} |x_j|^p\Big)^{1/p} & \text{ただし } p \text{ は 1 以上の実数} \\ \max_{1 \leq j \leq n} |x_j| & p = \infty \end{cases} \quad (7.2)$$

がある．特に $p = 2$ のとき

$$\|x\|_2 = \sqrt{|x_1|^2 + |x_2|^2 + \cdots + |x_n|^2} \quad (7.3)$$

であるが，この $\|x\|_2$ を線形空間 K^n の **Euclid ノルム**という．厳格にいえば Euclid ノルムは $\mathbb{R}^n$ の場合のみに用いられる用語であるが，本書では $\mathbb{C}^n$ の場合もこの用語を用いることにする．なお $\|\ \|_2$ がノルムであることは，あとで内積を用いて示す[1]．$\mathbb{R}^2 = \{x \mid x = (x_1, x_2)^T, x_1, x_2 \in \mathbb{R}\}$ の場合に $a = (1,1)^T \in \mathbb{R}^2$ に対しては

$$\|a\|_1 = 2, \qquad \|a\|_2 = \sqrt{2}, \qquad \|a\|_\infty = 1$$

であり，ノルムが異なれば同じ a に対しても "ベクトルの大きさ" であるノルムの値は異なる．従って定量的な議論では，どのノルムを用いて議論しているのかを明確にする必要がある．一方で定性的な観点では，ノルムの同等性が重要で，以下のように定義される．

定義 7.2（**ノルムの同等性**） 線形空間 V に 2 つのノルム $\|\ \|_a$ と $\|\ \|_b$ が導入されるとき，すべての $x \in V$ に対して

$$c_1 \|x\|_a \leq \|x\|_b \leq c_2 \|x\|_a \quad (7.4)$$

を満たすような正数 c_1, c_2 が存在するとき[2]，この $\|\ \|_a$ と $\|\ \|_b$ とは同等である (equivalent) という．

例えば $x = (x_1, x_2)^T \in \mathbb{R}^2$ に対しては

$$|x_k|^2 \leq |x_1|^2 + |x_2|^2 \leq 2\Big(\max_{j=1,2} |x_j|^2\Big) \ (k = 1, 2)$$

---

[1] $p \geq 1$ の実数に対する $\|\ \|_p$ の満たす三角不等式を Minkowski の不等式といい，その証明には Hölder（ヘルダー）の不等式が必要である（→ 演習問題 7.2）．
[2] $^\exists c_1 > 0, {}^\exists c_2 > 0$ s.t. $^\forall x \in V$ について $c_1 \|x\|_a \leq \|x\|_b \leq c_2 \|x\|_a$.

であるので $\|x\|_\infty \leq \|x\|_2 \leq \sqrt{2}\|x\|_\infty$ が成立し，線形空間 $\mathbb{R}^2$ においては 2 つのノルム $\|\ \|_\infty$ と $\|\ \|_2$ とは同等である．

ノルム空間 $(V, \|\ \|)$ の点列[3] $\{x_m\}_{m=1}^\infty$ と 1 点 $y \in V$ を考えるとき，

$$\|x_m - y\| \to 0$$

のとき点列 $\{x_m\}$ は y に収束するという：

$$\text{点列 } \{x_m\} \subset V \text{ が } y \in V \text{ に収束する}$$
$$\Leftrightarrow \lim_{m \to +\infty} x_m = y \quad \Leftrightarrow \quad \lim_{m \to +\infty} \|x_m - y\| = 0.$$

このとき線形空間 V に 2 つのノルム $\|\ \|_a$ と $\|\ \|_b$ とが導入されていれば，$\|x_m - y\|_a$ と $\|x_m - y\|_b$ の値は一般に異なるので，V の点列 $\{x_m\}$ の収束を考える上でノルムによる収束の違いについての注意が必要になる．しかし，$\|\ \|_a$ と $\|\ \|_b$ とが不等式 (7.4) を満たして同等であれば，$\|x_m - y\|_a \to 0$ であれば $\|x_m - y\|_b \to 0$ であり，逆に $\|x_m - y\|_b \to 0$ であれば $\|x_m - y\|_a \to 0$ である．つまりノルムが異なると定量面ではその値は変わるが，収束という定性的な概念はノルムが同等であれば同一のものと考えることができる．ノルムの同等性については次の定理が重要であり，ここでは証明なしに認めることにする．

定理 7.1 　有限次元の線形空間 V_n に対しては，V_n に導入されるすべてのノルムはお互いに同等である．

定理 7.1 の系 　線形空間 K^n に (7.2) によって導入されるノルム $\|\ \|_p$ は，$1 \leq p \leq \infty$ の p の値に関わらず，お互いに同等である．

線形空間 V が有限次元でない場合（無限次元のとき）は，定理 7.1 は一般には成立しないことが知られており，ノルムの選択は慎重にしなければならない．第 3 章 3.1 節の例 3.3 と同様に考えると，閉区間 $[a,b]$ 上の実数値連続関数の全体 $C^0([a,b])$ を実線形空間と考えることができるが，この $C^0([a,b])$

---

[3] $V = K^n$ の場合は，$x_m = (x_1^{(m)}, x_2^{(m)}, \ldots, x_n^{(m)})^T \in K^n$ $(m = 1, 2, \ldots)$ を意味する．

7.1 ノルム

は有限生成ではないため無限次元の線形空間である．微積分で学習するように，有界閉区間上の実数値連続関数は最大値と最小値をもつ．そこで $f \in C^0([a,b])$ に対して

$$\|f\|_\infty := \max_{a \leq x \leq b} |f(x)| \tag{7.5}$$

とすると，この $\|\ \|_\infty$ が定義 7.1 の (1)–(3) を満たすことが容易にわかり，$(C^0([a,b]), \|\ \|_\infty)$ はノルム空間となる．有界閉区間 $[a,b]$ 上の連続関数列 $\{f_m(x)\}_{m=1}^\infty \subset C^0([a,b])$ が $f(x) \in C^0([a,b])$ に一様収束することをいわゆる ε–N 流で表すとわかりにくいが，実はこれは $\|f_n - f\|_\infty \to 0$ と同値であり，**最大値ノルム** $\|\ \|_\infty$ を利用して連続関数列の収束を考えると見通しがよくなることも多い．一方で $C^0([a,b])$ は無限次元空間であるので，他のノルムを用いると，収束の議論は変わってしまうこともある．

次にノルム空間からノルム空間への線形写像のノルムを導入しよう．この概念は有限次元の場合と無限次元の場合で少々異なるので，本書では有限次元の場合に限って説明する．V_m, V_n をそれぞれ m 次元，n 次元の線形空間とし，ノルム空間 $(V_n, \|\ \|_a)$ と $(V_m, \|\ \|_b)$ を考える．既に学習したように V_n から V_m への線形写像の全体 $L(V_n, V_m)$ は線形空間である．ここで $T \in L(V_n, V_m)$，すなわち線形写像 $T: V_n \to V_m$ を考えるとき，$x \neq 0$ のときに $\|x\|_a$ と $\|Tx\|_b$ の比 $\|Tx\|_b / \|x\|_a$ は（上に）有界となるので[4]，

$$\sup_{x \neq 0} \frac{\|Tx\|_b}{\|x\|_a}$$

が有限確定する．これを利用して

$$\|T\| := \sup_{x \neq 0} \frac{\|Tx\|_b}{\|x\|_a} \tag{7.6}$$

によって線形写像 T のノルムを定義し，これを線形写像 T の**作用素ノルム** (operator norm) という．これによって線形空間 $L(V_n, V_m)$ はノルム空間となる．線形写像 $L(V_n, V_m)$ は有限次元なので，定理 7.1 によればここにどのようなノルムを導入しても良さそうに思えるが，作用素ノルムの便利さから

---

[4] $x \neq 0$ のとき比 $\|Tx\|_b / \|x\|_a$ が上に有界となることは背理法によって示されるが，そのときに線形空間が有限次元であることが本質的な条件となる．本書ではその詳細は割愛する．

これ以外のノルムを $L(V_n, V_m)$ に導入することは殆どない．ところで

$$\sup_{x \neq 0} \frac{\|Tx\|_b}{\|x\|_a} = \sup_{x \neq 0} \left\| T\left(\frac{x}{\|x\|_a}\right) \right\|_b = \sup_{\|x\|_a = 1} \|Tx\|_b$$

であり，さらに V_n が有限次元であることから

$$\sup_{\|x\|_a = 1} \|Tx\|_b = \max_{\|x\|_a = 1} \|Tx\|_b$$

が成立し[5]，線形写像 T の作用素ノルムについて

$$\|T\| = \sup_{x \neq 0} \frac{\|Tx\|_b}{\|x\|_a} = \max_{\|x\|_a = 1} \|Tx\|_b \tag{7.7}$$

となるため，具体例では最大値問題を解くことによって作用素ノルムが求められる．先にも触れた作用素ノルムの便利さの1つが次の命題で，(7.6) から直ちに示される．

> **命題 7.1** 有限次元のノルム空間 $(V_n, \|\ \|_a)$ と $(V_m, \|\ \|_b)$ において，$T \in L(V_n, V_m)$ に対して作用素ノルムを用いると
>
> $$\|Tx\|_b \leq \|T\| \|x\|_a$$
>
> が成立する．

> **命題 7.1 の系** 有限次元のノルム空間 $(V_n, \|\ \|_a)$ から $(V_m, \|\ \|_b)$ への線形写像 T は連続[6]である．

証明 V_n の点列 $\{x_l\}_{l=1}^{\infty}$ を $y \in V_n$ に収束，すなわち $\|x_l - y\|_a \to 0$ となる任意の点列とすると，

$$\|T(x_l) - T(y)\|_b = \|T(x_l - y)\|_b \leq \|T\| \|x_l - y\|_a \to 0$$

となるので，$\lim_{l \to +\infty} T(x_l) = T(y)$ が $(V_m$ で) 成立する．従って線形写像

---

[5] 有限次元のノルム空間での有界閉集合上の実数値連続関数は最大値をとるという事実に基づくが，ここではその詳細は割愛する．
[6] $\lim_{x_l \to y} T(x_l) = T(y)$ が成立することを意味する．

$T: V_n \to V_m$ は連続である.

演習問題 7.1 (7.2) の $\| \ \|_p$ において,$p = 1$ の場合,すなわち $\| \ \|_1$ が線形空間 K^n のノルムであることを示せ.

演習問題 7.2 p と q は正の実数で $\frac{1}{p} + \frac{1}{q} = 1$ を満たしているとする.このとき複素数列 $\{x_k\}_{k=1}^n$ と $\{y_k\}_{k=1}^n$ に対して

$$\left| \sum_{k=1}^n x_k y_k \right| \leq \left(\sum_{k=1}^n |x_k|^p \right)^{1/p} \left(\sum_{k=1}^n |y_k|^q \right)^{1/q} \quad \textbf{(Hölder の不等式)}$$

が成立することが知られている.これを利用して

$$\left(\sum_{k=1}^n |x_k + y_k|^p \right)^{1/p} \leq \left(\sum_{k=1}^n |x_k|^p \right)^{1/p} + \left(\sum_{k=1}^n |y_k|^p \right)^{1/p}$$

$$\textbf{(Minkowski の不等式)}$$

が成立することを示し,$p \geq 1$ の実数に対して (7.2) の $\| \ \|_p$ が線形空間 K^n のノルムであることを示せ.

演習問題 7.3 $x \in \mathbb{R}^n$ に対して $\|x\|_\infty \leq \|x\|_2 \leq \sqrt{n}\|x\|_\infty$ が成立することを示せ.

演習問題 7.4 単位ベクトルの全体 $S = \{x \in V \mid \|x\| = 1\}$ を単位球面 (unit sphere) という.3つのノルム空間 $(\mathbb{R}^2, \| \ \|_1), (\mathbb{R}^2, \| \ \|_2), (\mathbb{R}^2, \| \ \|_\infty)$ について,単位球面を図示せよ.

演習問題 7.5 (7.5) による最大値ノルム $\| \ \|_\infty$ が線形空間 $C^0([a,b])$ のノルムであることを示せ.(ヒント:定義 7.1 の条件をチェックする.)

演習問題 7.6 S と T を n 次元ノルム空間 $(V_n, \| \ \|)$ 上の線形写像とする.このとき作用素ノルムを考えると,合成写像 $ST(= S \circ T)$ について $\|ST\| \leq \|S\|\|T\|$ が成立することを示せ.

7.2 行列のノルム

体 K 上の m 行 n 列の行列の全体 $M_{mn}(K)$ は,体 K 上の mn 次元の線形空間である.$A \in M_{mn}(K)$ は線形写像 $A: K^n \to K^m$ を与えるので,(7.6) の作用素ノルムによって"行列のノルム"を定義する.具体的には,(7.2) で定めたノルム $\| \ \|_p$ を用いて $(K^n, \| \ \|_p)$ と $(K^m, \| \ \|_p)$ をノルム空間と考えると

き，$A \in M_{mn}(K)$ に対して (7.7) を適用して

$$\|A\|_p := \sup_{x \neq 0} \frac{\|Ax\|_p}{\|x\|_p} = \max_{\|x\|_p = 1} \|Ax\|_p \tag{7.8}$$

によって行列のノルム $\| \|_p$ を定める．

$p = \infty$ の場合に $\|A\|_\infty$ を具体的に求めてみよう．$x = (x_1, x_2, \ldots, x_n)^T \in K^n$ および $A = (a_{ij})$ に対して

$$Ax = \Big(\sum_{j=1}^{n} a_{ij} x_j\Big)_{i\downarrow}$$

であるので，

$$\|Ax\|_\infty = \max_{1 \leq i \leq m} \Big|\sum_{j=1}^{n} a_{ij} x_j\Big|$$

$$\leq \max_{1 \leq i \leq m} \Big(\sum_{j=1}^{n} |a_{ij}||x_j|\Big)$$

である．ここで $\|x\|_\infty = 1$ のとき $|x_j| \leq 1$ $(1 \leq j \leq n)$ であるので

$$\|Ax\|_\infty \leq \max_{1 \leq i \leq m} \Big(\sum_{j=1}^{n} |a_{ij}|\Big) \tag{7.9}$$

が成立する．このとき右辺の最大値が $i = i_0$ で達成される，すなわち，

$$\sum_{j=1}^{n} |a_{ij}| \leq \max_{1 \leq i \leq m} \Big(\sum_{j=1}^{n} |a_{ij}|\Big) = \sum_{j=1}^{n} |a_{i_0 j}|$$

とする．体 K は $\mathbb{R}$ か $\mathbb{C}$ であり，$z \in \mathbb{C}$ の場合は極形式によって $z = |z| e^{\sqrt{-1}\theta}$ と表される（$\mathbb{R}$ の場合は $e^{\sqrt{-1}\theta}$ は ± 1 のいずれかの値）ことを思い出すと，各 j について複素数 $a_{i_0 j}$ の偏角を θ_j とすると

$$a_{i_0 j} = |a_{i_0 j}| e^{\sqrt{-1}\theta_j} \quad (1 \leq j \leq n)$$

となる．このとき $\widetilde{x} = (\widetilde{x}_1, \widetilde{x}_2, \ldots, \widetilde{x}_n)^T := (e^{-\sqrt{-1}\theta_j})_{j\downarrow}$ とおくと，$\|\widetilde{x}\|_\infty = 1$ であり，

7.2 行列のノルム

$$\|A\widetilde{x}\|_\infty = \max_{1\leq i\leq m}\Big|\sum_{j=1}^n a_{ij}\widetilde{x}_j\Big|$$

$$\geq \Big|\sum_{j=1}^n a_{i_0 j}\widetilde{x}_j\Big|$$

$$= \Big|\sum_{j=1}^n |a_{i_0 j}|e^{\sqrt{-1}\theta_j}e^{-\sqrt{-1}\theta_j}\Big|$$

$$= \sum_{j=1}^n |a_{i_0 j}| \tag{7.10}$$

が成立する．すなわち (7.8), (7.9) より

$$\|A\|_\infty = \max_{\|x\|_\infty=1}\|Ax\|_\infty \leq \max_{1\leq i\leq m}\Big(\sum_{j=1}^n |a_{ij}|\Big)$$

であり，一方 (7.10) より

$$\|A\|_\infty = \max_{\|x\|_\infty=1}\|Ax\|_\infty \geq \|A\widetilde{x}\|_\infty = \max_{1\leq i\leq m}\Big(\sum_{j=1}^n |a_{ij}|\Big)$$

であるので，これらの結果をまとめると次の命題が得られる．

> **命題 7.2** $A = (a_{ij}) \in M_{mn}(K)$ に対して
>
> $$\|A\|_\infty = \max_{1\leq i\leq m}\Big(\sum_{j=1}^n |a_{ij}|\Big)$$
>
> である．

なお 7.6 節で導入する随伴行列 A^* と第 8 章で説明する行列の固有値を用いると，(7.8) の最大値問題を解くことによって $\|A\|_2$ も求めることができ，

$$\|A\|_2 = (A^*A \text{ の最大固有値})^{1/2} \tag{7.11}$$

となることが知られている．

科学・技術の諸分野で連立方程式 $Ax = b$ を考える場合，与えられる非斉次項 b は観測や測定に基づくことが多い．観測や測定では誤差 δb を避ける

ことができないため，連立方程式を扱う場合には誤差の影響を考慮する必要がある．すなわち，連立方程式 $Ax = b$ と誤差を含む連立方程式 $A\tilde{x} = b + \delta b$ を考え，解の差 $\tilde{x} - x$ を評価することが応用上は重要である．行列のもつ線形性から $A(\tilde{x} - x) = \delta b$ となるので，A が正則行列のときは $\tilde{x} - x = A^{-1}\delta b$ となり，行列のノルム $\| \ \|_p$ を用いると作用素ノルムに対する命題7.1により

$$\|\tilde{x} - x\|_p \leq \|A^{-1}\|_p \|\delta b\|_p$$

となる．これによって $\|\delta b\|_p$ が小さければ，$\|\tilde{x} - x\|_p$ が小さいことがわかるが，観測や測定における誤差の大小は相対誤差 $\|\delta b\|_p / \|b\|_p$ によって考える方が自然である．そこで $Ax = b$ より $\|b\|_p \leq \|A\|_p \|x\|_p$ を導いておくと，$x \neq 0$ のときに

$$\frac{\|\tilde{x} - x\|_p}{\|x\|_p} \leq \|A\|_p \|A^{-1}\|_p \frac{\|\delta b\|_p}{\|b\|_p} \tag{7.12}$$

となり，相対誤差についての評価が得られる．相対誤差の観点では $\|A^{-1}\|_p$ を考えるだけでは不充分で，$\|A\|_p \|A^{-1}\|_p$ を考えることによって1つの評価が得られる．この $\|A\|_p \|A^{-1}\|_p$ を（正方行列の）**条件数** (condition number) といい $\mathrm{cond}_p(A)$ と表す[7]：

$$\mathrm{cond}_p(A) := \|A\|_p \|A^{-1}\|_p. \tag{7.13}$$

p の値が変わると同じ行列でも条件数は変化し，行列のサイズが大きくなるにつれてその変化の度合は大きくなることが知られている．

例えば

$$A = \begin{pmatrix} 10 & 7 & 8 & 7 \\ 7 & 5 & 6 & 5 \\ 8 & 6 & 10 & 9 \\ 7 & 5 & 9 & 10 \end{pmatrix} \in M_4(\mathbb{R}) \tag{7.14}$$

のとき[8]，2つの連立方程式

---

[7] $p = 2$ のとき行列 A が対角化可能（→ 第8章）であれば，固有値を利用して $\mathrm{cond}_2(A)$ は求められ，$\mathrm{cond}_2(A) = (A$ の絶対値最大の固有値$)/(A$ の絶対値最小の固有値$)$ となる．

[8] 参考文献 [4] の Ciarlet のテキストで挙げられている例である．

7.2 行列のノルム

$$A\begin{pmatrix}x_1\\x_2\\x_3\\x_4\end{pmatrix}=\begin{pmatrix}32\\23\\33\\31\end{pmatrix}, \qquad A\begin{pmatrix}y_1\\y_2\\y_3\\y_4\end{pmatrix}=\begin{pmatrix}32.1\\22.9\\33.1\\30.9\end{pmatrix}$$

を考えると，その解は $x=(1,1,1,1)^T, y=(9.2,-12.6,4.5,-1.1)^T$ であり，非斉次項の差は 0.1 であるにも関わらず，$\|x-y\|_\infty = 13.6$ とその相異に驚かされる．(7.14) の行列に対しては $\|A^{-1}\|$ が容易に求められ

$$A^{-1} = \begin{pmatrix}25 & -41 & 10 & -6\\-41 & 68 & -17 & 10\\10 & -17 & 5 & -3\\-6 & 10 & -3 & 2\end{pmatrix}$$

であるので，命題 7.2 を用いると条件数 $\mathrm{cond}_\infty(A) = \|A\|_\infty \|A^{-1}\|_\infty = 33 \times 136 = 4488$ となっている．

演習問題 7.7 $A \in M_n(K)$ のとき，$\|A^k\|_p \leq \|A\|_p^{\ k}$ $(k=1,2,\ldots)$ を示せ．

演習問題 7.8 $A = (a_{ij}) \in M_{mn}(K)$ に対して

$$\|A\|_1 = \max_{1 \leq j \leq n} \Bigl(\sum_{i=1}^m |a_{ij}|\Bigr)$$

であることを示せ．

演習問題 7.9 n 次正方行列 A に対して，行列の無限級数

$$I_n + A + \frac{A^2}{2!} + \frac{A^3}{3!} + \cdots + \frac{A^k}{k!} + \cdots$$

によって**行列の指数関数** $e^A (=\exp(A))$ を定義する．ここで I_n は n 次の単位行列である．n 次正方行列 E_k を

$$E_k := I_n + \sum_{l=1}^k \frac{A^l}{l!}$$

とするとき，$\displaystyle\lim_{k \to +\infty} \|e^A - E_k\| = 0$ を示せ．(ヒント：指数関数 e^x の冪級数展開 $e^x = 1 + x + \frac{x^2}{2!} + \cdots$ の収束半径が ∞ であることは既知とせよ．)

■ 7.3 内積の定義

写像を用いた少し抽象的な方法で内積を定義する．V を複素線形空間（複素数体 $\mathbb{C}$ 上の線形空間）とし，$(\ ,\ )$ を $V \times V$ から $\mathbb{C}$ への写像（$(\ ,\ ): V \times V \to \mathbb{C}$）とする．要するに $(\ ,\ )$ は V の 2 つの元 u, v に対して (u, v) によって複素数を対応させている．このとき写像 $(\ ,\ ): V \times V \to \mathbb{C}$ は次の性質を満たすものとする：

$$(x+y, v) = (x, v) + (y, v) \qquad (x, y, v \in V), \tag{7.15}$$

$$(\alpha x, v) = \alpha (x, v) \qquad (x, v \in V, \alpha \in \mathbb{C}), \tag{7.16}$$

$$(x, v) = \overline{(v, x)} \qquad (x, v \in V). \tag{7.17}$$

このとき，$x, u, v \in V,\ \beta \in \mathbb{C}$ に対して

$$\begin{aligned}
(x, u+v) &= \overline{(u+v, x)} \\
&= \overline{(u, x)} + \overline{(v, x)} \\
&= (x, u) + (x, v),
\end{aligned} \tag{7.18}$$

$$\begin{aligned}
(x, \beta v) &= \overline{(\beta v, x)} \\
&= \overline{\beta (v, x)} \\
&= \overline{\beta}\,\overline{(v, x)} \\
&= \overline{\beta}(x, v)
\end{aligned} \tag{7.19}$$

である．すなわち $(\ ,\ )$ は "," の前にある元については線形性 (7.15), (7.16) をもつが，"," の後にある元の定数倍については (7.19) のように共役複素数が現れることに注意する[9]．また $v \in V$ に対して (7.17) より $(v, v) = \overline{(v, v)}$ であり，(v, v) は実数値になっている[10]．

---

[9] $(\ ,\ )$ が (7.15), (7.16), (7.18), (7.19) を満たすとき，$(\ ,\ )$ を sesquilinear form という．
[10] $z \in \mathbb{C}$ が実数であるための必要十分条件は，$\bar{z} = z$ を満たすことである．

7.3 内積の定義

> **定義 7.3** (**内積の定義**) V を複素線形空間とし,写像 $(\ ,\ ): V \times V \to \mathbb{C}$ は (7.15)–(7.17) を満たしているとする.このときさらに
>
> $$\text{任意の } v \in V \text{ に対して } (v,v) \geq 0 \tag{7.20}$$
>
> $$(v,v) = 0 \text{ となるのは } v = 0\ (\in V) \text{ に限る} \tag{7.21}$$
>
> が成立するとき,$(\ ,\ )$ を複素線形空間 V の**内積** (inner product) という.

n 次元複素線形空間 $\mathbb{C}^n$ の元 $x = (x_1, \ldots, x_n)^T$ と $y = (y_1, \ldots, y_n)^T$ に対して

$$(x,y) := \sum_{k=1}^{n} x_k \overline{y_k} = x_1 \overline{y_1} + x_2 \overline{y_2} + \cdots + x_n \overline{y_n} \tag{7.22}$$

とすると,この $(\ ,\ )$ は複素線形空間 $\mathbb{C}^n$ の 1 つの内積になっている.実際

$$\begin{aligned}
(x+z, y) &= \sum_{k=1}^{n}(x_k + z_k)\overline{y_k} \\
&= \sum_{k=1}^{n} x_k \overline{y_k} + \sum_{k=1}^{n} z_k \overline{y_k} = (x,y) + (z,y), \\
(\alpha x, y) &= \sum_{k=1}^{n}(\alpha x_k)\overline{y_k} = \alpha \sum_{k=1}^{n} x_k \overline{y_k} = \alpha(x,y), \\
(y,x) &= \sum_{k=1}^{n} y_k \overline{x_k} = \overline{\sum_{k=1}^{n} x_k \overline{y_k}} = \overline{(x,y)}
\end{aligned}$$

であるので,(7.15)–(7.17) が成立する.(すなわち,$(\ ,\ )$ は $\mathbb{C}^n \times \mathbb{C}^n$ 上で定義される sesquilinear form になっている.) さらに

$$(x,x) = \sum_{k=1}^{n} x_k \overline{x_k} = \sum_{k=1}^{n} |x_k|^2 \geq 0$$

であり,$(x,x) = 0$ と $|x_k| = 0\ (1 \leq k \leq n)$ とが同値であることもわかるので,内積の定義のすべての条件の成立が確認される.あとでも述べるが $\mathbb{C}^n$ にはこの他にも内積を定義することができるが,(7.22) で定まる $\mathbb{C}^n$ の内積を ($\mathbb{C}^n$ の) **Hermite**(エルミート)**内積**と呼ぶ.一般に,内積に対しては

次の命題が成立する．

> **命題 7.3** V を複素線形空間とし，$(\ ,\ )$ を 1 つの内積とする．このとき次の (1), (2) が成立する．
>
> (1) 任意の $v \in V$ に対して $(0, v) = 0$ である． (7.23)
>
> (2) $u, v \in V$ に対して
> $$(u+v, u+v) = (u, u) + 2\,\mathrm{Re}\,(u, v) + (v, v) \tag{7.24}$$
> である．

証明 (1) $x \in V$ に対して，$x - x = 0$ であるので，
$$(0, v) = (x - x, v) = (x, v) - (x, v) = 0.$$

(2) (7.15), (7.17), および (u, u) と (v, v) が実数であることから，
$$\begin{aligned}(u+v, u+v) &= (u, u+v) + (v, u+v) \\ &= \overline{(u+v, u)} + \overline{(u+v, v)} \\ &= \{\overline{(u,u)} + \overline{(v,u)}\} + \{\overline{(u,v)} + \overline{(v,v)}\} \\ &= (u,u) + \{(u,v) + \overline{(u,v)}\} + (v,v) \\ &= (u,u) + 2\,\mathrm{Re}\,(u,v) + (v,v)\end{aligned}$$
である． □

> **定理 7.2** (**Schwarz の不等式**) V を複素線形空間とし，$(\ ,\ )$ を 1 つの内積とする．このとき $u, v \in V$ に対して
> $$|(u,v)|^2 \le (u,u)(v,v) \tag{7.25}$$
> が成立する．

証明 定理 2.3 の証明の方針をここでも踏襲する．複素数 (u, v) はその偏角を θ とすると，極形式では
$$(u, v) = |(u, v)|e^{i\theta}$$

7.3 内積の定義

と表される.従って $(e^{-i\theta}u, v) = |(u,v)|$ となり,$(e^{-i\theta}u, v)$ は実数値である.ここで t を任意の実数とするとき,(7.20) より

$$(e^{-i\theta}u + tv, e^{-i\theta}u + tv) \geq 0$$

が成立するが,(7.24) を用いて計算すると

$$(e^{-i\theta}u, e^{-i\theta}u) + 2\,\mathrm{Re}\,(e^{-i\theta}u, tv) + (tv, tv) \geq 0$$

が得られる.ここで

$$(e^{-i\theta}u, e^{-i\theta}u) = (u,u), \quad (e^{-i\theta}u, tv) = t|(u,v)|, \quad (tv, tv) = t^2(v,v)$$

を用いて整理すると,実数係数の t の 2 次不等式

$$(v,v)t^2 + 2|(u,v)|t + (u,u) \geq 0 \tag{7.26}$$

が得られる.もしも $v = 0\ (\in V)$ のときは (7.25) の右辺も左辺も 0 となって定理 7.2 は成立する.$v \neq 0$ のときは (7.21) より $(v,v) > 0$ であり,すべての実数 t に対して 2 次不等式 (7.26) が成立するための必要十分条件は

$$|(u,v)|^2 - (v,v)(u,u) \leq 0$$

であり,(7.25) が示された.なお (7.25) の等号はある複素数 z_0 が存在して $u + z_0 v = 0$ となるときに成立する.□

V が実線形空間(実数体 $\mathbb{R}$ 上の線形空間)の場合の内積はその値を実数とし,写像 $(\ ,\ ): V \times V \to \mathbb{R}$ に対して内積の定義の条件を課すことになる.すなわち V が実線形空間のとき,$x, y, v \in V$, $\alpha \in \mathbb{R}$ に対して次の 5 つの条件を満たすとき,$(\ ,\ )$ を実線形空間 V の内積という:

$$(1) \quad (x+y, v) = (x,v) + (y,v), \tag{7.27}$$

$$(2) \quad (\alpha x, v) = \alpha(x,v), \tag{7.28}$$

$$(3) \quad (x,y) = (y,x), \tag{7.29}$$

$$(4) \quad (v,v) \geq 0, \tag{7.30}$$

$$(5) \quad (v,v) = 0\text{ となるのは }v = 0\text{ に限る}. \tag{7.31}$$

複素線形空間に定義される内積を複素内積，実線形空間の場合を実内積と用語を使い分けることもある．本書では複素内積と実内積を区分する必要のないときには単に"内積"という用語を用いている．(7.29) を実内積の**対称性**といい，(7.27)–(7.29) を満たす (,) を（対称な）**双一次形式** (bilinear form) という．既に述べたように (7.15)，(7.16) は (,) の","の前の元についてのみの線形性を述べているが，実内積の場合には (7.29) の対称性から","の後の元についても線形性をもつため，線形性が2つ（双）あるという意味で双一次形式（双線形形式）と呼ばれている．すなわち，実内積 (,) は対称な双一次形式である．この (7.27)–(7.31) は定理 2.2 の結果にほかならず，ここで定義した内積がこれまでに知っていた内積の一般化であることがわかる．また n 次元実線形空間 $\mathbb{R}^n$ の **Euclid 内積**は $x = (x_1, \ldots, x_n)^T, y = (y_1, \ldots, y_n)^T \in \mathbb{R}^n$ に対して

$$(x, y) := \sum_{k=1}^n x_k y_k \tag{7.32}$$

によって定義するが，これは定理 2.7 の結果の一般化であることに注意しておく．また，Euclid 内積が $\mathbb{R}^n$ に導入されているとき，**Euclid 空間** $\mathbb{R}^n$ という[11]．

内積の計算は複素内積も実内積も殆んど同じであるが，実内積の場合は共役複素数を考える必要がないため，(7.24) は

$$(u+v, u+v) = (u, u) + 2(u, v) + (v, v)$$

と単純になる．また Schwarz の不等式も複素数の絶対値をとらずに

$$(u, v)^2 \leq (u, u)(v, v) \tag{7.33}$$

と書いてもよい．

7.1 節と同様に，閉区間 $[a, b]$ 上の実数値連続関数の全体 $C^0([a, b])$ を実線形空間と考えたとき，$f, g \in C^0([a, b])$ に対して

---

[11]正確には本書では導入していない "$\mathbb{R}^n$ に附随する Affine（アフィン）空間" $\mathbb{E}_n$ に対して Euclid 空間というべきであるが，本書では詳しくは立ち入らないことにする．また Euclid 内積という用語も正確には $\mathbb{R}^n$ に対してのみに用いられるが，本書では $\mathbb{C}^n$ と $\mathbb{R}^n$ を区別せずに K^n と表すときは Hermite 内積 (7.22) も Euclid 内積と呼んでいる．

$$(f, g) = \int_a^b f(x)g(x)\,dx$$

とすると，この (,) は（実）内積の定義の 5 つの条件を満たしており [12]，実線形空間 $C^0([a,b])$ の 1 つの内積になっている．この内積に対して Schwarz の不等式 (7.33) を適用すると

$$\left(\int_a^b f(x)g(x)\,dx\right)^2 \leq \left(\int_a^b (f(x))^2\,dx\right)\left(\int_a^b (g(x))^2\,dx\right)$$

が成立する．

内積 (u, v) は $u \cdot v$ と表されることも多い．また内積の定義されている線形空間は**計量線形空間** (metric linear space) または **pre-Hilbert 空間** [13] と呼ばれる．実数体と複素数体の区別を意識するときは実計量線形空間，複素計量線形空間ということもあり，また複素計量線形空間は Hermite 線形空間と呼ばれることもある．

演習問題 7.10 実内積に対する Schwarz の不等式 (7.33) の証明を，定理 7.2 の証明に倣って与えよ．

演習問題 7.11 $\{a_k\}_{k=1}^n \subset \mathbb{R}$ に対して不等式

$$|a_1 + 2a_2 + 3a_2 + \cdots + na_n| < \frac{\sqrt{3}}{3}(n+1)^{\frac{3}{2}}\sqrt{a_1^2 + a_2^2 + \cdots + a_n^2}$$

が成立することを示せ．

7.4　正規直交基底

第 2 章では (2.2) によりベクトルの大きさと内積の関係を示したが，一般の計量線形空間では内積を用いて "ベクトルの大きさ" であるノルムを定める．すなわち V を計量線形空間とし，(,) を V の内積とするとき，各 $v \in V$ に対して

$$\|v\| := (v, v)^{1/2} = \sqrt{(v, v)} \tag{7.34}$$

---
[12] "$(f, f) = 0$ となるのは $f = 0$ に限る" を証明するためには，連続関数の積分についての知識が必要である．
[13] ただし，有限次元の場合には pre-Hilbert 空間という用語はあまり用いられない．

とし，これを**内積から定まる v のノルム** という[14]．この (7.34) がノルムの定義を満たすことは，定理 7.3 で示す通りである．すなわち計量線形空間は，ノルム線形空間でもある．n 次元線形空間 K^n に Euclid 内積 (7.22)，(7.32) を定めたとき，そのノルムは (7.3) で述べた **Euclid ノルム**と一致している．具体的には

$$\mathbb{C}^n \text{ の Euclid ノルム：} \quad \|x\| = \left(\sum_{k=1}^n |x_k|^2\right)^{1/2}, \quad x = (x_1, \ldots, x_n)^T \in \mathbb{C}^n, \tag{7.35}$$

$$\mathbb{R}^n \text{ の Euclid ノルム：} \quad \|x\| = \left(\sum_{k=1}^n x_k^2\right)^{1/2}, \quad x = (x_1, \ldots, x_n)^T \in \mathbb{R}^n, \tag{7.36}$$

である．x_k が実数のときは $|x_k|^2 = x_k^2$ であるので，本書では $\mathbb{R}^n$ の Euclid ノルムも絶対値をつけて (7.35) で書くことにする．繰り返すが，これらの Euclid ノルムは (7.2) の $p = 2$ の場合である．

定理 7.3 V を K 上の計量線形空間とし，$\|\ \|$ を (7.34) によって定めると，これは V のノルムである．すなわち $\alpha \in K$，$u, v \in V$ とするとき，ノルムの定義の 3 条件が成立する：

(1) $\|v\| \geq 0$ であり，$\|v\| = 0$ となるのは $v = 0$ の場合に限られる．
(2) $\|\alpha v\| = |\alpha| \|v\|$．
(3) $\|u + v\| \leq \|u\| + \|v\|$． （三角不等式）

証明 内積から定まるノルムの定義 (7.34) より $\|v\| \geq 0$ は明らかであり，$\|v\| = 0$ と $(v, v) = 0$ が同値であるため，内積の定義から $v = 0$ に限られることがわかる．次に簡単な計算により

$$\|\alpha v\| = (\alpha v, \alpha v)^{1/2} = \{|\alpha|^2 (v, v)\}^{1/2} = |\alpha| \|v\|$$

が示される．最後に三角不等式の証明には Schwarz の不等式[15]を用いる．

---

[14] 同じ線形空間 V に対して，一般には複数の異なる内積を定義することができる．その内積ごとに内積から定まるノルムは異なる．
[15] 内積から定まるノルムを利用して Schwarz の不等式を表すと，$|(u, v)| \leq \|u\| \|v\|$ となる．

7.4 正規直交基底

$K = \mathbb{C}$ のときは複素数 z に対して $\operatorname{Re} z \leq |z|$ であるので,

$$\begin{aligned} \|u+v\|^2 &= (u+v, u+v) \\ &= (u,u) + 2\operatorname{Re}(u,v) + (v,v) \\ &\leq (u,u) + 2|(u,v)| + (v,v) \\ &\leq \|u\|^2 + 2\|u\|\|v\| + \|v\|^2 \\ &\leq (\|u\| + \|v\|)^2 \end{aligned}$$

であり,

$$\|u+v\| \leq \|u\| + \|v\|$$

が得られる. $K = \mathbb{R}$ のときも同様の計算により示される. □

第2章では内積と関連して直交や正射影についても学習したが, 一般の計量線形空間の場合も全く同様に直交や正射影を定義する. $u, v \in V$ に対して内積 $(u,v) = 0$ のとき u と v とは**直交** (orthogonal) しているといい, $u \perp v$ と表す. このとき命題 7.3(1) より線形空間 V の零元 0 はすべての元と直交することになるので, "直交" という用語を用いるときには零元について注意を要する:

$$u \text{ と } v \text{ とが直交する} \Leftrightarrow u \perp v \Leftrightarrow (u,v) = 0$$

$v \in V$ が $v \neq 0$ のとき,

$$e := \frac{v}{\|v\|} \tag{7.37}$$

はノルムが1の単位ベクトルである. 一般にノルム空間では零元 0 以外の元を (7.37) の計算によって大きさを1とする操作を**正規化** (normalization) という. n 次元計量線形空間 V_n の基底 $\{f_k\}_{k=1}^n$ が

$$\|f_k\| = 1 \ (1 \leq k \leq n), \quad f_i \perp f_j \ (i \neq j) \tag{7.38}$$

を満たすとき, この基底を**正規直交基底** (orthonormal basis) という. ここで (4.4) で定義した Kronecker の δ を用いると (7.38) は $(f_i, f_j) = \delta_{ij}$ $(1 \leq i, j \leq n)$ と表すことができるので,

$$\{f_k\}_{k=1}^m \text{ が正規直交系である} \Leftrightarrow (f_i, f_j) = \delta_{ij} \ (1 \leq i, j \leq m)$$

と定める．従って正規直交系 (orthonormal system) $\{f_k\}_{k=1}^n$ が基底になっているとき，$\{f_k\}_{k=1}^n$ は正規直交基底である．例えば $\mathbb{C}^n$ や $\mathbb{R}^n$ に Euclid 内積を定めた場合は，標準基底 $\{e_k\}_{k=1}^n$ は正規直交基底である．

n 次元の計量線形空間 V_n に 1 組の基底 $\{f_k\}_{k=1}^n$ が与えられたとき，この基底から正規直交基底を作ることができる．まず f_1 を正規化して e_1 とし，

$$\widetilde{f}_2 := f_2 + ce_1$$

とおいて，$\widetilde{f}_2$ が e_1 と直交するようにする．すなわち $(\widetilde{f}_2, e_1) = 0$ とすると

$$(\widetilde{f}_2, e_1) = (f_2 + ce_1, e_1) = (f_2, e_1) + c$$

より $c = -(f_2, e_1)$ が定まり，$\widetilde{f}_2$ は e_1 と直交することになる．このとき f_1 と f_2 とが一次独立であるので $\widetilde{f}_2 \neq 0$ であり，$\widetilde{f}_2$ を正規化して e_2 とする．さらに

$$\widetilde{f}_3 := f_3 + c_1 e_1 + c_2 e_2$$

として $\widetilde{f}_3$ が e_1 および e_2 と直交するようにすると，

$$c_1 = -(f_3, e_1), \quad c_2 = -(f_3, e_2)$$

が得られ，こうして得られた $\widetilde{f}_3$ を正規化して e_3 とする．この操作はお互いに直交する基底を 1 つずつ増やしていくもので，これを続けることにより，1 組の正規直交基底 $\{e_k\}_{k=1}^n$ が得られる．この手順を **Schmidt の直交化**という．計量線形空間 V の 1 組の基底 $\{f_k\}_{k=1}^n$ から 1 組の正規直交基底 $\{e_k\}_{k=1}^n$ を求める Schmidt の直交化法のアルゴリズムを正確に書くと，次の通りである：

$$e_1 := \frac{f_1}{\|f_1\|} \quad (\text{正規化})$$

$\quad\lceil\ m = 2, 3, \ldots, \to n$

$$\widetilde{f}_m := f_m - \sum_{k=1}^{m-1} (f_m, e_k) e_k$$

$$e_m := \frac{\widetilde{f}_m}{\|\widetilde{f}_m\|} \quad (\text{正規化})$$

$\quad\lfloor\ m$ の値を 1 つずつ増やす

7.4 正規直交基底

定理 7.4 n 次元の計量線形空間 V_n には正規直交基底 $\{e_k\}_{k=1}^n$ が存在する．またこのとき，$x \in V$ は

$$x = \sum_{k=1}^n (x, e_k) e_k$$

と表される．

命題 7.4 V_n を n 次元の計量線形空間とし，$\{e_k\}_{k=1}^n$ を 1 組の正規直交基底とする．

(1) V_n が複素計量線形空間のとき，$x = \sum_{k=1}^n x_k e_k$ および $y = \sum_{k=1}^n y_k e_k$ に対して，

$$(x, y) = \sum_{k=1}^n x_k \overline{y_k} = \sum_{k=1}^n (x, e_k) \overline{(y, e_k)}$$

である．

(2) V_n が実計量線形空間のとき，$x = \sum_{k=1}^n x_k e_k$ および $y = \sum_{k=1}^n y_k e_k$ に対して，

$$(x, y) = \sum_{k=1}^n x_k y_k = \sum_{k=1}^n (x, e_k)(y, e_k)$$

である．

正規直交基底を 1 組定めると，内積の計算は $\mathbb{C}^n$ の Hermite 内積 (7.22) および $\mathbb{R}^n$ の Euclid 内積 (7.32) の計算に帰着できるので，計算の上では便利である．

演習問題 7.12 $\mathbb{C}^3$ の 1 組の基底 $\left\{ \begin{pmatrix} i \\ 1 \\ 0 \end{pmatrix}, \begin{pmatrix} 1 \\ i \\ 0 \end{pmatrix}, \begin{pmatrix} i \\ i \\ 1 \end{pmatrix} \right\}$ に Schmidt の直交化法を適用して 1 組の正規直交基底を求めよ．

演習問題 7.13 定理 7.4 の証明を与えよ．すなわち V_n を n 次元の計量線形空間とし，$\{e_k\}_{k=1}^n$ を 1 組の正規直交基底とするとき，$x \in V$ に対して $x = \sum_{k=1}^n (x, e_k) e_k$ となることを示せ．

7.5 直交直和分解

例から始めよう．線形空間 K^3 の標準基底を $\{e_1, e_2, e_3\}$ とするとき，部分空間を $W_1 := \langle e_1 \rangle, W_2 := \langle e_2, e_3 \rangle$ および $\widetilde{W}_1 := \langle e_1, e_2 \rangle, \widetilde{W}_2 := \langle e_1, e_3 \rangle$ とすると [16]，

$$(1) \quad K^3 = W_1 + W_2, \qquad (2) \quad K^3 = \widetilde{W}_1 + \widetilde{W}_2$$

が共に成立する．このとき K^3 の各元 w に対して，(1) の場合には $w_1 \in W_1, w_2 \in W_2$ で $w = w_1 + w_2$ となるような (w_1, w_2) の組は唯 1 通りであるが，(2) の場合には $\widetilde{w}_1 \in \widetilde{W}_1, \widetilde{w}_2 \in \widetilde{W}_2$ で $w = \widetilde{w}_1 + \widetilde{w}_2$ となるような $(\widetilde{w}_1, \widetilde{w}_2)$ の組は無数に存在する．(1) の場合のように線形空間の各元を部分空間 W_1 と W_2 の元の和に一意的に分解できるとき，K^3 は W_1 と W_2 の**直和**になっているという．なお直和の定義は次の通りである．

定義 7.4（線形空間の直和）　W を体 K 上の<u>有限次元の</u>線形空間とし，W_1 と W_2 を $\{0\}$ ではない W の線形部分空間で $W = W_1 + W_2$ とする．このとき W の各元 w に対して $w_1 \in W_1, w_2 \in W_2$ で $w = w_1 + w_2$ となるような (w_1, w_2) の組が常に一意的であるとき，W は W_1 と W_2 の**直和** (direct sum) であるといい，$W = W_1 \oplus W_2$ と表す．また線形空間 W を部分空間の直和の形にすることを**直和分解**という．

命題 7.5　W は体 K 上の有限次元の線形空間で，W_1 と W_2 は $\{0\}$ ではない W の線形部分空間で $W = W_1 + W_2$ とする．このとき次の (1)–(3) は互いに同値である．
(1) $W = W_1 \oplus W_2$ である．
(2) $W_1 \cap W_2 = \{0\}$ である．
(3) $w_1 \in W_1, w_2 \in W_2$ がそれぞれ 0 でないとき，w_1 と w_2 とは W の中で一次独立である．

証明　(1) $\Rightarrow$ (2), (2) $\Rightarrow$ (3), (3) $\Rightarrow$ (1) の順で証明する．

---
[16] $W_1 + W_2$ の意味については，(3.9) で確認せよ．

(1) ⇒ (2): 背理法により示す．$W_1 \cap W_2 \neq \{0\}$ とすると，$w \in W_1 \cap W_2$ であって $w \neq 0$ となるものが存在する．仮定から $W = W_1 + W_2$ であり，w に対して $w = w_1 + w_2$ を満たす $w_1 \in W_1, w_2 \in W_2$ が存在している．一方で w は $w \in W_1$ かつ $w \in W_2$ であり，$w = (w_1 - w) + (w_2 + w)$ としたとき，$w_1 - w \in W_1, w_2 + w \in W_2$ である．すなわち w の W_1 と W_2 の元への分解が 2 通りあることになり，直和 $W_1 \oplus W_2$ の定義に反する．故に $W_1 \cap W_2 = \{0\}$ である．

(2) ⇒ (3): w_1 と w_2 の線形結合を考えて

$$c_1 w_1 + c_2 w_2 = 0$$

とすると，$c_1 w_1 = -c_2 w_2 \in W_2$ となる．すなわち $c_1 w_1 \in W_1$ かつ $c_1 w_1 \in W_2$ が成立するが，W_1 と W_2 の共通部分は 0 しかないので $c_1 w_1 = 0$ である．ここで $w_1 \neq 0$ であり，$c_1 = 0$ が得られる．また同様に $c_2 = 0$ が得られ，$c_1 = c_2 = 0$ となるので，w_1 と w_2 とが一次独立であることがわかる．

(3) ⇒ (1): ある $w_0 \in W$ について 2 通りの分解があり，

$$w_0 = w_1 + w_2 \ (w_1 \in W_1, w_2 \in W_2), \quad w_0 = \widetilde{w}_1 + \widetilde{w}_2 \ (\widetilde{w}_1 \in W_1, \widetilde{w}_2 \in W_2)$$

であるとすると，$(w_1 - \widetilde{w}_1) + (w_2 - \widetilde{w}_2) = 0$ となる．0 でない W_1 と W_2 の元はお互いに一次独立であり，$w_1 - \widetilde{w}_1 = w_2 - \widetilde{w}_2 = 0$ が成立するので，w_0 の分解が 2 通りであることと矛盾する．すなわち各 $w \in W$ の分解は 1 通りであり，$W = W_1 \oplus W_2$ である． □

3 つ以上の複数の部分空間の場合も次のように考えて直和分解を定義する．$W_k \ (1 \leq k \leq m)$ は有限次元の線形空間 W の $\{0\}$ ではない部分空間で，$W = W_1 + W_2 + \cdots + W_m$ とする．このとき W の各元 w に対して

$$w = w_1 + w_2 + \cdots + w_m, \quad w_k \in W_k \ (1 \leq k \leq m)$$

となるような $(w_1, w_2, \ldots, w_m)$ の組が常に一意的であるとき，W は $W_1, W_2, \cdots, W_m$ の直和であるといい，$W = W_1 \oplus W_2 \oplus \cdots \oplus W_m$ と表す．ここで注意しなければいけないのは，3 つ以上の場合は 2 つの場合と異なり，$W_1 \cap W_2 \cap \cdots \cap W_m = \{0\}$ が直和のための必要十分条件では<u>ない</u>．例えば線形空間 K^3 の標準基底を $\{e_1, e_2, e_3\}$ として $W_1 = \langle e_1, e_2 \rangle, W_2 = \langle e_2, e_3 \rangle, W_3 =$

$\langle e_1, e_3 \rangle$ とすると，$W_1 \cap W_2 \cap W_3 = \{0\}$ であるが，$K^3 = W_1 + W_2 + W_3$ は直和ではない[17]．3つ以上の線形部分空間の場合の直和の特徴づけについては，次の命題が重要である．証明は数学的帰納法を利用して与えられるが，ここでは省略しておこう（→ 演習問題 7.15）．

> **命題 7.6** W を体 K 上の有限次元の線形空間とし，W_k $(1 \leq k \leq m)$ は $\{0\}$ ではない W の線形部分空間で $W = W_1 + W_2 + \cdots + W_m$ とする．このとき次の (1)–(3) は互いに同値である．
> (1) $W = W_1 \oplus W_2 \oplus \cdots \oplus W_m$ である．
> (2) $1 \leq k \leq m-1$ のすべての k について
> $$W_1 + W_2 + \cdots + W_k + W_{k+1}$$
> $$= (W_1 + W_2 + \cdots + W_k) \oplus W_{k+1}$$
> である．
> (3) $w_k \in W_k$ $(1 \leq k \leq m)$ が 0 でないとき，$\{w_k\}_{k=1}^{m}$ は W で一次独立である．

計量線形空間の場合に，直交性を利用した直和分解を考えてみよう．V_n を n 次元の計量線形空間とし，U を m 次元 $(1 \leq m \leq n-1)$ の V_n の線形部分空間とする．このとき，U も V_n の内積によって計量線形空間であることに注意すると，定理 7.4 より，U に正規直交基底 $\{e_k\}_{k=1}^{m}$ をとることができる．さらに定理 3.3 の系より，この $\{e_k\}_{k=1}^{m}$ に $n-m$ 個の V_n の元をつけ加えて V_n の基底とすることができるが，ここで Schmidt の直交化法を用いて正規直交化することにより，V_n の正規直交基底 $\{e_k\}_{k=1}^{m} \cup \{e_k\}_{k=m+1}^{n}$ が得られる[18]．このとき $V_n = \langle e_1, \ldots, e_n \rangle$，$U = \langle e_1, \ldots, e_m \rangle$ であるが，V_n の線形部分空間 $U^{\perp}$ を
$$U^{\perp} := \langle e_{m+1}, \ldots, e_n \rangle \tag{7.39}$$
とすると $V_n = U \oplus U^{\perp}$ となる．実際，$V_n = U + U^{\perp}$ であり，$u \in U$ と

---

[17] $w \in K^3$ で $w = w_1 + w_2 + w_3$ $(w_1 \in W_1, w_2 \in W_2, w_3 \in W_3)$ という分解が一意的でないものが存在している．
[18] $\{e_k\}_{k=m+1}^{n}$ が Schmidt の直交化法によってつけ加えられた正規直交系である．

7.5 直交直和分解

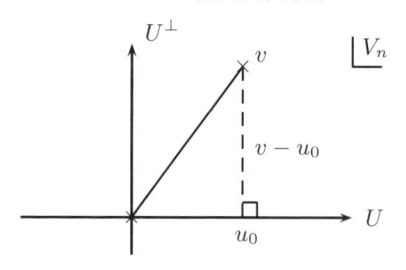

図 7.1 U への正射影 u_0.

$u^\perp \in U^\perp$ が 0 でないときは u と $u^\perp$ は一次独立であり，命題 7.5 の (3) より $V_n = U \oplus U^\perp$ であることがわかる．このように直交性を利用して V_n を直和の形にすることを**直交直和分解**といい，$U^\perp$ を U の**直交補空間** (orthogonal complement of a linear subspace U) という．直和の定義から各 $v \in V_n$ は $v = u_0 + u_0^\perp$ ($u_0 \in U, u_0^\perp \in U^\perp$) の形に一意的に分解されるが，この u_0 を v の線形部分空間 U への**正射影** (orthogonal projection) という．$v \in V_n$ の U への正射影 u_0 は

$$u_0 = \sum_{k=1}^{m} (v, e_k) e_k \tag{7.40}$$

であり，U のすべての元 u が $(v - u_0, u) = 0$ を満たしている．またここで定めた正射影は，2.1 節で学習した Euclid 空間 $\mathbb{E}_2$ や $\mathbb{E}_3$ の正射影の一般化であることがわかる．

直交補空間を考えるとき，$\{0\}^\perp = V_n$，$V_n^\perp = \{0\}$ という明らかな場合も含めて考えることが多く，直交直和分解では $V_n = V_n \oplus \{0\}$ という自明な場合も含めて直和 $\oplus$ の記号が用いられることが多い．このような広義の解釈も含めて，直交補空間 $U^\perp$ は次の性質を満たしている．

命題 7.7 V_n を有限次元の計量線形空間とし，U をその線形部分空間とする．このとき U の直交補空間 $U^\perp$ は

$$U^\perp = \{u^\perp \in V_n \mid U \text{ のすべての元 } u \text{ に対して } (u^\perp, u) = 0\} \tag{7.41}$$

である．

> **命題 7.8** 命題 7.7 と同じ仮定のとき，$(U^\perp)^\perp = U$ である．

基底を用いて $U^\perp$ を定めようとすると，U の正規直交基底をふくらませて V の正規直交基底を用意する必要があるが，(7.41) によれば内積だけで $U^\perp$ を特徴づけることができるうえに，$U = \{0\}, V_n$ の場合も含めて一律に扱うことができる．このため，(7.41) を直交補空間 $U^\perp$ の定義としているテキストも多い．命題 7.7 の証明は $U \neq \{0\}, U \neq V_n$ のときに先に定めた V_n の正規直交基底 $\{e_k\}_{k=1}^m \cup \{e_k\}_{k=m+1}^n$ を用いて示した上で，$U = \{0\}$ と $U = V_n$ の場合を加えることで得られる．

命題 7.8 を証明する．

> **証明** $U \subset (U^\perp)^\perp$ かつ $(U^\perp)^\perp \subset U$ を示す．まず $u \in U$ とすると，$U^\perp$ のすべての元 $u^\perp$ に対して
> $$(u, u^\perp) = 0$$
> であるので，$u \in (U^\perp)^\perp$ すなわち $U \subset (U^\perp)^\perp$ である．次に $u^* \in (U^\perp)^\perp$ の V における直交直和分解 $u^* = u_0 + u_0^\perp$ ($u_0 \in U, u_0^\perp \in U^\perp$) を考える．取り方から u^* は $U^\perp$ のすべての元 $u^\perp$ に対して $(u^*, u^\perp) = 0$ を満たすので，$u_0^\perp$ に対して
> $$(u^*, u_0^\perp) = (u_0, u_0^\perp) + (u_0^\perp, u_0^\perp) = \|u_0^\perp\|^2 = 0$$
> となり，$u_0^\perp = 0$ が得られる．従って $u^* = u_0 \in U$ すなわち $(U^\perp)^\perp \subset U$ が得られ，$(U^\perp)^\perp = U$ が示される． □

> **命題 7.9** V_n を有限次元の計量線形空間とし，U をその線形部分空間とする．このとき $v \in V_n$ の U への正射影 u_0 は，ノルムの最小値
> $$\min_{u \in U} \|v - u\|$$
> を与える点である．ただし $\|\ \|$ は V_n の内積から定められるノルムである．

> **証明** $U = \{0\}$ のときは $u_0 = 0$ であり，$U = V_n$ のときは $u_0 = v$ であることに注意する．また $v \in U$ のときは $u_0 = v$ であり，$\|v - u\|$ の最小

値は $u = u_0$ のとき 0 をとる．一般に $v \notin U$ のときは v を直交直和分解して $v = u_0 + u_0^\perp$ としておくと，$u_0 - u \in U$ なので $(u_0 - u, u_0^\perp) = 0$ に注意して計算すると

$$\|v - u\|^2 = \|(u_0 + u_0^\perp) - u\|^2$$
$$= \|(u_0 - u) + u_0^\perp\|^2$$
$$= \|u_0^\perp\|^2 + \|u_0 - u\|^2$$

が得られる．従って u を変化させて $\|v - u\|$ の最小値を求めると，それは $\|u - u_0\|$ が最小になったときに得られ，実際 $u = u_0$ のときに最小値 $\|u_0^\perp\|$ が得られる． □

演習問題 7.14 3次元 Euclid 空間 $\mathbb{E}_3$ において，原点を通り $\vec{n} = (a, b, c)^T (\neq 0)$ を法線ベクトルとする平面を π とする．このとき点 $\mathbb{E}_3$ の点 $x = (x_1, x_2, x_3)^T$ とこの平面との距離の最小値を求めよ．

演習問題 7.15 数学的帰納法を用いて命題 7.6 の証明を与えよ．

演習問題 7.16 V を計量線形空間とするとき，すべての $v \in V$ に対して $(x, v) = 0$ となる $x \in V$ は $x = 0$ に限られることを示せ．（$V^\perp = \{0\}$ であることを示すことと同じ意味である．）

演習問題 7.17 V_n を有限次元の計量線形空間とし，$\{w_k\}_{k=1}^m$ を V_n の 1 組の正規直交系とする．このとき，V_n のすべての元 v に対して

$$\sum_{k=1}^m |(v, w_k)|^2 = (v, v)$$

が成立していれば，$m = n$ であって $\{w_k\}_{k=1}^n$ は V_n の正規直交基底であることを示せ．

7.6 内積と線形写像

V_n は有限次元の計量線形空間でその内積を $(\ ,\ )$ とし，$T : V_n \to V_n$ を線形写像とする．このとき V_n の任意の元 u, v に対して

$$(T(u), v) = (u, S(v)) \tag{7.42}$$

を満たす線形写像 $S : V_n \to V_n$ を T の**随伴 (adjoint) 線形写像**または共役線

形写像という．T の随伴線形写像は T^* と表されることが多く，この記号を用いると (7.42) は

$$(T(u), v) = (u, T^*(v)) \quad (u, v \in V_n) \tag{7.43}$$

となる．例えば $\mathbb{C}^2$ に Hermite 内積を導入した場合に，複素数を成分とする 2 次正方行列 $A = (a_{ij})$ を線形写像 $A: \mathbb{C}^2 \to \mathbb{C}^2$ と考えてその随伴線形写像 A^* を求めてみよう．$x = (x_1, x_2)^T, y = (y_1, y_2)^T \in \mathbb{C}^2$ に対する Hermite 内積 (x, y) は

$$(x, y) = x_1 \overline{y_1} + x_2 \overline{y_2}$$

であり，標準基底 $e_1 = (1, 0)^T, e_2 = (0, 1)^T$ は $\mathbb{C}^2$ の 1 組の正規直交基底になっている．行列 $B = (b_{ij})$ を A の随伴線形写像と考えて (7.42) （または (7.43)）で u, v を e_1, e_2 とした場合の計算を行うと，

$$\begin{aligned}
(Ae_1, e_1) = (e_1, Be_1) \text{ より} &\quad a_{11} = \overline{b_{11}} \\
(Ae_1, e_2) = (e_1, Be_2) \text{ より} &\quad a_{21} = \overline{b_{12}} \\
(Ae_2, e_1) = (e_2, Be_1) \text{ より} &\quad a_{12} = \overline{b_{21}} \\
(Ae_2, e_2) = (e_2, Be_2) \text{ より} &\quad a_{22} = \overline{b_{22}}
\end{aligned}$$

となり，

$$B = \begin{pmatrix} \overline{a_{11}} & \overline{a_{21}} \\ \overline{a_{12}} & \overline{a_{22}} \end{pmatrix} = \overline{A^T} \tag{7.44}$$

が得られる[19]．この例では，A の随伴写像が $\overline{A^T}$ で与えられたことに注意しておく．一般に随伴線形写像の存在と一意性は，次のようにして示される．存在と一意性を分けて 2 つの命題として記述すると次の通りとなる．

命題 7.10 （随伴線形写像の一意性）　V_n を n 次元の計量線形空間とし，$T: V_n \to V_n$ を線形写像とする．このとき T の随伴線形写像 $T^*: V_n \to V_n$ が存在すれば，T に対して一通りである．

---

[19] 厳密にいうと，この随伴線形写像 B はすべての $u, v \in V$ ではなく標準基底のみについて (7.42) を計算したので，随伴線形写像の存在を仮定して必要条件として求めたことになる．しかし，後述の通り，これは十分条件でもあることが確認できる．

証明 背理法を用い，ある T に対して 2 つの随伴線形写像 $T_k^* : V_n \to V_n$ $(k = 1, 2)$ が存在したとする．このときすべての $u, v \in V_n$ に対して $(T(u), v) = (u, T_k^*(v))$ $(k = 1, 2)$ が成立するので，

$$(u, (T_1^* - T_2^*)(v)) = 0$$

となる．従って v を固定する毎に $(T_1^* - T_2^*)(v) = 0$ であり（→ 演習問題 7.16），またこの v が V_n のすべての元を動くので線形写像として $T_1^* - T_2^* = 0$ である．すなわち T^* は存在すれば一意的である． □

命題 7.11 （随伴線形写像の存在） V_n を n 次元の計量線形空間とし，$T : V_n \to V_n$ を線形写像とする．このときすべての T に対して随伴線形写像 $T^* : V_n \to V_n$ は存在する．

証明 線形写像 T に対して T^* を具体的に構成することにより，その存在を示す．V_n に正規直交基底 $\{e_k\}_{k=1}^n$ をとって

$$T(e_j) = \sum_{i=1}^n a_{ij} e_i \quad (1 \leq j \leq n) \tag{7.45}$$

とする．(7.43) において u, v が基底の場合に計算すると

$$(T(e_j), e_i) = (e_j, T^*(e_i)) \text{ より } a_{ij} = (e_j, T^*(e_i)) \tag{7.46}$$

が得られ[20]，

$$T^*(e_j) = \sum_{i=1}^n \overline{a_{ji}} e_i \quad (1 \leq i \leq n) \tag{7.47}$$

であることがわかる．このときすべての $u = \sum_{i=1}^n u_i e_i$ と $v = \sum_{j=1}^n v_j e_j$ に対して (7.43) が成立することも計算によって容易に確かめられる．すなわち (7.47) により 1 組の基底 $\{e_k\}_{k=1}^n$ に対する T^* の像が定まるので，$T^* : V_n \to V_n$ が構成された．なお，V_n が $\mathbb{R}$ 上の計量線形空間の場合は，内積の対称性から

---

[20] (7.46) は $(T^*(e_j), e_i) = \overline{a_{ji}}$ $(1 \leq i, j \leq n)$ と同値である．

第7章 内積とノルム

$$T^*(e_j) = \sum_{i=1}^{n} a_{ji} e_i \quad (1 \leq i \leq n) \tag{7.48}$$

である。 □

この証明からわかるように，ひとたび正規直交基底をとってしまうと，随伴線形写像の計算は容易にでき，その表現行列も得られる．詳しく述べると，(7.45) に対応して T の表現行列は n 次正方行列 $A = (a_{ij})$ となるが，$\mathbb{C}$ 上の計量線形空間の場合は (7.47) と対応して T^* の表現行列は

$$\begin{pmatrix} \overline{a_{11}} & \cdots & \overline{a_{n1}} \\ \overline{a_{12}} & \cdots & \overline{a_{n2}} \\ \vdots & & \vdots \\ \overline{a_{1n}} & \cdots & \overline{a_{nn}} \end{pmatrix} \tag{7.49}$$

すなわち $\overline{A^T}$ であることがわかる．一般に行列 $A = (a_{ij})$ に対して $\overline{A^T}$ を A の**随伴行列**といい，A^* と表す．$\mathbb{R}$ 上の計量線形空間の場合は，(7.48) からもわかる通り，T^* の表現行列は A^T である．すなわち <u>複素計量線形空間</u> に正規直交基底を導入すると，線形写像の行列表現について

線形写像 $T \leftrightarrow n$ 次正方行列 A, 　随伴線形写像 $T^* \leftrightarrow n$ 次正方行列 A^*

という対応が成立する．V が <u>実計量線形空間</u> の場合はすべての成分が実数であり，正規直交基底を導入すると

線形写像 $T \leftrightarrow n$ 次実正方行列 A, 　随伴線形写像 $T^* \leftrightarrow n$ 次実正方行列 A^T

という対応が成立する [21]．

もしも随伴線形写像 T^* がもとの線形写像 T と一致する，すなわち $T = T^*$ が成立するとき，線形写像 T は**自己随伴 (self-adjoint) 写像**であるという．このとき正規直交基底による T の表現行列 A と T^* の表現行列 A^* に対して，$A = A^*$ が成立する．逆に正規直交基底による表現行列に対して $A = A^*$ が成立するとき，線形写像 T は自己随伴写像である．

---

[21] 実計量線形空間のときは，随伴線形写像を T^* ではなく，転置の記号を用いて T^T と表しているテキストもある．

7.6 内積と線形写像

一般に n 次複素正方行列 A が $A = A^* (= \overline{A^T})$ を満たすとき，この行列 A は自己随伴行列または **Hermite 行列**と呼ばれる：

$$A \in M_n(\mathbb{C}) \text{ が Hermite 行列} \Leftrightarrow A = A^*.$$

Hermite 行列 $A \in M_n(\mathbb{C})$ を Hermite 内積を備えた空間 $\mathbb{C}^n$ 上の線形写像と考えると，

$$(Ax, y) = (x, Ay) \quad x, y \in \mathbb{C}^n \tag{7.50}$$

が成立する．A が実行列のときは $A^* = A^T$ であるので，$A = A^*$ は $A = A^T$ と同値である．このときは $A = A^T$ を満たす n 次実正方行列に対しては Hermite 行列という用語よりも実対称行列という用語が用いられることが多い．実際，実対称行列は対角成分に関して上三角部分の成分と下三角部分の成分が対称になっている．繰り返すことになるが実対称行列 A を Euclid 空間 $\mathbb{R}^n$ 上の線形写像と考えると $x, y \in \mathbb{R}^n$ に対して $(Ax, y) = (x, Ay)$ が成立する．

さらに一般の場合を考えて，V_n と W_m がともに（必ずしも次元が一致しない）有限次元の計量線形空間とする．それぞれの内積を $(\ ,\ )_{V_n}$ と $(\ ,\ )_{W_m}$ で表すとき，線形写像 $T : V_n \to W_m$ に対して，すべての $v \in V_n$ と $w \in W_m$ について

$$(T(v), w)_{W_m} = (v, T^*(w))_{V_n} \tag{7.51}$$

を満たす線形写像 $T^* : W_m \to V_n$ をこの T の随伴線形写像という．ここでも V_n と W_m に正規直交基底 $\{f_j\}_{j=1}^n \subset V_n$, $\{e_i\}_{i=1}^m \subset W_m$ をそれぞれ導入し，(7.45) と同様に

$$T(f_j) = \sum_{i=1}^m a_{ij} e_i \quad (1 \leq j \leq n)$$

であるとすると，m 行 n 列の行列 $A = (a_{ij})$ が T の表現行列となるが，この場合も随伴線形写像の表現行列は随伴行列 $A^* (= \overline{A^T})$ となることが計算により確かめられる．また V_n と W_m とがともに実計量線形空間の場合は，T^* の表現行列は A^T である．今後は $K = \mathbb{R}$ の場合は A^* は A^T を意味するものとし，$\mathbb{R}$ と $\mathbb{C}$ の区別が必要でないときは随伴行列に関して A^* の記号を優先して用いることにする．

第 7 章 内積とノルム

同じ計算を繰り返すだけであるが,行列 $A \in M_{m,n}(K)$ とその随伴行列 $A^* \in M_{n,m}(K)$ の関係を内積を利用して確認しておこう.Euclid 内積を備えた K^n と K^m に対して行列 A とその随伴行列 A^* は

$$(Ax, y)_{K^m} = (x, A^*y)_{K^n}, \quad x \in K^n, y \in K^m \tag{7.52}$$

を満たしている [22]

演習問題 7.18 (7.46) から (7.47) が得られることを確認せよ.

演習問題 7.19

(1) $A \in M_n(\mathbb{C})$ が Hermite 行列のとき,(7.50) が成立することを計算により確認せよ.

(2) $A \in M_{m,n}(K)$ のとき,$A^* = \overline{A^T}$ に対して (7.52) が成立することを計算により確認せよ.

演習問題 7.20 (7.51) で定義される線形写像 $T : V_n \to W_m$ の随伴線形写像 T^* は,各 T に対して唯 1 つであることを示せ.(ヒント:命題 7.10 の証明を参考にせよ.)

演習問題 7.21 V_n を n 次元の計量線形空間とし,V_n の正規直交基底による線形写像 $T : V_n \to V_n$ の表現行列を A とする.このとき行列 A が Hermite 行列であれば,T は自己随伴写像であることを示せ.

演習問題 7.22

(1) $A \in M_{m,l}(\mathbb{C})$,$B \in M_{l,n}(\mathbb{C})$ のとき,$(AB)^* = B^*A^*$ が成立することを示せ.

(2) $A \in M_{m,n}(\mathbb{C})$ に対して $(A^*)^* = A$ であることを示せ.

(3) $A \in M_{m,n}(\mathbb{C})$ のとき,AA^* と A^*A はともに正方行列であってしかも Hermite 行列であることを示せ.

演習問題 7.23 V_n と W_m をともに有限次元の計量線形空間とする.$T : V_n \to W_m$ を線形写像とし,その随伴線形写像を $T^* : W_m \to V_n$ とするとき,T^* の随伴線形写像 $(T^*)^*$ は T と一致する(すなわち $(T^*)^* = T$)ことを示せ.

演習問題 7.24

(1) 2 次元 Euclid 空間 $\mathbb{E}_2$ において,原点のまわりの $\frac{\pi}{4}$ 回転の線形写像 $R(\frac{\pi}{4})$ の随伴線形写像とはどのようなものか.

---

[22] テキストによってはこの (7.52) の関係を随伴行列 A^* の定義としていることもある.

(2) 3 次元 Euclid 空間 $\mathbb{E}_3$ において，y 軸のまわりの $\frac{\pi}{4}$ 回転の線形写像の随伴線形写像とはどのようなものか．標準基底による表現を与えよ．

少し細かい話題になるが，内積による線形写像 T の値域 $R(T)$ の特徴づけを考えてみよう．ともに有限次元の計量線形空間 V_n, W_m を考え，$T : V_n \to W_m$ を線形写像とすると，随伴線形写像 T^* は $T^* : W_m \to V_n$ である．T の値域 $R(T)$ は W_m の線形部分空間なので，$W_m = R(T) \oplus R(T)^\perp$ と直交直和分解される．ただし $R(T) = W_m$ のときは $R(T)^\perp = \{0\}$ であることに注意する．いま $y^\perp \in R(T)^\perp$ のとき，(7.51) よりすべての $v \in V_n$ に対して

$$0 = (T(v), y^\perp)_{W_m} = (v, T^*(y^\perp))_{V_n}$$

が成立するので，$T^*(y^\perp) = 0$ であり $y^\perp \in N(T^*)$ となるが，これは $R(T)^\perp \subset N(T^*)$ を意味している．逆に $y \in N(T^*)$ のとき，すべての $v \in V_n$ に対して

$$0 = (v, T^*(y))_{V_n} = (T(v), y)_{W_m}$$

となるので y は $R(T)$ の元と直交し，$y \in R(T)^\perp$ が成立するが，これは $N(T^*) \subset R(T)^\perp$ を意味している．これらのことから $R(T)^\perp = N(T^*)$ であり，命題としてまとめると次の通りである．

命題 7.12　V_n, W_m をともに有限次元の計量線形空間とし，$T : V_n \to W_m$ を線形写像，その随伴線形写像を $T^* : W_m \to V_n$ とする．このとき

(1) $R(T)^\perp = N(T^*)$,　　(2) $R(T) = N(T^*)^\perp$

が成立する．

命題 7.12 の系　命題 7.12 と同じ仮定のもとで，$N(T) = R(T^*)^\perp$ である．

命題 7.12 の (2) は (1) に命題 7.8 を適用して直交補空間を考えると直ちに得られる．また $(T^*)^* = T$（→ 演習問題 7.23）に注意すれば，命題 7.12 の系が得られる．線形写像と行列のランクについては，次の命題が重要である．

命題 7.13 命題 7.12 と同じ仮定のもとで，$\operatorname{rank} T = \operatorname{rank} T^*$ である．

命題 7.13 の系 $A \in M_{m,n}(K)$ とするとき，$\operatorname{rank} A = \operatorname{rank} A^*$ である．

命題 7.13 を証明する．

証明 ランクの定義から $\operatorname{rank} T = \dim R(T)$ であるので，命題 7.12 (2) より $\operatorname{rank} T = \dim N(T^*)^\perp$ である．一方，随伴線形写像 $T^* : W_m \to V_n$ に次元定理（定理 4.2）を適用すると

$$\dim N(T^*) + \dim R(T^*) = \dim W_m$$

である．さらに直交補空間の次元については

$$\dim N(T^*)^\perp = \dim W_m - \dim N(T^*)$$

であることを用いると $\dim R(T) = \dim R(T^*)$ が得られる． □

命題 7.13 の系は，第 6 章 6.5 節のように行列の基本変形を用い代数的操作によって $\operatorname{rank} A = \operatorname{rank} A^*$ を示すことでも得られるが[23]，$K = \mathbb{R}$ か $\mathbb{C}$ かを問わず，K^n に Euclid 内積を導入して随伴線形写像を考えることでも示されることを意味している．

さらに命題 7.12 は連立方程式の解の存在の条件も意味している．第 6 章で扱った連立方程式は，方程式 (6.1) のように，未知数の数 n と方程式の数 n が一致していた．しかし科学・技術の研究や開発で現れる連立方程式の具体例では，必ずしも未知数の数 n と方程式の数 m とが一致しているとは限らない．すなわち

$$\begin{cases} a_{11}x_1 + a_{12}x_2 + \cdots + a_{1n}x_n = b_1 \\ a_{21}x_1 + a_{22}x_2 + \cdots + a_{2n}x_n = b_2 \\ \cdots \\ a_{m1}x_1 + a_{m2}x_2 + \cdots + a_{mn}x_n = b_m \end{cases} \tag{7.53}$$

---

[23] $A \in M_{m,n}(\mathbb{C})$ に対して，$A^* = \overline{A^T}$ であるので，$\operatorname{rank} A = \operatorname{rank} A^*$ である．

7.7 計量線形空間

を考える．$n > m$ のとき，この連立方程式は**劣決定 (under-determined)** 系と呼ばれ，$n < m$ のときは**過剰決定 (over-determined)** 系と呼ばれる．ここで $A = (a_{ij}) \in M_{m,n}(\mathbb{C})$, $x = (x_1, \ldots, x_n)^T$, $b = (b_1, \ldots, b_m)^T \in \mathbb{C}^m$ とすると，連立方程式 (7.53) は

$$Ax = b$$

と表される．$A \in M_{m,n}(K)$ を $A : \mathbb{C}^n \to \mathbb{C}^m$ の線形写像と考えると，連立方程式 (7.53) の解が一意であるための必要十分条件は $N(A) = \{0\}$ である．従って劣決定系（すなわち $n > m$）のときは，次元定理（定理 4.2）より，必ず $\dim N(A) \geq 1$ であるので解の一意性は保証されないことに注意する．また方程式 (7.53) の解が存在するための必要十分条件は $b \in R(A)$ であるが，命題 7.12 (2) よりこれは $b \in N(A^*)^\perp$ と同値である．連立方程式の形で述べると，随伴行列 $A^* \in M_{n,m}(\mathbb{C})$ を係数とする斉次連立方程式

$$\begin{cases} \overline{a_{11}}y_1 + \overline{a_{21}}y_2 + \cdots + \overline{a_{m1}}y_m = 0 \\ \overline{a_{12}}y_1 + \overline{a_{22}}y_2 + \cdots + \overline{a_{m2}}y_m = 0 \\ \quad \cdots \\ \overline{a_{1n}}y_1 + \overline{a_{2b}}y_2 + \cdots + \overline{a_{mn}}y_m = 0 \end{cases} \quad (7.54)$$

を考え，その解 y と b とが $(y, b)_{\mathbb{C}^m} = 0$ を満たす場合に限って連立方程式 (7.53) は解をもつことになる．またこの連立方程式 (7.54) を連立方程式 (7.53) の**随伴連立方程式**（あるいは**随伴方程式**）という．

7.7 計量線形空間

W を"体 K 上の線形空間"というときには，W に定義された加法とスカラー倍の演算についての代数的な性質に注目しており，本書の第 3 章と第 4 章ではそれらについて学習した．7.3 節ではその線形空間に内積を導入することにより，線形空間の元の大きさ（ノルム）や直交性などを考えることができるようになり，その線形空間は**計量線形空間** (metric linear space) と呼ばれている．この計量 (metric (形容詞)) とは長さや角が測れることを意味しており，計量線形空間では図形の性質を考えることが可能となる．Euclid

図 7.2 $\vec{x}$ と $\vec{y}$ を 2 辺とする平行四辺形.

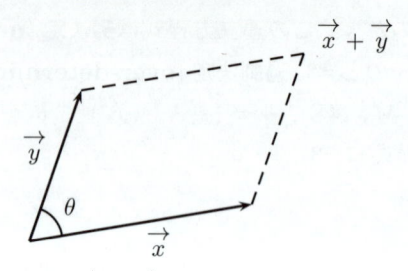

空間 $\mathbb{E}_2$ または $\mathbb{E}_3$ で, 0 でもなく平行でもない 2 つのベクトル $\vec{x}, \vec{y}$ を 2 辺とする平行四辺形の面積を求めてみよう. Euclid 内積を用いると 2 つのベクトル $\vec{x}$ と $\vec{y}$ のなす角 θ $(0 \leq \theta \leq \pi)$ は

$$\cos\theta = \frac{(\vec{x}, \vec{y})}{|\vec{x}||\vec{y}|} \tag{7.55}$$

によって与えられ, 平行四辺形の面積 S は

$$S = |\vec{x}||\vec{y}|\sin\theta = \sqrt{|\vec{x}|^2|\vec{y}|^2 - (\vec{x}, \vec{y})^2} \tag{7.56}$$

となる. ここで $|\vec{x}|^2 = (\vec{x}, \vec{x}), |\vec{y}|^2 = (\vec{y}, \vec{y})$ を用いると,

$$(\vec{x}, \vec{x})(\vec{y}, \vec{y}) - (\vec{x}, \vec{y})^2 = \det\begin{pmatrix} (\vec{x}, \vec{x}) & (\vec{x}, \vec{y}) \\ (\vec{y}, \vec{x}) & (\vec{y}, \vec{y}) \end{pmatrix}$$

となるので,

$$S = \sqrt{\det\begin{pmatrix} (\vec{x}, \vec{x}) & (\vec{x}, \vec{y}) \\ (\vec{y}, \vec{x}) & (\vec{y}, \vec{y}) \end{pmatrix}} \tag{7.57}$$

が成立する. また (直交) 座標軸の導入によって $\mathbb{E}_2$ は $\mathbb{R}^2$ と同一視されるので, $\vec{x}, \vec{y} \in \mathbb{E}_2$ をそれぞれ $\vec{x} = (x_1, x_2)^T, \vec{y} = (y_1, y_2)^T$ とすると, (7.56) より

$$S = \sqrt{(x_1{}^2 + x_2{}^2)(y_1{}^2 + y_2{}^2) - (x_1 y_1 + x_2 y_2)^2} = |x_1 y_2 - x_2 y_1|$$

となるので, 2 つの縦ベクトルを並べて行列 $(\vec{x}, \vec{y})$ を作ると,

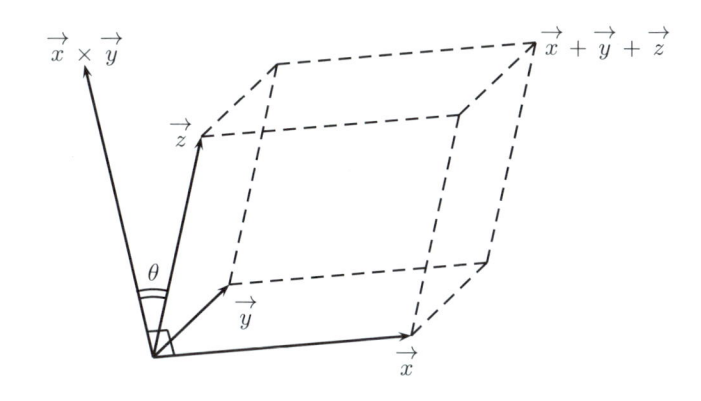

7.7 計量線形空間

図 7.3 $\vec{x}, \vec{y}, \vec{z}$ を 3 辺とする平行六面体.

$$S = |\det(\vec{x}, \vec{y})| \tag{7.58}$$

が得られる．このとき (7.56) より $S \leq |\vec{x}||\vec{y}|$ が成立するので，

$$|\det(\vec{x}, \vec{y})| \leq |\vec{x}||\vec{y}| \tag{7.59}$$

が成立することがわかる．

次に $\mathbb{E}_3$ の平行六面体の体積 V を求めてみよう．$\vec{x}, \vec{y}, \vec{z}$ を同一平面上にない 3 つのベクトルとし，$\vec{x} \times \vec{y}$ は 2.3 節で導入したベクトル積とする．定理 2.3 より $\vec{x} \times \vec{y}$ は $\vec{x}$ と $\vec{y}$ で張られる平面に垂直であって $\vec{x}$ から $\vec{y}$ へと右ネジを回したときのネジの進む向きであり，その大きさ $|\vec{x} \times \vec{y}|$ は $\vec{x}$ と $\vec{y}$ とが作る平行四辺形の面積に等しい．そこで 2 つのベクトル $\vec{x} \times \vec{y}$ と $\vec{z}$ とのなす角 θ とすると，平行六面体の体積 V は

$$V = |\vec{x} \times \vec{y}||\vec{z}||\sin(\tfrac{\pi}{2} - \theta)| = |(\vec{x} \times \vec{y}, \vec{z})| \tag{7.60}$$

である．ここで絶対値が用いられているのは，$\vec{x}, \vec{y}, \vec{z}$ の並び方が図 7.3 のような場合でなく，$\theta > \tfrac{\pi}{2}$ で $\sin(\tfrac{\pi}{2} - \theta) < 0$ となることがあるからである．さらに 2 次元の場合と同様に $\mathbb{E}_3$ と $\mathbb{R}^3$ を同一視し，

$$\vec{x} = (x_1, x_2, x_3)^T, \quad \vec{y} = (y_1, y_2, y_3)^T, \quad \vec{z} = (z_1, z_2, z_3)^T$$

とすると，(2.25) より

第7章 内積とノルム

$$\vec{x} \times \vec{y} = (x_2 y_3 - x_3 y_2, x_3 y_1 - x_1 y_3, x_1 y_2 - x_2 y_1)^T$$
$$= \left(\det \begin{pmatrix} x_2 & y_2 \\ x_3 & y_3 \end{pmatrix}, \det \begin{pmatrix} x_3 & y_3 \\ x_1 & y_1 \end{pmatrix}, \det \begin{pmatrix} x_1 & y_1 \\ x_2 & y_2 \end{pmatrix} \right)^T$$

であるので

$$(\vec{x} \times \vec{y}, \vec{z}) = z_1 \det \begin{pmatrix} x_2 & y_2 \\ x_3 & y_3 \end{pmatrix} + z_2 \det \begin{pmatrix} x_3 & y_3 \\ x_1 & y_1 \end{pmatrix} + z_3 \det \begin{pmatrix} x_1 & y_1 \\ x_2 & y_2 \end{pmatrix}$$
$$= z_1 \det \begin{pmatrix} x_2 & y_2 \\ x_3 & y_3 \end{pmatrix} - z_2 \det \begin{pmatrix} x_1 & y_1 \\ x_3 & y_3 \end{pmatrix} + z_3 \det \begin{pmatrix} x_1 & y_1 \\ x_2 & y_2 \end{pmatrix}$$
$$= \det \begin{pmatrix} z_1 & z_2 & z_3 \\ x_1 & x_2 & x_3 \\ y_1 & y_2 & y_3 \end{pmatrix}$$
$$= \det \begin{pmatrix} \vec{x}^T \\ \vec{y}^T \\ \vec{z}^T \end{pmatrix} \quad \text{(行ベクトルの縦並び行列の行列式)}$$

となる．これは $\det(\vec{x}, \vec{y}, \vec{z})$（列ベクトルの横並び行列の行列式）とも一致するので

$$V = |\det(\vec{x}, \vec{y}, \vec{z})| \tag{7.61}$$

が得られる．また (7.60) より $V \leq |\vec{x}||\vec{y}||\vec{z}|$ であり，(7.59) と同様に

$$|\det(\vec{x}, \vec{y}, \vec{z})| \leq |\vec{x}||\vec{y}||\vec{z}| \tag{7.62}$$

が成立する．さらに

$$V^2 = \det \begin{pmatrix} \vec{x}^T \\ \vec{y}^T \\ \vec{z}^T \end{pmatrix} \cdot \det(\vec{x}, \vec{y}, \vec{z})$$
$$= \det \left(\begin{pmatrix} \vec{x}^T \\ \vec{y}^T \\ \vec{z}^T \end{pmatrix} (\vec{x}, \vec{y}, \vec{z}) \right)$$

7.7 計量線形空間

$$= \det \begin{pmatrix} (\vec{x},\vec{x}) & (\vec{x},\vec{y}) & (\vec{x},\vec{z}) \\ (\vec{y},\vec{x}) & (\vec{y},\vec{y}) & (\vec{y},\vec{z}) \\ (\vec{z},\vec{x}) & (\vec{z},\vec{y}) & (\vec{z},\vec{z}) \end{pmatrix}$$

が得られ，(7.57) に対応して

$$V = \sqrt{\det \begin{pmatrix} (\vec{x},\vec{x}) & (\vec{x},\vec{y}) & (\vec{x},\vec{z}) \\ (\vec{y},\vec{x}) & (\vec{y},\vec{y}) & (\vec{y},\vec{z}) \\ (\vec{z},\vec{x}) & (\vec{z},\vec{y}) & (\vec{z},\vec{z}) \end{pmatrix}} \qquad (7.63)$$

が成立することがわかる．

これらの事実は，n 次元 Euclid 空間 $\mathbb{E}_n$ において n 個の一次独立なベクトルが作る平行多面体の体積についても同様に成立することが知られている．座標を導入して $\mathbb{R}^n$ で述べると

$$x_k = (x_{1k}, x_{2k}, \ldots, x_{nk})^T \in \mathbb{R}^n \qquad (k = 1, 2, \ldots, n) \qquad (7.64)$$

とし，$\mathbb{R}^n$ の Euclid 内積 (x_i, x_j) を用いて次の n 次実対称行列 G を

$$G := \begin{pmatrix} (x_1,x_1) & (x_1,x_2) & \cdots & (x_1,x_n) \\ (x_2,x_1) & (x_2,x_2) & \cdots & (x_2,x_n) \\ \vdots & \vdots & & \vdots \\ (x_n,x_1) & (x_n,x_2) & \cdots & (x_n,x_n) \end{pmatrix}$$

と定める．この行列の行列式の値を n 個のベクトル $\{x_1, x_2, \ldots, x_n\} \subset \mathbb{R}^n$ の作る **Gram 行列式**と呼び，$G(x_1, x_2, \ldots, x_n)$ と表す：

$$G(x_1, x_2, \ldots, x_n) := \det G.$$

このとき，以下の命題が成立することが知られている．

命題 7.14 $\mathbb{R}^n$ の n 個の元 $\{x_1, x_2, \ldots, x_n\}$ が一次独立であるための必要十分条件は Gram 行列式 $G(x_1, x_2, \ldots, x_n) \neq 0$ である．

命題 7.15 $\mathbb{R}^n$ の n 個の元 $\{x_1, x_2, \ldots, x_n\}$ が一次独立のとき，n 次元 Euclid 空間においてこれらを各辺とする平行多面体の体積 V_n は

$$V_n = \sqrt{G(x_1, x_2, \ldots, x_n)}$$

によって与えられる．

命題 7.16 命題 7.15 と同じ仮定の下で，

$$V_n = |\det(x_1, x_2, \ldots, x_n)|$$

である．ただし $(x_1, x_2, \ldots, x_n)$ は (7.64) の n 個の列ベクトルを横に並べて作られる行列である．

平行四辺形の面積の公式 (7.57) および平行六面体の体積の公式 (7.63) を一般化したものが命題 7.15 であり，別の公式 (7.58) と (7.61) を同様に一般化したものが命題 7.16 である．また平行四辺形の面積は 2 辺の長さの積で上から評価され（不等式 (7.59)），同様に平行六面体の体積も 3 辺の長さの積で上から評価される（不等式 (7.62)）．一般の n 次元 Euclid 空間 $\mathbb{E}_n$ の平行多面体の体積 V_n も n 個の辺の長さの積により

$$V_n \leq |x_1||x_2|\cdots|x_n|$$

によって上から評価されることを認めると，命題 7.16 より次のような行列式の評価が得られる．

命題 7.17 (**Hadamard の不等式**) (7.64) の n 個の実列ベクトルを横に並べて作られる実行列 $(x_1, x_2, \ldots, x_n)$ に対して

$$|\det(x_1, x_2, \ldots, x_n)| \leq |x_1||x_2|\cdots|x_n|$$

である．特に $|x_{ij}| \leq M \ (1 \leq i, j \leq n)$ のとき

$$|\det(x_1, x_2, \ldots, x_n)| \leq n^{\frac{n}{2}} M^n$$

である [24]．

---

[24] ここでは図形の性質を利用して説明したので $(x_1, x_2, \ldots, x_n)$ は実行列であるが，この不等式は一般の複素正方行列に対しても成立する．

7.7 計量線形空間

次に線分の長さについて考えてみよう．Euclid 空間 $\mathbb{E}_2$ 上の線形写像 T_2 がすべての $\vec{x} \in \mathbb{E}_2$ に対して $|\vec{x}| = |T_2 \vec{x}|$ を満たすとき，T_2 は $\mathbb{E}_2$ で**等長的** (iso-metric) であると呼ばれる．$|T_2 \vec{x}|^2 = (T_2 \vec{x}, T_2 \vec{x})$ は随伴線形写像の定義を用いると $|T_2 \vec{x}|^2 = (\vec{x}, T_2^* T_2 \vec{x})$ であるので，

$$T_2 \text{ が等長的} \iff |\vec{x}| = |T_2 \vec{x}| \ (\vec{x} \in \mathbb{E}_2)$$
$$\iff (\vec{x}, (T_2^* T_2 - I_2)\vec{x}) = 0 \ (\vec{x} \in \mathbb{E}_2)$$

が成立することがわかる．詳しくは後述の命題 7.18 で述べるが，線形写像 T_2 が等長的であることは $T_2^* T_2 = I_2$ と同値となる．ここで $\mathbb{E}_2$ と $\mathbb{R}^2$ を同一視し，$\mathbb{R}^2$ の標準基底による線形写像 T_2 の表現行列を

$$A_2 = \begin{pmatrix} a & b \\ c & d \end{pmatrix} \tag{7.65}$$

とすると，$T_2^* T_2 = I_2$ は $A_2^* A_2 = I_2$ と同値であるので

$$a^2 + c^2 = 1, \qquad b^2 + d^2 = 1, \qquad ab + cd = 0 \tag{7.66}$$

が得られる．従って行列 A_2 は

$$\begin{pmatrix} \cos\theta & -\sin\theta \\ \sin\theta & \cos\theta \end{pmatrix}, \quad \begin{pmatrix} \cos\theta & \sin\theta \\ \sin\theta & -\cos\theta \end{pmatrix} \quad (0 \leq \theta \leq 2\pi) \tag{7.67}$$

のいずれかの形であることがわかる．この前者の行列は，(4.21) の通り原点のまわりの θ 回転 $R(\theta)$ であり，また例 4.8 より，後者は原点を通る直線 $y = x\tan\frac{\theta}{2}$ についての対称移動を意味している．換言すると，2 次元 Euclid 空間における等長的な線形写像は，原点のまわりの回転と原点を通る直線に関する対称移動（およびそれらの合成）に限られる．また (7.65) の行列 A_2 を $\mathbb{E}_2$ の 2 つのベクトル $\vec{p}, \vec{q}$ の横並びで $A_2 = (\vec{p}, \vec{q})$ と考えると，(7.66) の関係は $\vec{p}$ と $\vec{q}$ とが正規直交基底でることを意味している．すなわち等長的な線形写像 $T_2 : \mathbb{E}_2 \to \mathbb{E}_2$ は 1 組の正規直交系を別の正規直交系に移しているので，**直交変換** (**orthogonal transformation**) と呼ばれる．

W_n を一般の n 次元計量線形空間とし，その内積を $(\ ,\ )$，内積から定まるノルムを $\|\ \|$ と表す．このとき線形写像 $T : W_n \to W_n$ について，すべ

ての $x \in W_n$ に対して $\|x\| = \|Tx\|$ が成立するとき線形写像 T は等長的 (iso-metric) であるといい, また随伴線形写像 T^* と共に $T^*T = I_n$ を満たすとき線形写像 T を**ユニタリー (unitary)** 写像であるという. このとき次の命題が成立する.

> **命題 7.18** W_n を n 次元計量線形空間とし, T を W_n 上の線形写像とする. このとき, 次の (1)–(4) は同値である.
> (1) T は W_n 上の等長的線形写像である.
> (2) T は W_n 上のユニタリー線形写像である.
> (3) 任意の $x, y \in W_n$ に対して $(x, y) = (Tx, Ty)$ である.
> (4) T は W_n の正規直交系を正規直交系に移す.

証明 ここでは W_n が複素計量空間の場合に証明を与えるが, W_n が実計量空間の場合は以下の証明が単純化されるだけである. まず最初に (1) $\Rightarrow$ (3) を示す. $\|x + y\|^2 = \|Tx + Ty\|^2$ より

$$\|x\|^2 + 2\operatorname{Re}(x, y) + \|y\|^2 = \|Tx\|^2 + 2\operatorname{Re}(Tx, Ty) + \|Ty\|^2$$

が得られるが, $\|x\| = \|Tx\|$, $\|y\| = \|Ty\|$ より

$$\operatorname{Re}(x, y) = \operatorname{Re}(Tx, Ty)$$

が得られる. 同様に $\|x + iy\| = \|Tx + iTy\|$ より $\operatorname{Im}(x, y) = \operatorname{Im}(Tx, Ty)$ が得られるので, $(x, y) = (Tx, Ty)$ が成立する.
(3) $\Rightarrow$ (2). $(x, y) = (Tx, Ty) = (x, T^*Ty)$. 従って

$$\text{すべての } x, y \in W_n \text{ に対して } (x, (T^*T - I_n)y) = 0$$

が成立するので, $T^*T = I_n$ である.
(2) $\Rightarrow$ (4). $\{e_k\}_{k=1}^m$ を W_n の 1 組の正規直交系とする. このとき

$$(Te_i, Te_j) = (e_i, T^*Te_j) = (e_i, e_j) = \delta_{ij}$$

であり, $\{Te_k\}_{k=1}^m$ も W_n の正規直交系である.
(4) $\Rightarrow$ (1). 正規直交系は一次独立であるので, T は W_n の正規直交基底を正規直交基底に写している. $\{e_k\}_{k=1}$ を W_n の 1 組の正規直交基底とすると

$x = \sum_{k=1}^{n} x_k e_k \in W_n$ に対して

$$\|Tx\|^2 = \left\|\sum_{k=1}^{n} x_k T e_k\right\|^2 = \sum_{k=1}^{n} |x_k|^2 = \|x\|^2.$$

□

なお W_n が実計量空間のとき，ユニタリー線形写像は直交変換と呼ばれる．さらに行列 $A \in M_n(\mathbb{C})$ が $A^*A = I_n$ を満たすとき A はユニタリー行列と呼ばれるが，この場合も A が実行列のときは $A^* = A^T$ であることから，$A^T A = I_n$ を満たす行列は直交行列と呼ばれる．

演習問題 7.25 $\vec{a}, \vec{b} \in \mathbb{E}_3$ とするとき，$|\vec{a} \times \vec{b}|^2 = |\vec{a}|^2|\vec{b}|^2 - (\vec{a}, \vec{b})^2$ が成立することを示せ．

演習問題 7.26 $\{a_k\}_{k=1}^n \subset \mathbb{C}^n$ と $\{b_k\}_{k=1}^n \subset \mathbb{C}^n$ を行ベクトル

$$a_k = (a_{k1}, a_{k2}, \ldots, a_{kn}),\ b_k = (b_{k1}, b_{k2}, \ldots, b_{kn}) \quad (1 \leq k \leq n)$$

とする．このとき行列の積について

$$\begin{pmatrix} a_1 \\ a_2 \\ \vdots \\ a_n \end{pmatrix} \begin{pmatrix} b_1 \\ b_2 \\ \vdots \\ b_n \end{pmatrix}^* = \begin{pmatrix} (a_1, b_1) & \cdots & (a_1, b_n) \\ (a_2, b_1) & \cdots & (a_2, b_n) \\ \vdots & & \vdots \\ (a_n, b_1) & \cdots & (a_n, b_n) \end{pmatrix}$$

が成立することを示せ．ただし $(\ ,\ )$ は $\mathbb{C}^n$ の内積を表す．

演習問題 7.27 $\{a_k\}_{k=1}^n \subset \mathbb{C}^n$ と $\mathbb{C}^n$ の内積 $(\ ,\ )$ から作られる Gram 行列式を $G(a_1, a_2, \ldots, a_n)$ とする．このとき $\{a_k\}_{k=1}^n$ が一次独立であることと $G(a_1, a_2, \ldots, a_n) \neq 0$ が同値であることを証明せよ（命題 7.14 の一般化）．

演習問題 7.28 (7.66) から (7.67) を導け．

演習問題 7.29 n 次元計量線形空間 W_n 上の等長的線形写像 $T: W_n \to W_n$ のランクは $\mathrm{rank}(T) = n$ であることを示せ．

演習問題 7.30 $A \in M_n(\mathbb{C})$ をユニタリー行列とする．
(1) A は正則行列であって，$A^{-1} = A^*$ であることを示せ．
(2) $|\det A| = 1$ であることを示せ．

(3) A を n 個の列ベクトル $\{a_k\}_{k=1}^n$ の横並び $A = (a_1, a_2, \ldots, a_n)$ とするとき，$\{a_k\}_{k=1}^n$ は $\mathbb{C}^n$ の 1 組の正規直交基底であることを示せ.

(4) $A \in M_n(\mathbb{R})$ が直交行列のとき，A の n 個の列ベクトルは $\mathbb{R}^n$ の正規直交基底であることを示せ.

第8章

固有値と固有ベクトル

有限次元の線形空間上の線形写像は，その線形空間の基底を用いて行列と同一視できることを第4章で学習した．そこに現れる表現行列をできるだけ単純にするひとつの考え方として，本章では複素数体 $\mathbb{C}$ 上の場合に線形写像の固有値と固有ベクトルを導入する．固有値と固有ベクトルは表現行列の単純化や簡素化に限らず，線形写像の数学的な構造を考える上でも有益である．

■ 8.1 行列の固有値・固有ベクトルと対角化

$A = (a_{ij})$ を $\mathbb{C}$ 上の n 次正方行列とする．このとき

$$Ax_\lambda = \lambda x_\lambda, \quad x_\lambda \neq 0 \tag{8.1}$$

を満たす $\lambda \in \mathbb{C}$ と $x_\lambda \in \mathbb{C}^n$ の組 $(\lambda, x_\lambda) \in \mathbb{C} \times \mathbb{C}^n$ が存在するとき，この λ を行列 A の**固有値** (eigenvalue) と呼び，$x_\lambda (\neq 0)$ を**固有ベクトル** (eigenvector) と呼ぶ[1]．(8.1) は n 次単位行列 I_n を用いて

$$(\lambda I_n - A)x_\lambda = 0 \tag{8.2}$$

と表されるので，(8.2) を満たす 0 でない $x_\lambda \in \mathbb{C}^n$ が存在するための必要十分条件 ($\to$ 演習問題6.2) は

$$\det(\lambda I_n - A) = 0 \tag{8.3}$$

である．例えば $n = 2, 3$ のとき

---

[1] "eigen" はアイゲンと読む．テキストによっては固有値を proper value, characteristic value, 固有ベクトルを proper vector, characteristic vector と表記している．また固有ベクトルを (0でない) 定数倍したものも再び固有ベクトルである．

$$A_2 = \begin{pmatrix} a & b \\ c & d \end{pmatrix} \in M_2(\mathbb{C}), \qquad A_3 = \begin{pmatrix} a_{11} & a_{12} & a_{13} \\ a_{21} & a_{22} & a_{23} \\ a_{31} & a_{32} & a_{33} \end{pmatrix} \in M_3(\mathbb{C})$$

に対して $\det(\lambda I_n - A_n)$ を具体的に計算すると,
1) $n = 2$ のとき

$$\begin{aligned}\det(\lambda I_2 - A_2) &= \lambda^2 - (a+d)\lambda + (ad - bc) \\ &= \lambda^2 - (a+d)\lambda + \det A,\end{aligned} \qquad (8.4)$$

2) $n = 3$ のとき

$$\det(\lambda I_3 - A_3) = \lambda^3 - (a_{11} + a_{22} + a_{33})\lambda^2 \\ + (a_{11}a_{22} + a_{22}a_{33} + a_{33}a_{11} - a_{12}a_{21} - a_{23}a_{32} - a_{31}a_{13})\lambda - \det A_3 \qquad (8.5)$$

が得られる. 従って固有値は (8.4) および (8.5) から得られる代数方程式の根として求めることができる. 一般に (8.3) について

$$\det(\lambda I_n - A) = \begin{pmatrix} \lambda - a_{11} & -a_{12} & \cdots & -a_{1n} \\ -a_{21} & \lambda - a_{22} & \cdots & -a_{2n} \\ & & \cdots & \\ -a_{n1} & -a_{n2} & \cdots & \lambda - a_{nn} \end{pmatrix}$$

を行列式の展開 (定理 5.2) に沿って計算すると, $\det(\lambda I_n - A)$ は λ についての n 次多項式で

$$\det(\lambda I_n - A) = \lambda^n + c_{n-1}\lambda^{n-1} + \cdots + c_1\lambda + c_0 \qquad (8.6)$$

の形に帰着される. この n 次多項式 (8.6) を n 次正方行列 A の**固有多項式**または**特性多項式** (characteristic polynomial) と呼び, 固有値は固有方程式

$$\lambda^n + c_{n-1}\lambda^{n-1} + \cdots + c_1\lambda + c_0 = 0$$

の根として得られる [2]. 行列式 $\det(\lambda I_n - A)$ の展開計算を丁寧に見ると,

---

[2] 後述のとおり, 重複度まで含めると固有方程式の全根がすべて固有値となるわけではない.

8.1 行列の固有値・固有ベクトルと対角化

(8.6) の係数の中で

$$c_{n-1} = -(a_{11} + a_{22} + \cdots + a_{nn}), \quad c_0 = (-1)^n \det A \tag{8.7}$$

であることが容易にわかる．このことは (8.4) および (8.5) の具体的な計算からも確認される．ここで n 次正方行列 $A = (a_{ij})$ に対して**トレース**（trace, 跡）と呼ばれる量を

$$\operatorname{tr} A := a_{11} + a_{22} + \cdots + a_{nn}$$

と定めると，(8.7) は $c_{n-1} = -\operatorname{tr} A$, $c_0 = (-1)^n \det A$ と表すこともできる．なお，トレースについては一般に次の命題が成立する．

> **命題 8.1** A, B を体 K 上の n 次正方行列とするとき，$\operatorname{tr}(AB) = \operatorname{tr}(BA)$ である．

再び行列の固有値に戻ると，固有方程式

$$\det(\lambda I_n - A) = \lambda^n + c_{n-1}\lambda^{n-1} + \cdots + c_1 \lambda + c_0 = 0 \tag{8.8}$$

は n 次の代数方程式であるので，代数学の基本定理（定理 1.2）によれば，重複度も含めてちょうど n 個の根が複素数の中に存在する．すなわち相異なる根を λ_k $(1 \leq k \leq l)$ とし，その重複度を m_k とすると，固有方程式は

$$\det(\lambda I_n - A) = (\lambda - \lambda_1)^{m_1}(\lambda - \lambda_2)^{m_2} \cdots (\lambda - \lambda_l)^{m_l} = 0 \tag{8.9}$$

ただし $m_1 + m_2 + \cdots + m_l = n$

となる．このとき (8.9) の各 λ_k $(1 \leq k \leq l)$ に対して零空間（= 核 (kernel)）の次元は

$$\dim N(\lambda_k I_n - A) \geq 1$$

であり，各 λ_k に対して固有ベクトル $x_k (\neq 0)$ を $\mathbb{C}^n$ において少なくとも 1 つとることができる．このとき固有値と固有ベクトルについて，次の重要な定理が成立する．

> **定理 8.1** 異なる固有値に対する固有ベクトルは，$\mathbb{C}^n$ においてお互いに一次独立である．

証明 $\{\lambda_k\}_{k=1}^l$ を n 次正方行列 A の相異なる固有値とし，λ_k に対応す

る固有ベクトルを x_k とする．このとき零空間について

$$x_k \neq 0, \quad x_k \in N(\lambda_k I_n - A), \quad x_k \notin N(\lambda_j I_n - A) \ (k \neq j) \tag{8.10}$$

であることに注意する．定理の証明としては固有ベクトル $\{x_k\}_{k=1}^{l}$ の線形結合

$$c_1 x_1 + c_2 x_2 + \cdots + c_l x_l = 0 \tag{8.11}$$

を考えたとき，この係数が $c_1 = c_2 = \cdots = c_l = 0$ となることを示す．すなわち，整数 k $(1 \leq k \leq l)$ に対して線形写像 N_k を

$$N_k := (\lambda_1 I_n - A) \cdots (\lambda_{k-1} I_n - A)(\lambda_{k+1} I_n - A) \cdots (\lambda_l I_n - A) = \prod_{j \neq k}(\lambda_j I_n - A)$$

とすると，(8.11) より

$$N_k\Big(\sum_{j=1}^{l} c_j x_j\Big) = N_k(c_1 x_1 + c_2 x_2 + \cdots + c_l x_l) = 0 \tag{8.12}$$

である．ここで N_k の線形性と (8.10) の性質から

$$N_k\Big(\sum_{j=1}^{l} c_j x_j\Big) = \sum_{j=1}^{l} c_j N_k(x_j) = c_k \prod_{j \neq k}(\lambda_j - \lambda_k) x_k \tag{8.13}$$

が得られ，$\lambda_j \neq \lambda_k$ であることから (8.12) と (8.13) より $c_k = 0$ が従う．これが $1 \leq k \leq l$ のすべての k について成立するので $c_1 = c_2 = \cdots = c_l = 0$ となり，固有ベクトル $\{x_k\}_{k=1}^{l}$ は一次独立である． □

> **定理 8.1 の系** 固有方程式 (8.8) の n 個の根がすべて単根で互いに相異なるとき，n 個の固有ベクトルがとれて，それらは $\mathbb{C}^n$ の 1 組の基底をなす．

定理8.1の系に従い，$A = (a_{ij}) \in M_n(\mathbb{C}^n)$ が相異なる n 個の固有値 $\{\lambda_k\}_{k=1}^{n}$ をもち，従って対応する n 個の固有ベクトル $\{x_k\}_{k=1}^{n}$ が $\mathbb{C}^n$ の基底である場合を考えてみよう．この n 個の列ベクトル $x_1, x_2, \ldots, x_n$ を横に並べて行列 $P = (x_1, x_2, \ldots, x_n)$ を作ると，$AP = (Ax_1, Ax_2, \ldots, Ax_n)$ であり，また $Ax_k = \lambda_k x_k$ $(1 \leq k \leq n)$ であるので

8.1 行列の固有値・固有ベクトルと対角化

$$AP = (\lambda_1 x_1, \lambda_2 x_2, \ldots, \lambda_n x_n) = P \begin{pmatrix} \lambda_1 & & & O \\ & \lambda_2 & & \\ & & \ddots & \\ O & & & \lambda_n \end{pmatrix}$$

が成立する．$\{x_k\}_{k=1}^n$ が一次独立であることからこの P は正則であり，

$$P^{-1}AP = \begin{pmatrix} \lambda_1 & & & O \\ & \lambda_2 & & \\ & & \ddots & \\ O & & & \lambda_n \end{pmatrix} \tag{8.14}$$

が成立する．正方行列 A に対してうまく正則行列 P を与えて $P^{-1}AP$ を対角行列とすることができるとき，行列 A は**対角化可能** (diagonalizable) という．この用語を使えば，次の定理が得られる．

> **定理 8.2** n 次正方行列 $A \in M_n(\mathbb{C})$ が相異なる n 個の固有値をもつとき，行列 A は対角化可能である．

> **定理 8.2 の系** $A \in M_n(\mathbb{C})$ に対する固有方程式 (8.8) が相異なる n 個の根をもつとき[3]，行列 A は対角化可能である．

次の2つの2次正方行列 A, B を考えてみよう：

$$A_2 = \begin{pmatrix} 1 & 0 \\ -2 & 2 \end{pmatrix}, \quad B_2 = \begin{pmatrix} 1 & -1 \\ 1 & 1 \end{pmatrix}. \tag{8.15}$$

(8.4) に従えば A_2 の固有方程式は $\lambda^2 - 3\lambda + 2 = 0$ でその根は $\lambda = 1, 2$ である．それぞれの場合に零空間 $N(\lambda_k I_2 - A_2)$ $(k = 1, 2)$ を考えると，$\lambda_1 = 1$ に対して固有ベクトル $x_1 = (1, 2)^T$，$\lambda_2 = 2$ に対して $x_2 = (0, 1)^T$ がとれ，

$$P = (x_1, x_2) = \begin{pmatrix} 1 & 0 \\ 2 & 1 \end{pmatrix}$$

---

[3] 固有方程式の根であって，それに対応する固有ベクトルがとれるものが固有値である．固有方程式の根が重根である場合には，「固有方程式の根」と「固有値」の用語の相異に注意を要する．

とすると，
$$P^{-1}A_2P = \begin{pmatrix} 1 & 0 \\ 0 & 2 \end{pmatrix}$$
となる．同様に B_2 については固有方程式は $\lambda^2 - 2\lambda + 2 = 0$ となり，その根は $\lambda = 1 \pm i$ である．ここで注意すべきことは，行列 B_2 は実行列であり線形空間 $\mathbb{R}^n$ 上で考えることもできるが，<u>固有値問題を考えるときは複素線形空間 $\mathbb{C}^n$ で考えることが原則</u>である．$\lambda = 1+i$ に対する固有ベクトルは $x_1 = (i,1)^T$, $\lambda_2 = 1-i$ に対する固有ベクトルは $x_2 = (-i,1)^T$ であり，
$$P = \begin{pmatrix} i & -i \\ 1 & 1 \end{pmatrix} \text{ に対して } P^{-1}B_2P = \begin{pmatrix} 1+i & 0 \\ 0 & 1-i \end{pmatrix}$$
が得られる．

行列を対角化すると，行列の冪乗の計算が容易となる．実際に対角行列
$$D = \begin{pmatrix} d_1 & & O \\ & d_2 & \\ & & \ddots \\ O & & & d_n \end{pmatrix} \in M_n(\mathbb{C})$$
の冪乗は，m が非負整数のとき
$$D^m = \begin{pmatrix} d_1{}^m & & O \\ & d_2{}^m & \\ & & \ddots \\ O & & & d_n{}^m \end{pmatrix}$$
であるので，$A \in M_n(\mathbb{C})$ が対角化されて
$$P^{-1}AP = \begin{pmatrix} \lambda_1 & & O \\ & \lambda_2 & \\ & & \ddots \\ O & & & \lambda_n \end{pmatrix}$$

8.1 行列の固有値・固有ベクトルと対角化

であれば

$$(P^{-1}AP)^m = \begin{pmatrix} \lambda_1{}^m & & & O \\ & \lambda_2{}^m & & \\ & & \ddots & \\ O & & & \lambda_n{}^m \end{pmatrix}$$

となる.一方 $(P^{-1}AP)^m = P^{-1}APP^{-1}AP\cdots P^{-1}AP = P^{-1}A^mP$ であり,従って

$$A^m = P \begin{pmatrix} \lambda_1{}^m & & & O \\ & \lambda_2{}^m & & \\ & & \ddots & \\ O & & & \lambda_n{}^m \end{pmatrix} P^{-1}$$

となる.これを利用して (8.15) で与えられた 2 次正方行列 A_2 に対して行列の指数関数 (→ 演習問題 7.9) を計算すると,$\exp(P^{-1}A_2P) = P^{-1}e^{A_2}P$ なので,

$$P^{-1}e^{A_2}P = \begin{pmatrix} 1 & 0 \\ 0 & 1 \end{pmatrix} + \sum_{k=1}^{\infty} \frac{1}{k!} \begin{pmatrix} 1^k & 0 \\ 0 & 2^k \end{pmatrix} = \begin{pmatrix} e & 0 \\ 0 & e^2 \end{pmatrix}$$

から

$$e^{A_2} = P \begin{pmatrix} e & 0 \\ 0 & e^2 \end{pmatrix} P^{-1} = \begin{pmatrix} e & 0 \\ 2(e-e^2) & 0 \end{pmatrix}$$

が得られる.

次に固有方程式が重根をもつ場合を調べるために,以下の 3 つの 3 次正方行列

$$A_3 = \begin{pmatrix} 2 & 0 & 0 \\ 0 & 2 & 0 \\ 0 & 0 & 2 \end{pmatrix}, B_3 = \begin{pmatrix} 2 & 0 & 0 \\ 0 & 2 & 1 \\ 0 & 0 & 2 \end{pmatrix}, C_3 = \begin{pmatrix} 2 & 1 & 0 \\ 0 & 2 & 1 \\ 0 & 0 & 2 \end{pmatrix},$$

を考えてみよう.この 3 つの固有方程式はいずれも $(\lambda-2)^3 = 0$ で $\lambda = 2$ が 3 重根となっている.このとき A_3 については

$$\lambda I_3 - A_3 = 2I_3 - A_3 = O \text{ (零行列)}$$

であるので零空間について $\dim N(\lambda I_3 - A_3) = 3$ であり，A_3 では固有値 $\lambda = 2$ に対して 3 つの（一次独立な）固有ベクトルとしてたとえば $(1,0,0)^T, (0,1,0)^T, (0,0,1)^T$ をとることができ，この 3 つの固有ベクトルで $\mathbb{C}^3$ の 1 組の基底を作ることができる．次に B_3 については

$$\lambda I_3 - B_3 = \begin{pmatrix} 0 & 0 & 0 \\ 0 & 0 & 1 \\ 0 & 0 & 0 \end{pmatrix}$$

となるので，$\dim N(\lambda I_3 - B_3) = 2$ であり，固有値 $\lambda = 2$ に対する一次独立な固有ベクトルとしてたとえば $(1,0,0)^T, (0,1,0)^T$ の 2 つをとることができるが[4]，一次独立な 3 つの固有ベクトルをとることができず，固有ベクトルだけから $\mathbb{C}^3$ の基底を作ることはできない．最後に $\mathbb{C}^3$ については $\dim N(\lambda I_3 - C_3) = 1$ であり，$\lambda = 2$ に対応する固有ベクトルは 1 つしかとれない．このように固有多項式の根が重根である場合には事情が複雑であるが，重複度に応じた一次独立な固有ベクトルがとれる場合には，対角化の議論は全く同じである．すなわち固有方程式が (8.9) のように

$$\det(\lambda I_n - A) = (\lambda - \lambda_1)^{m_1}(\lambda - \lambda_2)^{m_2} \cdots (\lambda - \lambda_l)^{m_l} = 0$$

となった場合でも，各 λ_k に対して m_k 個の一次独立な固有ベクトルがとれる場合には，全部で $m_1 + m_2 + \cdots + m_l = n$ 個の一次独立な固有ベクトルがあるので，この固有ベクトルを横に並べて $P = (x_1, \ldots, x_n)$ とすると $P^{-1}AP$ によって行列 A を対角化することができる．詳細は 8.4 節で述べるが，行列の対角化については定理 8.2 のほかに次の結果が知られている．

> **定理 8.3** $A \in M_n(\mathbb{C})$ が $AA^* = A^*A$ を満たしているとき，行列 A は対角化可能である．

> **定理 8.4** $A \in M_n(\mathbb{C})$ が Hermite 行列のとき，行列 A は対角化可能である．

---

[4] $\mathbb{C}^3$ の 2 次元線形部分空間 $N(2I_3 - B_3)$ の基底が $\lambda = 2$ に対応する固有ベクトルとなるので，固有ベクトルについては $\{(1,0,0)^T, (0,1,0)^T\}$ 以外の取り方も可能である．

n 次正方行列 $A \in M_n(\mathbb{C})$ が $AA^* = A^*A$ を満たしているとき，行列 A は**正規行列** (normal matrix) と呼ばれる．Hermite 行列は $A^* = A$ を満たすので，正規行列にもなっている．また，ユニタリー行列と直交行列もともに正規行列であり，対角化可能である．

演習問題 8.1 $A = (a_{ij}), B = (b_{ij})$ のとき，行列の積の計算によってトレースに対する命題 8.1 を示せ．

演習問題 8.2 行列式 $\det(\lambda I_n - A)$ の展開計算を利用して (8.7) を示せ．

演習問題 8.3 2 次正方行列 $A = \begin{pmatrix} a & b \\ c & d \end{pmatrix}$ に対して，その固有方程式 (8.4) を利用すると $A^2 - (a+d)A + (ad-bc)I_2 = 0$ となることを示せ．

演習問題 8.4 $A = \begin{pmatrix} 9 & 26 & -20 \\ 2 & 6 & -4 \\ 6 & 18 & -13 \end{pmatrix}$ のすべての固有値と固有ベクトルを求め，A を対角化せよ．

演習問題 8.5 $A, B, P \in M_n(\mathbb{C})$ とし，P は正則であるとする．$B = P^{-1}AP$ が成立するとき A と B は相似であるという．
(1) A と B とが相似なとき，$\operatorname{tr} A = \operatorname{tr} B$, $\det A = \det B$ であることを示せ．
(2) A と B とが相似なとき，その両者の固有多項式は一致することを示せ．

8.2 線形写像とその固有値

ここでは線形空間は複素数体 $\mathbb{C}$ 上で考えるものとし，線形空間 V_n は $\mathbb{C}$ 上の n 次元線形空間を意味するものとする．線形写像 $T: V_n \to V_n$ について，具体的な計算をする場合には 4.4 節で学習したように行列を用いた線形写像の表現が便利である．すなわち V_n の 1 組の基底 $\{e_k\}_{k=1}^n$ に対して

$$Te_j = \sum_{i=1}^n a_{ij} e_i \quad (1 \leq j \leq n)^{[5]} \tag{8.16}$$

とし，$Te_j \in V_n$ と $a_j := (a_{1j}, a_{2j}, \ldots, a_{nj})^T \in \mathbb{C}^n$ を同一視して $a_j = Te_j$ $(1 \leq j \leq n)$ と表すことにすると，線形写像 T の表現行列 A は縦ベクトルを横に並べて

---

[5] 線形写像 $T: V_n \to V_n$ について，$x \in V_n$ のとき Tx と $T(x)$ は同じ意味で用いている．

$$A = (a_1, a_2, \ldots, a_n) = (Te_1, Te_2, \ldots, Te_n) \tag{8.17}$$

となる．この表現行列をできるだけ単純にするような基底を選ぶため，線形写像 T の固有ベクトルを考える．

線形写像 $T: V_n \to V_n$ に対し，

$$Tx_\lambda = \lambda x_\lambda, \quad x_\lambda \neq 0 \tag{8.18}$$

を満たす $\lambda \in \mathbb{C}$ と $x_\lambda \in V_n$ の組 $(\lambda, x_\lambda) \in \mathbb{C} \times V_n$ が存在するとき，この λ を線形写像 T の**固有値**といい，x_λ を固有値 λ に対する**固有ベクトル**という．$\mathbb{C}$ 上の n 次正方行列 $B = (b_{ij})$ に対して $B: \mathbb{C}^n \to \mathbb{C}^n$ は典型的な線形写像であり，前節で定めた行列の固有値・固有ベクトルとここで定める線形写像の固有値・固有ベクトルは対応していることがわかる．I_n を線形空間 V_n 上の恒等写像とすると，(8.18) は

$$(\lambda I_n - T)x_\lambda = 0, \quad x_\lambda \neq 0 \tag{8.19}$$

と同値であり[6]，$\lambda \in \mathbb{C}$ が T の固有値であるための必要十分条件は零空間について $N(\lambda I_n - T) \neq \{0\}$ が成立することである[7]．また $N(\lambda I_n - T) \neq \{0\}$ のとき，V_n の線形部分空間 $N(\lambda I_n - T)$ を線形写像 T の固有値 λ に対する**固有空間** (eigenspace) と呼ぶが，この用語によると固有空間 $N(\lambda I_n - T)$ の 0 でない元が固有値 λ に対する（線形写像 T の）固有ベクトルである．また線形空間 V_n が関数の作る線形空間のとき，固有空間 $N(\lambda I_n - T)$ の元を固有関数と呼ぶこともある．また線形写像 T に対して $N(\lambda I_n - T) \neq \{0\}$ となるような $\lambda \in \mathbb{C}$ を T の（点）スペクトル (spectrum) と呼ぶこともある．行列の場合には連立方程式によって固有値・固有ベクトルを求めたが，一般の線形写像の場合は次の命題によって固有値・固有ベクトルの存在が保証される．

命題 8.2　　V_n を有限次元の線形空間とするとき，線形写像 $T: V_n \to V_n$ には少なくとも 1 つの固有値・固有ベクトルが存在する．

証明　　V_n が有限次元なので，

---

[6] テキストによっては，$\lambda I_n - T$ を $\lambda - T$ と表している．
[7] $N(\lambda I_n - T)$ は V_n の線形部分空間であり，$N(\lambda I_n - T) \neq \{0\}$ と $\dim N(\lambda I_n - T) \geq 1$ とは同値である．

$\{T^k x\}_{k=0}^{N-1}$ は一次独立であるが $\{T^k x\}_{k=0}^{N}$ は一次従属

となるような $x \in V_n, x \neq 0$ と整数 N $(1 \leq N \leq n)$ が存在する[8]．このとき一次従属性から，ある $\{c_k\}_{k=0}^{N-1} \subset \mathbb{C}$ について

$$T^N x = c_{N-1} T^{N-1} x + \cdots + c_1 T x + c_0 x \tag{8.20}$$

が成立する．この (8.20) に対応して N 次代数方程式 $\lambda^N = c_{N-1}\lambda^{N-1} + \cdots + c_1 \lambda + c_0$ を考えると，代数学の基本定理（定理 1.2）によりこの N 次式は

$$\prod_{j=1}^{l} (\lambda - \lambda_j)^{m_j} = 0, \quad m_1 + m_2 + \cdots + m_l = N$$

の形に因数分解される．さらにこの相異なる根 $\{\lambda_j\}_{j=1}^{l}$ を用いると，(8.20) は

$$\prod_{j=1}^{l} (T - \lambda_j I_n)^{m_j} x = 0 \tag{8.21}$$

の形に整理される．ここですべての j について線形写像 $T - \lambda_j I_n : V_n \to V_n$ が全単射であれば $x = 0$ となり，$x \neq 0$ の仮定と矛盾する．従って少なくとも 1 つの j について $T - \lambda_j I_n$ は全単射ではなく，$N(T - \lambda_j I_n) \neq \{0\}$ を満たすことになり，固有値・固有ベクトルが存在する． □

この議論は線形空間 V_n が有限次元であることに基づいていることに注意する．線形写像の固有値・固有ベクトルの具体的な求め方は，後述の通り表現行列を利用することになるが，理論面では固有値・固有ベクトルについては定理 8.1 と同様に次の定理が成立する．

定理 8.5 線形写像 $T : V_n \to V_n$ の異なる固有値に対する固有ベクトルは一次独立である．

次に一般化固有空間という考え方を導入する．$\lambda \in \mathbb{C}$ を線形写像 T の固有値とし，k を 1 以上の整数とするとき，V_n 上の線形写像 $(\lambda I_n - T)^k$ を考え，その零空間によって

$$W_\lambda^{(k)} := N((\lambda I_n - T)^k)$$

---

[8] 自明な偽の全称命題 "$x \neq 0$ のとき，すべての x について，$\{T^k x\}_{k=0}^{\infty}$ が V_n の中で一次独立" の否定を考えよ．

を定める．このとき $x_0 \in N((\lambda I_n - T)^k)$ であれば $x_0 \in N((\lambda I_n - T)^{k+1})$ であるので，$W_\lambda^{(k)} \subset W_\lambda^{(k+1)}$ が成立する．V_n が n 次元であることから V_n の線形部分空間 $W_\lambda^{(k)}$ の次元は n 以下であり，増大する線形部分空間について

$$W_\lambda^{(1)} \subset W_\lambda^{(2)} \subset \cdots \subset W_\lambda^{(p-1)} \subsetneq W_\lambda^{(p)} = W_\lambda^{(p+1)} = \cdots \subset V_n \tag{8.22}$$

となるような正の整数 p が存在する．このとき $W_\lambda^{(p)}$ を固有値 λ に対する**一般化固有空間**といい，0 でない $W_\lambda^{(p)}$ の元を固有値 λ に対する**広義の固有ベクトル**という．特に $W_\lambda^{(k)} \setminus W_\lambda^{(k-1)}$ ($k \leq p$) の元を，固有値 λ に対する k **位の固有ベクトル**という[9]．また固有値 λ に対して

$$W_\lambda := \bigcup_{q \geq 1} W_\lambda^{(q)}$$

とすると，(8.22) より $W_\lambda = W_\lambda^{(p)}$ である．以下では固有値 λ に対する一般化固有空間は W_λ と表し，$W_\lambda = W_\lambda^{(p)}$ と表すときの整数 p は (8.22) から定まる値とする．なお，$p = 1$ のときは一般化固有空間と固有空間は一致している．異なる固有値に対する一般化固有空間の元は一次独立であり，定理としてまとめると次のようになる．

> **定理 8.6** $\{\lambda_k\}_{k=1}^l$ を線形写像 $T : V_n \to V_n$ の相異なる固有値とし，固有値 λ_k に対応する一般化固有空間を W_k とする[10]．このとき $\{x_k\}_{k=1}^l$ を
>
> $$x_k \in W_k, \quad x_k \neq 0 \quad (1 \leq k \leq l)$$
>
> とすると，$\{x_k\}_{k=1}^l$ は線形空間 V_n において一次独立である．

証明 定理 8.1 の証明の場合と同様に線形結合

$$c_1 x_1 + c_2 x_2 + \cdots + c_l x_l = 0 \tag{8.23}$$

を考えて，$c_1 = c_2 = \cdots = c_l = 0$ を示す．各 x_k が固有値 λ_k に対する m_k 位の固有ベクトルであるとすると，

---

[9] $W_\lambda^{(0)} = \{0\}$ と定めると，位数 1 の固有ベクトルは (8.18) で定められる固有ベクトルのことである．
[10] $W_k = W_{\lambda_k}$ を意味する．

$$w_k := (\lambda_k I_n - T)^{m_k - 1} x_k \quad (1 \leq k \leq l)$$

は λ に対する固有ベクトルである（→ 演習問題 8.7）．ここで (8.23) より

$$\Big(\prod_{j=1}^{l}(\lambda_j I_n - T)^{m_j-1}\Big)\Big(\sum_{k=1}^{l} c_k x_k\Big) = 0$$

であるが，この左辺を計算すると

$$\prod_{j=1}^{l}(\lambda_j I_n - T)^{m_j-1}\Big(\sum_{k=1}^{l} c_k x_k\Big) = \sum_{k=1}^{l} c_k \Big\{\Big(\prod_{j=1}^{l}(\lambda_j I_n - T)^{m_j-1}\Big)x_k\Big\}$$

$$= \sum_{k=1}^{l} c_k \prod_{j \neq k}(\lambda_j I_n - T)^{m_j-1} w_k$$

$$= \sum_{k=1}^{l} c_k \prod_{j \neq k}(\lambda_j - \lambda_k)^{m_j-1} w_k$$

が得られる．$\{\lambda_k\}_{k=1}^{l}$ が相異なることと $\{w_k\}_{k=1}^{l}$ の一次独立性（→ 定理 8.5）より $c_1 = c_2 = \cdots = c_l = 0$ が従う． □

ここで 7.5 節で導入した線形部分空間の直和を思い出すと，命題 7.6 より次の結果が得られる．

> **定理 8.6 の系** 定理 8.6 と同じ仮定のもとで，
>
> $$W_1 + W_2 + \cdots + W_l = W_1 \oplus W_2 \oplus \cdots \oplus W_l$$
>
> である．

以上の準備のもとで，線形写像のすべての（相異なる）固有値を利用して

$$V_n = W_1 \oplus W_2 \oplus \cdots \oplus W_l$$

となることを示し，これを利用して線形写像 T の表現行列の単純化を図ることがこれからの目標である．その準備のために，"線形写像 T について不変" な線形部分空間という考え方を導入しておく．

> **定義 8.1** (T-不変な線形部分空間)　W を線形空間 V_n の線形部分空間とする．このとき線形写像 $T: V_n \to V_n$ に対して
>
> $$w \in W\ \text{であれば}\ Tw \in W$$
>
> を満たすとき[11]，W を T-不変な線形部分空間（あるいは簡単に，T-不変な線形空間）という．

一般化固有空間 W_λ は T-不変な線形空間である．実際 $w \in W$ を k 位の固有ベクトルとすると，$(\lambda I_n - T)^k w = 0$ を満たすが，

$$\begin{aligned}(\lambda I_n - T)^k (Tw) &= (\lambda I_n - T)^k (Tw - \lambda w + \lambda w) \\ &= -(\lambda I_n - T)^{k+1} w + \lambda (\lambda I_n - T)^k w \\ &= 0\end{aligned}$$

であり，$Tw \in W_\lambda$ であることがわかる．また 1 以上の整数 m に対して，値域 $R((\lambda I_n - T)^m)$ も T-不変である．実際，$y \in R((\lambda I_n - T)^m)$ については

$$y = (\lambda I_n - T)^m x, \quad x \in V_n$$

となる x が存在するが，

$$\begin{aligned}Ty &= T((\lambda I_n - T)^m x) \\ &= (\lambda I_n - T)^m (Tx)\end{aligned}$$

で $Ty \in R((\lambda I_n - T)^m)$ となり，$R((\lambda I_n - T)^m)$ が T-不変であることがわかる．V_n の直和分解を示すために，いくつかの命題を準備しておく．

> **命題 8.3**　$\lambda \in \mathbb{C}$ を線形写像 $T: V_n \to V_n$ の固有値とし，(8.22) によって p を定めて一般化固有空間を $W_\lambda = W_\lambda^{(p)}$ とする．このとき $V_n = W_\lambda \oplus R((\lambda I_n - T)^p)$ である．

---

[11] "$w \in W$ であれば $Tw \in W$" は $T(W) \subset W$ と表してもよい．

証明 $R((\lambda I_n - T)^p)$ を R_λ と表すことにし，$y \in W_\lambda \cap R_\lambda$ とすると $y \in R_\lambda$ より

$$y = (\lambda I_n - T)^p x$$

を満たす $x \in V_n$ が存在する．また $y \in W_\lambda^{(p)}$ であることから

$$(\lambda I_n - T)^{2p} x = (\lambda I_n - T)^p y = 0$$

となり，$x \in W_\lambda^{(2p)}$ となる．ここで p の定め方を思い出すと $W_\lambda^{(2p)} = W_\lambda^{(p)}$ であり，$x \in W_\lambda^{(p)}$ となることから $y = 0$ を得る．すなわち $W_\lambda \cap R_\lambda = \{0\}$ である．一方で線形写像 $(\lambda I_n - T)^p : V_n \to V_n$ に次元定理（定理 4.2, (4.23)）を適用すると

$$\dim V_n = \dim W_\lambda + \dim R_\lambda$$

が成立するので $V_n = W_\lambda + R_\lambda$ であり，$V_n = W_\lambda \oplus R_\lambda$ であることがわかる． □

ここで $\dim W_\lambda = m$ とし W_λ の基底 $\{e_i\}_{i=1}^m$ と R_λ の基底 $\{f_i\}_{i=m+1}^n$ を考えると，$\{e_i\}_{i=1}^m \cup \{f_i\}_{i=m+1}^n$ は V_n の 1 組の基底であり，W_λ と R_λ はそれぞれ T-不変な線形空間であることから

$$T e_j = \sum_{i=1}^m a_{ij} e_j \ (1 \leq j \leq m), \quad T f_j = \sum_{i=m+1}^n b_{ij} f_j \ (m+1 \leq j \leq n)$$

となることがわかる．従ってこの基底による T の表現行列は (8.17) より

$$(Te_1, \ldots, Te_m, Tf_{m+1}, \ldots, Tf_n) = \begin{pmatrix} A & O \\ O & B \end{pmatrix} \tag{8.24}$$

$$A = (a_{ij}) \in M_m(\mathbb{C}), \quad B = (b_{ij}) \in M_{n-m}(\mathbb{C})$$

という 2 つの "ブロック" に分かれた行列である．これは T-不変な線形部分空間の基底を用いて V_n の基底を作ると，T の表現行列が単純な形になることを示唆している．

次に相異なる 2 つの固有値 λ, μ に対して W_λ, W_μ を考えると，単に W_λ と W_μ の元が一次独立であるだけでなく，次のいくつかの命題が成立する．

命題 8.4

λ, μ を線形写像 $T : V_n \to V_n$ の相異なる固有値とするとき，命題8.3の記号を用いて

$$W_\mu \subset R_\lambda = R((\lambda I_n - T)^p)$$

である．

証明 命題8.3より $W_\mu \subset W_\lambda \oplus R_\lambda$ であるので，$w \in W_\mu$ は

$$w = x + y, \quad x \in W_\lambda, \quad y \in R_\lambda$$

と表される．ここで

$$x \text{ は}\lambda\text{に対する} m \text{位の固有ベクトル}$$
$$w \text{ は}\mu\text{に対する} m' \text{位の固有ベクトル}$$

とすると，

$$(\lambda I_n - T)^{m-1}(\mu I_n - T)^{m'} w = 0$$

が成立する．$w = x + y$ を用いてこの式を詳しく計算すると，

$$(\lambda I_n - T)^{m-1}(\mu I_n - T)^{m'} w$$
$$= (\mu I_n - T)^{m'}(\lambda I_n - T)^{m-1} x + (\lambda I_n - T)^{m-1}(\mu I_n - T)^{m'} y$$
$$= (\mu - \lambda)^{m'}\{(\lambda I_n - T)^{m-1} x\} + (\lambda I_n - T)^{m-1}(\mu I_n - T)^{m'} y$$

であるので[12]，

$$(\mu - \lambda)^{m'}\{(\lambda I_n - T)^{m-1} x\} = -(\lambda I_n - T)^{m-1}(\mu I_n - T)^{m'} y$$

が得られる．R_λ は T-不変であることから $y \in R_\lambda$ に対して

$$(\lambda I_n - T)^{m-1}(\mu I_n - T)^{m'} y \in R_\lambda$$

であり，$W_\lambda \cap R_\lambda = \{0\}$ であることから $x = 0$ でなければならない．すなわち $w \in W_\mu$ であれば $w \in R_\lambda$ であり，$W_\mu \subset R_\lambda$ が成立する． □

---

[12] $(\lambda I_n - T)^{m-1} x$ は λ に対する T の固有ベクトルである（→ 演習問題 8.7）．

8.2 線形写像とその固有値

命題 8.5 W_1 と W_2 は線形空間 V_n の $\{0\}$ ではない部分空間とし，$T: V_n \to V_n$ を線形写像とする．W_1 と W_2 がそれぞれ T-不変であって $V_n = W_1 \oplus W_2$ とするとき，W_1, W_2 にはそれぞれ少なくとも1つの固有ベクトルが存在する[13]．

証明 W_1 について考えると，W_1 は T-不変であり，線形写像 $T: W_1 \to W_1$ を考えると[14]，命題 8.2 より少なくとも1つの固有値・固有ベクトルが存在する．W_2 についても同様である．□

命題 8.6 $\{\lambda_k\}_{k=1}^{l}$ を線形写像 T の相異なる固有値とするとき，$1 \le k \le l$ について

$$V_n = W_1 \oplus \cdots \oplus W_k \oplus J_k, \quad J_k \supset W_{k+1} \oplus \cdots \oplus W_l, \quad J_k \text{ は } T\text{-不変},$$

となるような線形部分空間 J_k が存在する．ただし $W_k := W_{\lambda_k}$ ($1 \le k \le l$) である．

証明 数学的帰納法によって証明する．
(i) $k = 1$ のとき，命題 8.3 に従って $J_1 := R_{\lambda_1}$ とすると $V_n = W_1 \oplus J_1$ である．このとき $J_1 = R_{\lambda_1}$ は T-不変である．また命題 8.4 より $W_m \subset J_1$ ($2 \le m \le l$) であり，定理 8.6 の系から

$$J_1 \supset W_2 \oplus \cdots \oplus W_l$$

となり，$k = 1$ のときにこの命題は示された．
(ii) $k = m$ で命題が成立するとする．このとき命題 8.5 に従い T の定義域を J_m に制限して $T: J_m \to J_m$ を考えると，(i) と同様の議論によって

$$J_m = W_{m+1} \oplus J_{m+1}, \quad J_{m+1} \supset W_{m+2} \oplus \cdots \oplus W_l, \quad J_{m+1} \text{ は } T\text{-不変},$$

が成立する．従って帰納法の仮定と併せると，$k = m + 1$ のときにもこの命

---

[13] 命題 8.3 により $V_n = W_\lambda \oplus R_\lambda$ となるとき，部分空間 R_λ における固有値は λ を含むことはない．
[14] W_1 を V_n の線形部分空間とするとき，V_n 上の線形写像 T の定義域を W_1 に限定して考えることを線形写像 T の W_1 への制限といい，$T|_{W_1}$ と表すこともある．

題は成立する. □

以上の準備のもとで，目標としていた V_n の直和分解についての次の定理が得られる．

> **定理 8.7** $\{\lambda_k\}_{k=1}^{l}$ を線形写像 $T: V_n \to V_n$ の相異なる<u>すべて</u>の固有値とし，固有値 λ_k に対する一般化固有空間を W_k とする．このとき
> $$V_n = W_1 \oplus W_2 \oplus \cdots \oplus W_l \tag{8.25}$$
> である．

証明 命題 8.6 より T-不変な V_n の線形部分空間 J_l が存在して

$$V_n = W_1 \oplus \cdots \oplus W_l \oplus J_l$$

となる．$J_l \neq \{0\}$ と仮定して T の定義域を J_l に限定して線形写像 $T: J_l \to J_l$ を考えると，命題 8.5 より J_l は少なくとも 1 つの固有値の固有ベクトルをもたねばならない．これは $\{\lambda_k\}_{k=1}^{l}$ が T の固有値のすべてであることと矛盾し，$J_l = \{0\}$ であり，(8.25) が成立する． □

線形空間 V_n を T-不変な線形部分空間の直和の形にすれば，(8.24) の場合と同様に T の表現行列は簡単なものとなる．(8.25) において $\dim W_k = m_k \, (1 \leq k \leq l)$ とし，各 W_k の基底を合わせて V_n の基底とすると，線形写像 T の表現行列 A は

$$A = \begin{pmatrix} A_1 & & & O \\ & A_2 & & \\ & & \ddots & \\ O & & & A_l \end{pmatrix}, \quad A_k \text{ は } m_k \text{ 次の正方行列} \tag{8.26}$$

となる．(8.24) や (8.26) のように小さな正方行列が対角部分に並ぶような行列を，**ブロック対角行列**という．すなわち線形空間を (8.25) の一般化固有空間の直和とし，各部分空間 W_k の基底をあわせて V_n の基底として線形写像 $T: V_n \to V_n$ の表現行列を考えると，この行列はブロック対角行列という簡単なものになる．

8.2 線形写像とその固有値

次に一般化固有空間 W_k の基底を求める具体的な方法を考えてみよう. V_n に 1 組の基底 $\{e_k\}_{k=1}^n$ を導入し,(8.16) および (8.17) に従って線形写像 $T: V_n \to V_n$ の表現行列 $A = (a_{ij}) \in M_n(\mathbb{C})$ を求める.このとき線形写像 T の固有値問題 (8.19) は,固有ベクトル $x_\lambda (\neq 0)$ を $x_\lambda = x_1 e_1 + \cdots + x_n e_n$ とすると,

$$(\lambda I_n - A) \begin{pmatrix} x_1 \\ \vdots \\ x_n \end{pmatrix} = 0, \quad \begin{pmatrix} x_1 \\ \vdots \\ x_n \end{pmatrix} \neq 0 \tag{8.27}$$

を満たす $\lambda \in \mathbb{C}$ と $(x_1, \ldots, x_n)^T \in \mathbb{C}^n$ を求める問題に帰着される.これは前節で述べた正方行列の固有値問題にほかならず,(8.3) の通り λ についての n 次代数方程式

$$\det(\lambda I_n - A) = 0 \tag{8.28}$$

によってすべての固有値は得られる.また各固有値 λ に対して,(8.27) を斉次連立方程式と考えることで $(x_1, \ldots, x_n)^T \in \mathbb{C}^n$ が求められ,固有ベクトル $x_\lambda \in V_n$ が基底を介して得られる.

ここで心配になることは,線形空間 V_n の基底の取り方が変われば V_n 上の線形写像 T の表現行列は変わるので,基底の取り方によって線形写像の固有値が変化するのではないかということである.この疑問に答えるのが,4.7 節で学習した基底の変換の考え方である.

$\{e_k\}_{k=1}^n$ と $\{f_k\}_{k=1}^n$ をともに線形空間 V_n の基底とし,(4.24) と同様に

$$T(e_j) = \sum_{i=1}^n a_{ij} e_i, \quad T(f_j) = \sum_{i=1}^n b_{ij} f_i \quad (1 \leq j \leq n)$$

とし,それぞれの基底に対する線形写像 T の表現行列 $A = (a_{ij})$ と $B = (b_{ij})$ とを定める.次に基底 $\{f_k\}_{k=1}^n$ から基底 $\{e_k\}_{k=1}^n$ への基底変換行列を $P = (p_{ij}) \in M_n(\mathbb{C})$ とすると,P は正則行列であって

$$e_j = \sum_{i=1}^n p_{ij} f_i \quad (1 \leq j \leq n)$$

となる.このとき命題 4.11 より $PA = BP$ すなわち $B = P^{-1}AP$ が成立する[15].ここで基底 $\{f_k\}_{k=1}^n$ による表現行列 B によって線形写像 T の固有

---
[15] 行列 A と行列 B が相似であることを意味している($\to$ 演習問題 8.5).

値を求めようとすると，(8.28) と同様に，λ の代数方程式 $\det(\lambda I_n - B) = 0$ に帰着される．このとき

$$\begin{aligned}\det(\lambda I_n - B) &= \det(\lambda P^{-1}P - P^{-1}AP) \\ &= \det P^{-1} \det(\lambda I_n - A) \det P \\ &= \det(\lambda I_n - A)\end{aligned}$$

であることから，行列 A の固有方程式と行列 B の固有方程式は λ の代数方程式として一致することがわかる（→ 演習問題 8.5(2)）．すなわち (8.6) と同様に固有多項式を

$$\det(\lambda I_n - A) = \lambda^n + c_{n-1}\lambda^{n-1} + \cdots + c_1\lambda_1 + c_0 \qquad (8.29)$$

と表すと，この多項式の係数 $\{c_k\}_{k=0}^{n-1}$ は V_n の基底の取り方に依存しないので，線形写像 T に固有なものであることがわかる．従って (8.29) から得られる代数方程式

$$\lambda^n + c_{n-1}\lambda^{n-1} + \cdots + c_1\lambda_1 + c_0 = 0 \qquad (8.30)$$

を線形写像 T の固有方程式という．さらに (8.7) の関係式を逆に辿って線形写像 T のトレースと行列式を

$$\operatorname{tr} T := -c_{n-1}, \quad \det T = (-1)^n c_0 \qquad (8.31)$$

によって定めることもある．ひとたび基底を定め，固有方程式の根が求められれば，固有ベクトルおよび一般化固有空間 $W_k = W_k^{(p)} = N((\lambda_k I_n - T)^p)$ の元は T の表現行列 A を用いて

$$\text{固有ベクトル：斉次連立方程式} \quad (\lambda I_n - A)\begin{pmatrix} x_1 \\ \vdots \\ x_n \end{pmatrix} = 0,$$

$$\text{一般化固有ベクトル：斉次連立方程式} \quad (\lambda I_n - A)^p \begin{pmatrix} x_1 \\ \vdots \\ x_n \end{pmatrix} = 0$$

8.2 線形写像とその固有値

の 0 でない解を求めることによって得られる．

第 4.5 節の例 4.8 の通り，xy 平面上で直線 $y = x \tan\theta$ ($0 \leq \theta \leq \pi, \theta \neq \frac{\pi}{2}$) について対称移動させる写像 S は $\mathbb{E}_2$ の線形写像である．xy 平面上で $\mathbb{E}_2$ の標準基底 $\vec{e}_x, \vec{e}_y$ をとって線形写像 S の表現行列を求めると

$$R = \begin{pmatrix} \cos 2\theta & \sin 2\theta \\ \sin 2\theta & -\cos 2\theta \end{pmatrix} \tag{8.32}$$

であり，線形写像 S の固有値を求めることは行列 R の固有値を求めることに帰着される．簡単な計算から線形写像 S の固有方程式は $\lambda^2 - 1 = 0$ となり，固有方程式の根として $\lambda_1 = 1, \lambda_2 = -1$ が得られる．このそれぞれについて斉次連立方程式

$$(\lambda_k I_2 - R) \begin{pmatrix} x_1 \\ x_2 \end{pmatrix} = \begin{pmatrix} 0 \\ 0 \end{pmatrix}, \quad (k = 1, 2)$$

を考えることにより，S の固有値・固有ベクトルとして

$$\lambda_1 = 1 \text{ のとき } \begin{pmatrix} \cos\theta \\ \sin\theta \end{pmatrix}, \quad \lambda_2 = -1 \text{ のとき } \begin{pmatrix} \sin\theta \\ -\cos\theta \end{pmatrix}$$

が得られる．この例では一般化固有空間 W_k と固有空間 $W_k^{(1)}$ ($k = 1, 2$) は一致しているので，

$$W_1 = \langle \begin{pmatrix} \cos\theta \\ \sin\theta \end{pmatrix} \rangle, \quad W_2 = \langle \begin{pmatrix} \sin\theta \\ -\cos\theta \end{pmatrix} \rangle$$

に対して $\mathbb{E}_2 = W_1 \oplus W_2$ であり，W_1 と W_2 の基底によって $\mathbb{E}_2$ の基底とすると [16]，線形写像 S の表現行列は

$$R' = \begin{pmatrix} 1 & 0 \\ 0 & -1 \end{pmatrix} \tag{8.33}$$

となる [17]．なお，この線形写像 S のトレースは $\operatorname{tr} S = 0$ である．

[16) 初めは標準基底 $\vec{e}_x, \vec{e}_y$ によって $\mathbb{E}_2 = \langle \vec{e}_x, \vec{e}_y \rangle$ としていたが，基底を変えて $\mathbb{E}_2 = \langle \begin{pmatrix} \cos\theta \\ \sin\theta \end{pmatrix}, \begin{pmatrix} \sin\theta \\ -\cos\theta \end{pmatrix} \rangle$ とするという意味である．
[17) (8.32) の行列 R と (8.33) の行列 R' は，相似である．

この例の線形写像 S のように，うまく基底を選ぶと線形写像の表現行列が対角行列となるとき，その線形写像は**対角化可能** (diagonalizable) という．前節で学習した行列の対角化と，行列を線形写像と考えたときの（線形写像の）対角化は，全く同一のものである．既に述べたように一般化固有空間による線形空間の直和分解 (8.25) を利用すると，線形写像 $T : V_n \to V_n$ の表現行列は (8.26) のようにブロック対角行列となる．従って線形写像が対角化可能であるための必要十分条件は，(8.26) に現れるすべての m_k 次小行列 A_k が対角行列となるような W_k の基底が存在することであり，それは W_k の基底が線形写像 T の固有値 λ_k に対する固有ベクトルからなることと同値である．すなわち (8.22) で定まる $W_k^{(p)}$ の記号を用いると

$$W_k = W_k^{(1)} \quad (1 \leq k \leq l) \tag{8.34}$$

が成立することが線形写像が対角化可能であるための必要十分条件であり，対偶を考えると，少なくとも 1 つの k について $W_k^{(1)} \subsetneq W_k$ が成立するときは線形写像の表現行列は対角行列となることはない．たとえば前節でも扱った 3 次正方行列

$$A_3 = \begin{pmatrix} 2 & 0 & 0 \\ 0 & 2 & 0 \\ 0 & 0 & 2 \end{pmatrix}, B_3 = \begin{pmatrix} 2 & 0 & 0 \\ 0 & 2 & 1 \\ 0 & 0 & 2 \end{pmatrix}, C_3 = \begin{pmatrix} 2 & 1 & 0 \\ 0 & 2 & 1 \\ 0 & 0 & 2 \end{pmatrix}$$

を線形空間 $\mathbb{C}^3$ 上の線形写像と考えると，その固有方程式はともに $(\lambda - 2)^3 = 0$ である．このとき，固有値 $\lambda = 2$ に対して $\dim N(2I_3 - A_3) = 3$, $N(2I_3 - A_3) = \mathbb{C}^3$ であり，線形写像 A_3 の固有値 $\lambda = 2$ に対して一次独立な固有ベクトルを 3 つとることができる．前節では $\{(1,0,0)^T, (0,1,0)^T, (0,0,1)^T\}$ を固有ベクトルとして採用したが，たとえば $\{(1,0,0)^T, (1,1,0)^T, (1,1,1)^T\}$ を固有ベクトルとして採用しても理論上は差しつかえない．B_3 に対しては $\dim N(2I_3 - B_3) = 2$ であり，固有値 $\lambda = 2$ に対する一次独立な 2 つの固有ベクトルとして，たとえば，$\{(1,0,0)^T, (0,1,0)^T\}$ をとることができる．しかし，固有値 $\lambda = 2$ に対する一般化固有空間 W_λ は

$$W_\lambda = N((2I_3 - B_3)^2) = \mathbb{C}^3, \quad W_\lambda^{(1)} \subsetneq W_\lambda = W_\lambda^{(2)}$$

であり，どのように基底を選んでも B_3 を対角化することはできない．さら

8.2 線形写像とその固有値

に C_3 については

$$\dim N(2I_3 - C_3) = 1, \quad W_\lambda = N((2I_3 - C_3)^3) = \mathbb{C}^3, \quad W_\lambda^{(1)} \subsetneq W_\lambda = W_\lambda^{(3)}$$

であり，線形写像 C_3 も対角化することはできない．

固有方程式 (8.31) は複素数 $\mathbb{C}$ の中では

$$\lambda^n + c_{n-1}\lambda^{n-1} + \cdots + c_0 = \prod_{k=1}^{l}(\lambda - \lambda_k)^{m_k} \tag{8.35}$$

$$m_1 + m_2 + \cdots + m_l = n$$

と因数分解される．このとき，固有方程式の全根が単根である，すなわち (8.35) が相異なる n 個の $\{\lambda_k\}_{k=1}^n$ に対して $m_1 = m_2 = \cdots = m_n = 1$ となることは，(8.34) が成立するための1つの十分条件である[18]．8.1節で述べた通り $A \in M_n(\mathbb{C})$ が Hermite 行列であること（定理 8.4）や正規行列であること（定理 8.3）も，対角化可能の条件 (8.34) に対する十分条件である．

最後に一般化固有空間を利用したブロック対角化 (8.26) において，固有値 λ_k に対応する一般化固有空間の次元 $\dim W_k$ と[19]，固有値 λ_k の (8.35) における重複度が一致していることに注意しておこう．線形写像 $T: V_n \to V_n$ に対して，T-不変な2つの線形部分空間 W_1, W_2 によって V_n を直和分解して $V_n = W_1 \oplus W_2$ とする．命題 8.3 の証明と同様に $\{e_i\}_{i=1}^m$ を W_1 の基底とし，$\{f_i\}_{i=m+1}^n$ を W_2 の基底として T の表現行列を考えると，(8.24) のように

$$\begin{pmatrix} A & O \\ O & B \end{pmatrix}, \quad A \in M_m(\mathbb{C}), B \in M_{n-m}(\mathbb{C})$$

とすると，

$$\det \begin{pmatrix} \lambda I_m - A & O \\ O & \lambda I_{n-m} - B \end{pmatrix} = \det(\lambda I_m - A)\det(\lambda I_{n-m} - B)$$

となる．次に T の定義域を W_1 に制限して $T: W_1 \to W_2$ を考え，ここで T の固有値問題を考えると，その固有多項式は $\det(\lambda I_m - A)$ である．これら

---

[18] 行列の対角化についての定理 8.2 と同じ意味である．
[19] (8.26) における各小行列 A_k のサイズ m_k は，$m_k = \dim W_k$ である．

のことから，T-不変な線形部分空間上での固有多項式は，元の固有多項式を割り切っていることがわかる．$T: V_n \to V_n$ の各固有値 λ_k に対する一般化固有空間 W_k は T-不変であるので，$T: W_k \to W_k$ と考えたときの固有多項式の次数は $\dim W_k$ と同じであり，この多項式はもとの固有多項式を割り切ることがわかる．また根 λ_k に注目すると

$$\dim W_k \leq \text{固有値 } \lambda_k \text{ の (8.35) に対する重複度 } m_k$$

が成立する．一方で

$$\sum_{k=1}^{l} \dim W_k = n,$$

$$\sum_{k=1}^{l} (\text{固有値 } \lambda_k \text{ の (8.35) に対する重複度 } m_k) = n$$

であり，固有値 λ_k に対する一般化固有空間の次元と固有値の重複度 m_k は一致することがわかる．

演習問題 8.6 定理 8.1 の証明にならって，定理 8.5 の証明を与えよ．

演習問題 8.7 $\lambda \in \mathbb{C}$ を線形写像 $T: V_n \to V_n$ の 1 つの固有値とし，$x(\neq 0) \in V_n$ を λ に対する k 位 ($k \geq 2$) の固有ベクトルとする．このとき，$(\lambda I_n - T)^{k-1} x$ は固有値 λ に対する固有ベクトルであることを示せ．

演習問題 8.8 3 次正方行列 $\begin{pmatrix} -1 & -2 & -1 \\ -1 & 0 & 1 \\ 3 & 2 & 3 \end{pmatrix}$ を線形空間 $\mathbb{C}^3$ 上の線形写像と考えるとき，そのすべての固有値を求め，それぞれに対する一般化固有空間を求めよ．

演習問題 8.9 (1) A_1, A_2 を m 次の正方行列とし，B_1, B_2 を n 次の正方行列とするとき，$(m+n)$ 次のブロック行列の積

$$\begin{pmatrix} A_1 & O \\ O & B_1 \end{pmatrix} \begin{pmatrix} A_2 & O \\ O & B_2 \end{pmatrix}$$

を計算せよ．

(2) (8.26) のブロック行列を A とするとき，その冪乗 A^m を計算せよ．

演習問題 8.10 複素数 λ に対して，n 次正方行列 A を

$$A = \begin{pmatrix} \lambda & & & & & \\ & \ddots & & & & \\ & & \lambda & & & \\ & & & \lambda & 1 & \\ & & & & \ddots & 1 \\ & & & & & \lambda \end{pmatrix} \begin{matrix} \updownarrow l\ 行 \\ \\ \updownarrow n-l\ 行 \end{matrix}$$

とする.

(1) A^m を計算せよ.
(2) この行列の固有方程式を求めよ.
(3) 線形写像 $A : \mathbb{C}^n \to \mathbb{C}^n$ に対して, 固有空間と一般化固有空間を求めよ.
(4) $(\lambda I_n - A)^m$ を計算せよ.

演習問題 8.11 λ と $x(\neq 0) \in V_n$ を演習問題 8.7 のようにとる. $((\lambda I_n - T)^k x = 0$ に注意する.)

(1) x と $(\lambda I_n - T)x$ とは一次独立であることを示せ.
(2) $x, (\lambda I_n - T)x, (\lambda I_n - T)^2 x, \cdots, (\lambda I_n - T)^{k-1} x$ は一次独立であることを示せ.

■ 8.3　Jordanの標準形

　線形写像 $T : V_n \to V_n$ に関して V_n を T の一般化固有空間の直和 (8.25) に分解すると, その基底を用いた T の表現行列は (8.26) のようなブロック対角行列となる. 特に各一般化固有空間の基底として T の固有ベクトルがとれる場合には T は対角化可能となるが, 固有方程式に重根のある場合には T の対角化は一般には保証されない. このとき, T の表現行列を対角行列とする代わりに **Jordanの標準形** (**Jordan's normal form**) という形に帰着させると, 計算する上でも数学的な議論をする上でも便利であることが知られている. この議論は一般化固有空間 W_k の基底のある取り方の問題で, 以下では T の固有方程式の根 λ が m 重根である場合に, m 次元部分空間である一般化固有空間 W_λ に制限された $T : W_\lambda \to W_\lambda$ について議論を深めることにする.

　$\dim W_\lambda = m$ で $W_\lambda \neq W_\lambda^{(1)}$ のとき [20], $x \in W_\lambda, x \neq 0$ を λ に対する k 位

---

[20] $W_\lambda = W_\lambda^{(1)}$ のときは, W_λ には一次独立な m 個の (固有値 λ に対する) 固有ベクトルを基底としてとれる.

の固有ベクトルとすると，$k \geq 2$ であり，

$$x, \ (T-\lambda I_n)x, \ (T-\lambda I_n)^2 x, \ \cdots, \ (T-\lambda I_n)^{k-1}x \tag{8.36}$$

は一次独立である（→演習問題 8.11）．従って $W_\lambda = W_\lambda^{(m)}$ である場合は [21]，うまく m 位の固有ベクトル x をとることにより (8.36) で与えられる m 個の一次独立なベクトルが W_λ の 1 組の基底になる．すなわち m 位の固有ベクトル x に対して

$$e_l := (T-\lambda I_m)^{m-l}x \quad (1 \leq l \leq m-1), \qquad e_m := x \tag{8.37}$$

は W_λ の 1 組の基底であり，$2 \leq l \leq m$ を満たす l に対して

$$Te_l = (T-\lambda I_m)^{m-l+1}x + \lambda(T-\lambda I_m)^{m-l}x$$
$$= \lambda e_l + e_{l-1}$$

となる．また

$$Te_1 = (T-\lambda I_m)^m x + \lambda(T-\lambda I_m)^{m-1}x = \lambda e_1$$

であるので，この基底による T の表現行列は (8.17) により

$$J_\lambda = \begin{pmatrix} \lambda & 1 & & O \\ & \lambda & 1 & \\ & & \ddots & 1 \\ O & & & \lambda \end{pmatrix} \in M_m(\mathbb{C}) \tag{8.38}$$

という簡単な形になる．この (8.38) のような形の行列 J_λ を **Jordan** ブロック（または Jordan 細胞）という．しかし，$W_\lambda \neq W_\lambda^{(m)}$，すなわち $W_\lambda = W_\lambda^{(p)}$ $(2 \leq p \leq m-1)$ のとき，1 つの p 位の固有ベクトル x から (8.36) と同様に一次独立系を生成しても W_λ の基底を得ることができない．これらの問題を解決するために，次のような直和分解を考える．

$W_\lambda = W_\lambda^{(k)}$（ただし $2 \leq k \leq m = \dim W_\lambda$）のとき，$x \in W_\lambda, x \neq 0$ を固

---

[21] $W_\lambda^{(m)}$ の m の値は (8.22) によって定まることに注意する．

8.3 Jordanの標準形

有値 λ に対する k 位の固有ベクトルとする．ここで (8.37) と同様に $\{f_l\}_{l=1}^{k}$ を

$$f_1 := (T - \lambda I_m)^{k-1} x,$$
$$f_2 := (T - \lambda I_m)^{k-2} x,$$
$$\cdots,$$
$$f_k := x \tag{8.39}$$

とし，$U_1 := \langle f_1, \ldots, f_k \rangle$ によって W_λ の線形部分空間 U_1 を定めると，次の命題が成立する．この命題がこれからの議論の鍵となる．

> **命題 8.7**
> (1) 線形空間 W_λ の中に T-不変な線形部分空間 H が存在して
>
> $$W_\lambda = U_1 \oplus H \tag{8.40}$$
>
> が成立する．（ただし $k = m$ のときは $H = \{0\}$ とする．）
> (2) (8.39) の $\{f_l\}_{l=1}^{k}$ を U_1 の基底とし，これに $(m-k)$ 個の H の基底を加えて W_λ の基底をとって $T : W_\lambda \to W_\lambda$ の表現行列を求めると
>
> $$\begin{pmatrix} \lambda & 1 & & & & \\ & \lambda & 1 & & O & \\ & & \ddots & 1 & & \\ & & & \lambda & & \\ & O & & & A_{m-k} \end{pmatrix} \begin{matrix} \left.\vphantom{\begin{matrix}\lambda\\\lambda\\\ddots\\\lambda\end{matrix}}\right\} k\,\text{行} \\ \\ \left.\vphantom{A_{m-k}}\right\} m-k\,\text{行} \end{matrix}, \quad A_{m-k} \in M_{m-k}(\mathbb{C}) \tag{8.41}$$
>
> となる．

命題 8.7(2) は表現行列 (8.38) を求めたときと同様の議論で示されるが，(1) の証明は自明ではなく丁寧な議論が必要である（→ 附録 A.4）．ここではこの命題を認めて，先に進むことにする．ここで固有値 λ に対する k 次正方行列の Jordan ブロックを

$$J_\lambda^{(k)} := \begin{pmatrix} \lambda & 1 & & O \\ & \ddots & \ddots & \\ & & \ddots & 1 \\ O & & & \lambda \end{pmatrix} \tag{8.42}$$

とすると，(8.41) の行列は

$$\begin{pmatrix} J_\lambda^{(k)} & O \\ O & A_{m-k} \end{pmatrix}$$

とブロック行列の形で表される．また $k = m(= \dim W_\lambda)$ のときは (8.37) と (8.39) は同一のもので $H = \{0\}$ であり，議論が終了する[22]．$H \neq \{0\}$ のときは T-不変な線形空間 H 上で線形写像 $T: H \to H$ を再び考えて同様の議論を繰り返すことにより直和分解 $H = U_2 \oplus H'$ が得られ，(8.40) と併せると

$$W_\lambda = U_1 \oplus U_2 \oplus H'$$

が得られる．このとき，U_1 および U_2 の基底に H' の基底を加えて W_λ の基底とし，T の表現行列を考えると

$$\begin{pmatrix} J_\lambda^{(k_1)} & & O \\ & J_\lambda^{(k_2)} & \\ O & & A_{m-k_1-k_2} \end{pmatrix}, \qquad \text{ただし } k_i = \dim U_i \ (i = 1, 2)$$

が得られる．この事実を正確に理解するため，次の定理としてまとめておこう．

定理 8.8 $\lambda \in \mathbb{C}$ を V_n 上の線形写像 T の固有値とし，W_λ を λ に対する一般化固有空間とする．このとき次の2条件を満たす $\{x_i\}_{i=1}^q \subset W_\lambda$ が存在する：
(i) x_i は λ に対する k_i 位（ただし，$k_1 \geq k_2 \geq \cdots \geq k_q \geq 1$）の固有ベクトル．

---

[22] 表現行列を Jordan ブロックとする基底が得られたことを意味する．

8.3 Jordanの標準形

> (ii) $U_i := \langle (T-\lambda I_m)^{k_i-1}x_i,\ (T-\lambda I_m)^{k_i-2}x_i,\ \ldots, x_i\rangle$ $(1 \le i \le q)$ とすると[23]
> $$W_\lambda = U_1 \oplus U_2 \oplus \cdots \oplus U_q. \tag{8.43}$$

証明 W_λ の次元についての帰納法で証明する．
(1) $\dim W_\lambda = 1$ のときは λ に対する固有ベクトルを x_1 として $U_1 = \langle x_1 \rangle$ とすると $W_\lambda = U_1$ が成立する．
(2) $1 < \dim W_\lambda \le l$ で成立していると仮定する．$\dim W_\lambda = l+1$ のとき，$W_\lambda = W_\lambda^{(k)}$ であれば x_1 を k 位の固有ベクトル，$k=k_1$ とすると，(8.39) と (8.40) より

$$W_\lambda = U_1 \oplus H, \qquad U_1 = \langle (T-\lambda I_m)^{k_1-1}x_1, \ldots, x_1\rangle$$

を満たす T-不変な線形部分空間 H が存在する．ここで $H = \{0\}$ であれば議論は終了する．$H \ne \{0\}$ のときは $1 \le \dim H \le l$ であるので，帰納法の仮定を H に適用して $H = U_2 \oplus U_3 \oplus \cdots \oplus U_q$ とすると，(8.43) が成立することがわかる． □

定理 8.8 で定まる $\{x_i\}_{i=1}^q$ を求めて

$$W_\lambda = U_1 \oplus H, \qquad U_1 = \langle (T-\lambda I_m)^{k_1-1}x_1, \ldots, x_1\rangle, \quad (1 \le i \le q)$$

を順次利用して直和分解 (8.43) により W_λ の基底を得ておくと，線形写像 T の表現行列は q 個の Jordan ブロックからなる

$$J(\lambda) = \begin{pmatrix} J_\lambda^{(k_1)} & & & O \\ & J_\lambda^{(k_2)} & & \\ & & \ddots & \\ O & & & J_\lambda^{(k_q)} \end{pmatrix} \tag{8.44}$$

となる．なお，$k_q = 1$ の場合は，最後に現れる $J_\lambda^{(k_q)}$ は対角行列である．ここで注意しておくことは，定理 8.8 で定められる q 個のベクトル $\{x_i\}_{i=1}^q$ を求めることは，行列のサイズが大きくなると一般にはかなり面倒である．

---

[23] $k_q = 1$ のときは，U_q は残りの固有ベクトルを基底として生成すればよい．

元に戻って線形写像 $T: V_n \to V_n$ の場合については，定理 8.7 に従って一般化固有空間による V_n の直和分解

$$V = W_{\lambda_1} \oplus W_{\lambda_2} \oplus \cdots \oplus W_{\lambda_l}$$

を得た上で，各 W_{λ_k} に対して定理 8.8 を適用すると，T の表現行列として

$$\begin{pmatrix} J(\lambda_1) & & & O \\ & J(\lambda_2) & & \\ & & \ddots & \\ O & & & J(\lambda_l) \end{pmatrix}, \quad J(\lambda_k) \in M_{m_k}(\mathbb{C})$$

が得られる．この表現行列を線形写像 T に対する **Jordan の標準形**という．表現行列の対角化は，Jordan の標準形への帰着の中で最も単純な場合である．

> **例 8.1** 4 次の正方行列
>
> $$A_4 = \begin{pmatrix} 2 & 2 & 2 & 1 \\ -1 & -1 & -3 & -2 \\ 1 & 2 & 5 & 3 \\ -1 & -2 & -4 & -2 \end{pmatrix}$$
>
> を $\mathbb{C}^4$ 上の線形写像と考えると，その固有方程式は
>
> $$\det(\lambda I_4 - A_4) = (\lambda - 1)^4 = 0$$
>
> であり，$\lambda = 1$ が（唯 1 つの）固有値でその重複度は 4 である．このとき[24]
>
> $$A_4 - I_4 = \begin{pmatrix} 1 & 2 & 2 & 1 \\ -1 & -2 & -3 & -2 \\ 1 & 2 & 4 & 3 \\ -1 & -2 & -4 & -3 \end{pmatrix}$$
>
> であり，Gauss 消去法に基づく（行に関する）基本変形を行うと

---

[24] 固有値が 1 であるので，$A_4 - \lambda I_4$ を $A_4 - I_4$ と表している．

$$\begin{pmatrix} 1 & 2 & 2 & 1 \\ 0 & 0 & -1 & -1 \\ 0 & 0 & 2 & 2 \\ 0 & 0 & -2 & -2 \end{pmatrix} \to \begin{pmatrix} 1 & 2 & 2 & 1 \\ 0 & 0 & -1 & -1 \\ 0 & 0 & 0 & 0 \\ 0 & 0 & 0 & 0 \end{pmatrix}$$

が得られ，$\dim N(A_4 - I_4) = 2$ である．次に

$$(A_4 - I_4)^2 = O$$

であることから，$\dim N((A_4 - I_4)^2) = 4$，$W_1 = W_1^{(2)} = \mathbb{C}^4$ である [25] ことがわかる．従って，例えば $x_1 = (1,0,0,0)^T$ とすると

$$x_1 \neq 0, \quad x_1 \in W_1^{(2)}, \quad x_1 \notin W_1^{(1)}$$

を満たし，x_1 は（固有値1に対する）2位の固有ベクトルである．ここで (8.39) に従って

$$f_1 := (A_4 - I_4)x_1 = (1, -1, 1, -1)^T, \quad f_2 := x_1 = (1,0,0,0)^T$$

とすると，f_1 は A_4 の固有ベクトルであり

$$A_4 f_1 = f_1, \quad A_4 f_2 = f_1 + f_2$$

となる．次に線形部分空間 $\langle f_1, f_2 \rangle$ に含まれない元として，例えば，$x_2 = (0,0,1,0)^T$ とすると，$x_2 \neq 0$, $x_2 \in W^{(2)}$, $x_2 \notin W_1^{(1)}$ であり，

$$f_3 := (A_4 - I_4)x_2 = (2, -3, 4, -4)^T, \quad f_4 := x_2 = (0,0,1,0)^T$$

に対して

$$A_4 f_3 = f_3, \quad A_4 f_4 = f_3 + f_4$$

であって，$\mathbb{C}^4 = \langle f_1, f_2 \rangle \oplus \langle f_3, f_4 \rangle$ となる．これより，

$$A_4(f_1, f_2, f_3, f_4) = (f_1, f_2, f_3, f_4) \begin{pmatrix} 1 & 1 & 0 & 0 \\ 0 & 1 & 0 & 0 \\ 0 & 0 & 1 & 1 \\ 0 & 0 & 0 & 1 \end{pmatrix}$$

---

[25] W_1 は固有値1に対する一般化固有空間を表している．

が得られ，$\{f_1, f_2, f_3, f_4\}$ を $\mathbb{C}^4$ の基底としたときの線形写像 A の表現行列の Jordan の標準形が得られる．ここで注意すべきは x_2 の取り方である．例えば $x_2 = (0, 1, 0, 0)^T$ とすると

$$(A_4 - I_4)x_2 = (2, -2, 2, -2)^T \not\parallel f_1$$

となって，定理 8.8(8.43) の直和分解を得ることができない．定理 8.8 は直和分解 (8.43) を与えるような $\{x_i\}_{i=1}^q$ の存在を保証しているだけで，個々の例ではうまく $\{x_i\}_{i=1}^q$ を選ぶことが必要である．

この例を行列の立場で考えると，直和分解で得られた 4 つの列ベクトルを横に並べて

$$P = (f_1, f_2, f_3, f_4) \in M_4(\mathbb{C})$$

とすると，P は $\mathbb{C}^4$ 上の 1 つの基底変換行列になっている．またこのとき

$$P^{-1}A_4 P = \begin{pmatrix} 1 & 1 & 0 & 0 \\ 0 & 1 & 0 & 0 \\ 0 & 0 & 1 & 1 \\ 0 & 0 & 0 & 1 \end{pmatrix}$$

が得られ，この計算を行列の Jordan の標準形への帰着という．

演習問題 8.12 次の行列を Jordan の標準形に帰着せよ．

(1) $\begin{pmatrix} 5 & 1 & -4 \\ 3 & 5 & -7 \\ 2 & 1 & -1 \end{pmatrix}$ (2) $\begin{pmatrix} 1 & 2 & 1 \\ 1 & 0 & -1 \\ -3 & -2 & -3 \end{pmatrix}$

演習問題 8.13 $\begin{pmatrix} a & 0 & 1 \\ 0 & 1 & 0 \\ 1 & 0 & 0 \end{pmatrix}$ が対角化できないような $a \in \mathbb{C}$ の値を求めよ．

演習問題 8.14 線形写像 $T: V_n \to V_n$ の相異なるすべての固有値 $\{\lambda_k\}_{k=1}^l$ を用いて，定理 8.7 に基づき，V_n の直和分解

$$V_n = W_1 \oplus W_2 \oplus \cdots \oplus W_l$$

を考える．このとき (8.22) によって定まる p_k の値によって

$$W_k = W_{\lambda_k} = W_{\lambda_k}^{(p_k)} \quad (1 \leq k \leq l)$$

であるとき，λ の多項式 $F(\lambda)$ を

8.4 計量線形空間における固有値と固有ベクトル

$$F(\lambda) := \prod_{k=1}^{l}(\lambda - \lambda_k)^{p_k}$$

によって定める.

(1) $x \in V_n$ に対して

$$\prod_{k=1}^{l}(T - \lambda_k I_n)^{p_k} x = 0$$

が成立することを示せ.

(2) $F(T) = 0$ であることを示せ.

(3) $F(\lambda)$ は線形写像 T の固有多項式 (8.29) を割り切ることを示せ.

(4) $f(\lambda)$ を線形写像 T の固有多項式とするとき, $f(T) = 0$ であることを示せ (**Cayley-Hamilton の定理**).

注意: ここで与えられる多項式 $F(\lambda)$ を, 線形写像 T に対する**最小多項式**という.

■ 8.4 計量線形空間における固有値と固有ベクトル

内積が定義されている線形空間で線形写像を考えた場合, 随伴線形写像を同時に考えることにより固有値と固有ベクトルの特徴を調べることができる. 特に n 次正方行列を $\mathbb{C}^n$ (または $\mathbb{R}^n$) 上の線形写像と考えるとき, $\mathbb{C}^n$ には自然な Hermite 内積 ($\mathbb{R}^n$ には自然な Euclid 内積) が定義されるので, 内積を利用した固有ベクトルの特徴づけにより行列の対角化の議論が見通しよくなることも多い. 本節では n 次正方行列を主として $\mathbb{C}^n$ 上の線形写像と考え, その対角化に関する基本的な事項を説明する.

n 次正方行列 $A = (a_{ij}) \in M_n(\mathbb{C})$ の随伴行列を A^* と表すと,

$$A^* = \overline{A^T}, \quad (A^*)_{ij} = \overline{a_{ji}} \quad (1 \leq i, j \leq n)$$

であり, さらに定理 5.2 の系を用いると $\det A^* = \overline{\det A}$ が成立する. 従って行列 A の固有多項式 $f(\lambda) = \det(\lambda I_n - A)$ を (8.6) のように

$$f(\lambda) = \lambda^n + c_{n-1}\lambda^{n-1} + \cdots + c_1 \lambda + c_0$$

とすると, A^* の固有多項式 $f^*(\lambda) = \det(\lambda I_n - A^*)$ は

$$f^*(\lambda) = \lambda^n + \overline{c_{n-1}}\lambda^{n-1} + \cdots + \overline{c_1}\lambda + \overline{c_0}$$

となる．これより複素数 λ_0 が A の固有値（すなわち $f(\lambda_0) = 0$）であれば，$f^*(\overline{\lambda_0}) = 0$ となるので共役複素数 $\overline{\lambda_0}$ は随伴行列 A^* の固有値であることがわかる．また

λ_0 が A の固有値 $\Leftrightarrow$ 零空間について $N(A - \lambda_0 I_n) \neq \{0\}$

$\overline{\lambda_0}$ が A^* の固有値 $\Leftrightarrow$ 零空間について $N(A^* - \overline{\lambda_0} I_n) \neq \{0\}$

であるが，命題 7.13 の系より

$$\mathrm{rank}\,(A - \lambda_0 I_n) = \mathrm{rank}\,((A - \lambda_0 I_n)^*)$$

であり，また $(A - \lambda_0 I_n)^* = A^* - \overline{\lambda_0} I_n$ であることから，固有値 λ_0 に対する A の固有空間の次元と，$\overline{\lambda_0}$ に対する A^* の固有空間の次元は一致する．この事実を命題としてまとめると，次の通りである．

> **命題 8.8** A を $\mathbb{C}$ 上の n 次正方行列とする．このとき λ が A の固有値であれば，$\overline{\lambda}$ は随伴行列 A^* の固有値である．また逆に，μ が A^* の固有値であれば，$\overline{\mu}$ は A の固有値である．さらに A の固有値 λ に対する固有空間の次元は，対応する固有値 $\overline{\lambda}$ に対する A^* の固有空間の次元と一致する．

> **定理 8.8 の系** [26] $\{\lambda_k\}_{k=1}^l$ を行列 A の相異なるすべての固有値とし，W_{λ_k} を固有値 λ_k に対する A の一般化固有空間とする．このとき $W^*_{\overline{\lambda_k}}$ を固有値 $\overline{\lambda_k}$ に対する行列 A^* の一般化固有空間とすると，
> $$\mathbb{C}^n = W^*_{\overline{\lambda_1}} \oplus W^*_{\overline{\lambda_2}} \oplus \cdots \oplus W^*_{\overline{\lambda_l}}, \quad \dim W_{\lambda_k} = \dim W^*_{\overline{\lambda_k}} \quad (1 \leq k \leq l)$$
> が成立する．

8.1 節の最後に正規行列を定義したが [27]，正規行列の一般化固有空間は実は固有空間と一致しており，この性質から正規行列は固有方程式が重根をも

---

[26] 定理 8.7 の (8.25) により，$\mathbb{C}^n = W_{\lambda_1} \oplus W_{\lambda_2} \oplus \cdots \oplus W_{\lambda_l}$ が成立している．
[27] $A \in M_n(\mathbb{C})$ が正規行列であるとは，$AA^* = A^*A$ が成立することである．

8.4 計量線形空間における固有値と固有ベクトル

つ場合でも必ず対角化可能（→ 定理 8.3）となる．ここではこの事実を次の手順により説明しよう．

> **命題 8.9** $A \in M_n(\mathbb{C})$ を正規行列とし，$\lambda \in \mathbb{C}$ を A の固有値とする．このとき λ に対応する一般化固有空間 W_λ の（0 でない）元は A の固有ベクトルである．

> **証明** 背理法によって証明する．$x \in W_\lambda (x \neq 0)$ を λ に対する A の m 位の固有ベクトルとし，$m \geq 2$ と仮定する．このとき $(A - \lambda I_n)^m x = 0$, $(A - \lambda I_n)^{m-1} x \neq 0$ であることに注意しておく．$A_\lambda := A - \lambda I_n$ とすると $A_\lambda^* = A^* - \overline{\lambda} I_n$ であり，A が正規行列であることから A_λ も正規行列で $A_\lambda A_\lambda^* = A_\lambda^* A_\lambda$ を満たしている．このとき，$A_\lambda^m x = 0$ であることと $m \geq 2$ であることから
>
> $$(A_\lambda^{*m} A_\lambda^m x,\ A_\lambda^{*m-2} A_\lambda^{m-2} x) = 0 \tag{8.45}$$
>
> が成立する．A_λ の正規性から $A_\lambda^{*m} A_\lambda^m = A_\lambda^* A_\lambda A_\lambda^{*m-1} A_\lambda^{m-1}$ であるので
>
> $$\begin{aligned}(A_\lambda^{*m} A_\lambda^m x,\ A_\lambda^{*m-2} A_\lambda^{m-2} x) &= (A_\lambda^{*m-1} A_\lambda^{m-1} x,\ A_\lambda^* A_\lambda A_\lambda^{*m-2} A_\lambda^{m-2} x) \\ &= (A_\lambda^{*m-1} A_\lambda^{m-1} x,\ A_\lambda^{*m-1} A_\lambda^{m-1} x) \\ &= \|A_\lambda^{*m-1} A_\lambda^{m-1} x\|_2^2\end{aligned}$$
>
> となり[28]，(8.45) から $\|A_\lambda^{*m-1} A_\lambda^{m-1} x\|_2 = 0$ すなわち $A_\lambda^{*m-1} A_\lambda^{m-1} x = 0$ が得られる．従って
>
> $$0 = (A_\lambda^{*m-1} A_\lambda^{m-1} x,\ x) = (A_\lambda^{m-1} x,\ A_\lambda^{m-1} x) = \|A_\lambda^{m-1} x\|_2^2$$
>
> となって $A_\lambda^{m-1} x = (A - \lambda I_n)^{m-1} x = 0$ となるが，これは仮定と矛盾する．従って $m = 1$ であり，W_λ の各元は λ に対する A の固有ベクトルである．□

> **命題 8.9 の系** $A \in M_n(\mathbb{C})$ を正規行列とし，$\{\lambda_k\}_{k=1}^l$ を A の固有方程式の相異なるすべての根で λ_k の重複度は $m_k (0 \leq k \leq l)$ とする．このとき固有値 λ_k に対する固有空間を $W_k^{(1)} (1 \leq k \leq l)$ とすると[29]，

---

[28] $\mathbb{C}^n$ において，$\|x\|_2 = (x,x)^{1/2}$ である（→(7.34)）．
[29] $W_k^{(1)} = N(A - \lambda_k I_n)$, すなわち固有値 λ_k に対する固有空間である．

$$\mathbb{C}^n = W_1^{(1)} \oplus W_2^{(1)} \oplus \cdots \oplus W_l^{(1)}, \quad \dim W_k^{(1)} = m_k \quad (1 \leq k \leq l) \quad (8.46)$$

が成立する．

$\mathbb{C}^n$ が行列 A の固有空間の直和となることから正規行列は対角化可能の必要十分条件 (8.34) を満たすことがわかり，定理 8.3 の成立が証明される．さらに正規行列の固有空間と固有ベクトルは，対角化と関連して次のいくつかの重要な性質をもっている．

定理 8.9 $A \in M_n(\mathbb{C})$ を正規行列とし，λ と μ とを A の相異なる固有値とする．このとき λ に対する固有ベクトル x_λ と μ に対する固有ベクトル x_μ は $\mathbb{C}^n$ において直交する．

証明 まず x_λ は固有値 $\overline{\lambda}$ に対する A^* の固有ベクトルでもあることに注意する．実際 $(A - \lambda I_n)x_\lambda = 0$ より

$$\begin{aligned}
0 &= ((A - \lambda I_n)x_\lambda, (A - \lambda I_n)x_\lambda) \\
&= (x_\lambda, (A^* - \overline{\lambda}I_n)(A - \lambda I_n)x_\lambda) \\
&= ((A^* - \overline{\lambda}I_n)x_\lambda, (A^* - \overline{\lambda}I_n)x_\lambda) = \|(A^* - \overline{\lambda}I_n)x_\lambda\|_2^2
\end{aligned}$$

より，$x_\lambda (\neq 0)$ は $(A^* - \overline{\lambda}I_n)x_\lambda = 0$ を満たしている．この事実は μ と x_μ についても同様であり，このとき

$$\mu(x_\mu, x_\lambda) = (Ax_\mu, x_\lambda) = (x_\mu, A^*x_\lambda) = (x_\mu, \overline{\lambda}x_\lambda) = \lambda(x_\mu, x_\lambda)$$

であるので $(\mu - \lambda)(x_\mu, x_\lambda) = 0$ となり，$\mu \neq \lambda$ より

$$(x_\mu, x_\lambda) = 0$$

が成立する． □

定理 8.9 の系 $A \in M_n(\mathbb{C})$ を Hermite 行列（$A \in M_n(\mathbb{R})$ のときは実対称行列）またはユニタリー行列（$A \in M_n(\mathbb{R})$ のときは直交行列）[30] と

---

[30] $A \in M_n(\mathbb{C})$ が Hermite 行列であるとは $A^* = A$ を満たすことであり，ユニタリー行列であるとは $A^*A = AA^* = I_n$ を満たすことである．

8.4 計量線形空間における固有値と固有ベクトル

すると, A の相異なる固有値に対する固有ベクトルは $\mathbb{C}^n$ において直交する.

定理 8.10　$A \in M_n(\mathbb{C})$ を正規行列とすると, A の固有ベクトルから $\mathbb{C}^n$ の 1 組の正規直交基底を作ることができる. 特に A の n 個の固有値がすべて相異なるとき, 固有ベクトルを正規化（→(7.37)）すると $\mathbb{C}^n$ の正規直交基底となる.

証明　$\{\lambda_k\}_{k=1}^l$ を正規行列 A の相異なるすべての固有値とすると, (8.46) より

$$\mathbb{C}^n = W_{\lambda_1}^{(1)} \oplus W_{\lambda_2}^{(1)} \oplus \cdots \oplus W_{\lambda_l}^{(1)}, \quad \dim W_{\lambda_k}^{(1)} = m_k \quad (1 \leq k \leq l) \quad (8.47)$$

という $\mathbb{C}^n$ の直交直和分解が得られる. このとき各 $W_{\lambda_k}^{(1)}$ の基底 $\{f_j\}_{j=1}^{m_k}$ に Schmidt の直交化を適用すると, $\mathbb{C}^n$ の各部分空間 $W_{\lambda_k}^{(1)}$ の正規直交基底 $\{e_j^{(k)}\}_{j=1}^{m_k}$ が得られる. このとき, $e_j^{(k)}$ は固有値 λ_k に対する固有ベクトルであることに注意しておく. これら（の $\mathbb{C}^n$ の列ベクトル）を一列に並べて

$$e_1^{(1)}, \ldots, e_{m_1}^{(1)}, e_1^{(2)}, \ldots, e_{m_2}^{(2)}, \ldots, e_{m_l}^{(l)} \quad (8.48)$$

に先頭から 1 から n までの番号をつけると $\{e_k\}_{k=1}^n$ は $\mathbb{C}^n$ の 1 組の正規直交系になっており, 従って A の固有ベクトルから $\mathbb{C}^n$ の 1 組の正規直交基底が得られることになる.

特に A の n 個の固有値がすべて相異なるときは, (8.47) は

$$\mathbb{C}^n = W_{\lambda_1}^{(1)} \oplus W_{\lambda_2}^{(1)} \oplus \cdots \oplus W_{\lambda_n}^{(1)}$$

であるので, 固有ベクトルを正規化すると $\mathbb{C}^n$ の正規直交基底が得られる. □

定理 8.10 の系　$A \in M_n(\mathbb{C})$ を Hermite 行列またはユニタリー行列とすると, A の固有ベクトルから $\mathbb{C}^n$ の正規直交基底が得られる.

> **定理 8.11** $A \in M_n(\mathbb{C})$ を正規行列とすると，ユニタリー行列 $U \in M_n(\mathbb{C})$ をうまく選ぶと U^*AU は対角行列となる．（すなわち，正規行列 A はユニタリー行列を利用して対角化可能である．）

> **証明** ユニタリー行列 $U \in M(\mathbb{C})$ は正則行列であって $U^{-1} = U^*$ であることに注意しておく（→ 演習問題 7.30）．(8.48) から得られる $\mathbb{C}^n$ の正規直交基底 $\{e_k\}_{k=1}^n$ を横に並べて $U := (e_1, e_2, \ldots, e_n)$ とすると，U はユニタリー行列であり（→ 演習問題 7.30），
> $$AU = (\lambda_1 e_1, \ldots, \lambda_1 e_{m_1}, \lambda_2 e_{m_1+1}, \ldots, \lambda_l e_n)$$
> $$= U \begin{pmatrix} \lambda_1 & & & & & & \\ & \ddots & & & & & \\ & & \lambda_1 & & & & \\ & & & \lambda_2 & & & \\ & & & & \ddots & & \\ & & & & & \lambda_2 & \\ & & & & & & \ddots \\ & & & & & & & \lambda_l \end{pmatrix} \begin{matrix} \updownarrow m_1 \text{個} \\ \\ \updownarrow m_2 \text{個} \\ \\ \vdots \\ \updownarrow m_l \text{個} \end{matrix}$$
> となり，$U^{-1}AU = U^*AU$ は対角行列となる． □

> **定理 8.11 の系** $A \in M_n(\mathbb{C})$ を Hermite 行列またはユニタリー行列とすると，ユニタリー行列 $U \in M_n(\mathbb{C})$ をうまく選ぶと U^*AU は対角行列となる．

> **例 8.2** $R(\theta) = \begin{pmatrix} \cos\theta & -\sin\theta \\ \sin\theta & \cos\theta \end{pmatrix}$ $(0 \leq \theta < 2\pi)$ とすると，
> $$R(\theta)^* = \overline{R(\theta)^T} = \begin{pmatrix} \cos\theta & \sin\theta \\ -\sin\theta & \cos\theta \end{pmatrix}$$

8.4 計量線形空間における固有値と固有ベクトル

であり, $R(\theta)R(\theta)^* = R(\theta)^*R(\theta) = I_2$ を満たすことから, $R(\theta)$ はユニタリー行列である[31]. 行列 $R(\theta)$ の固有多項式 $f(\lambda) = \det(\lambda I_2 - R(\theta))$ は

$$f(\lambda) = \lambda^2 - 2\lambda \cos\theta + 1$$

であり, 固有方程式 $f(\lambda) = 0$ の根は $\lambda = \cos\theta \pm i\sin\theta$ となる. まず $\theta \neq 0, \pi$ のとき行列 $R(\theta)$ は相異なる 2 つの固有値 $\cos\theta + i\sin\theta$, $\cos\theta - i\sin\theta$ をもち,

固有値 $\lambda_1 = \cos\theta + i\sin\theta$; 固有空間 $N(\lambda_1 I_2 - R(\theta)) = \left\langle \begin{pmatrix} 1 \\ i \end{pmatrix} \right\rangle$

固有値 $\lambda_2 = \cos\theta - i\sin\theta$; 固有空間 $N(\lambda_2 I_2 - R(\theta)) = \left\langle \begin{pmatrix} 1 \\ -i \end{pmatrix} \right\rangle$

である. ここで正規化を行い

$$e_1 := \frac{1}{\sqrt{2}}\begin{pmatrix} 1 \\ i \end{pmatrix}, \quad e_2 := \frac{1}{\sqrt{2}}\begin{pmatrix} 1 \\ -i \end{pmatrix}$$

とすると $U = (e_1, e_2) \in M_2(\mathbb{C})$ はユニタリー行列であり

$$R(\theta)U = U\begin{pmatrix} \cos\theta + i\sin\theta & 0 \\ 0 & \cos\theta - i\sin\theta \end{pmatrix},$$

$$U^*R(\theta)U = \begin{pmatrix} \cos\theta + i\sin\theta & 0 \\ 0 & \cos\theta - i\sin\theta \end{pmatrix}$$

が得られる. 次に $\theta = 0, \pi$ のときは固有方程式 $f(\lambda) = 0$ の根は $\lambda = \cos\theta$ (重根) となる. このとき $\sin\theta = 0$ であることから

$$\text{固有空間 } N(\lambda I_2 - R(\theta)) = \left\langle \begin{pmatrix} 1 \\ 0 \end{pmatrix}, \begin{pmatrix} 0 \\ 1 \end{pmatrix} \right\rangle \tag{8.49}$$

であるので, ユニタリー行列 U を

---

[31] $R(\theta)$ は実行列であるので, 直交行列といってもよい.

$$U = \left(\begin{pmatrix}1\\0\end{pmatrix}, \begin{pmatrix}0\\1\end{pmatrix}\right) = I_2$$

とすると,

$$U^*R(\theta)U = \begin{pmatrix}\cos\theta & 0\\ 0 & \cos\theta\end{pmatrix} \quad (ただし\ \theta = 0, \pi) \tag{8.50}$$

と対角化される. このとき, 固有空間 $N(\lambda I_2 - R(\theta))$ の基底を (8.49) に代わって正規直交基底

$$e_1 := \frac{1}{\sqrt{2}}\begin{pmatrix}1\\1\end{pmatrix}, \quad e_2 := \frac{1}{\sqrt{2}}\begin{pmatrix}1\\-1\end{pmatrix}$$

とすると, 求めるべきユニタリー行列 $\tilde{U}$ は

$$\tilde{U} = \frac{1}{\sqrt{2}}\begin{pmatrix}1 & 1\\ 1 & -1\end{pmatrix}$$

となるが,

$$R(\theta)\tilde{U} = \frac{1}{\sqrt{2}}\begin{pmatrix}\cos\theta & \cos\theta\\ \cos\theta & -\cos\theta\end{pmatrix} = \tilde{U}\begin{pmatrix}\cos\theta & 0\\ 0 & \cos\theta\end{pmatrix}$$

より

$$\tilde{U}^*R(\theta)\tilde{U} = \begin{pmatrix}\cos\theta & 0\\ 0 & \cos\theta\end{pmatrix} \quad (ただし\ \theta = 0, \pi)$$

となって再び (8.50) と同じ対角行列が現れる.

Hermite 行列とユニタリー行列については, 内積を利用することによって固有値の特徴を示すこともできる. $H \in M_n(\mathbb{C})$ を Hermite 行列とし, $\lambda \in \mathbb{C}$ を固有値, 対応する固有ベクトルを $x_\lambda \in \mathbb{C}^n (x_\lambda \neq 0)$ とする. このとき

$$\lambda(x_\lambda, x_\lambda) = (Hx_\lambda, x_\lambda) = (x_\lambda, H^*x_\lambda) = (x_\lambda, Hx_\lambda) = \overline{\lambda}(x_\lambda, x_\lambda)$$

より $\lambda = \overline{\lambda}$ が成立し, 複素数 λ の虚部が 0 であり $\lambda \in \mathbb{R}$ であることがわかる.

次に $U \in M_n(\mathbb{C})$ をユニタリー行列とし, $\lambda \in \mathbb{C}$ を固有値, $x_\lambda \in \mathbb{C}^n$ を固有ベクトルとすると

8.4 計量線形空間における固有値と固有ベクトル

$$\lambda\overline{\lambda}(x_\lambda, x_\lambda) = (Ux_\lambda, Ux_\lambda)$$
$$= (x_\lambda, U^*Ux_\lambda) = (x_\lambda, x_\lambda)$$

より $|\lambda|^2 = 1$ であることがわかる．これらより次の命題が成立する．

> **命題 8.10**
> (1) $H \in M_n(\mathbb{C})$ を Hermite 行列とすると，H の固有値はすべて実数である．
> (2) $U \in M_n(\mathbb{C})$ をユニタリー行列とすると，U の固有値の絶対値は 1 である．

> **命題 8.10 の系**
> (1) $S \in M_n(\mathbb{R})$ を実対称行列とすると，S の n 個の固有ベクトルは $\mathbb{R}^n$ の中にある．
> (2) $S \in M_n(\mathbb{R})$ を実対称行列とすると，直交行列 R をうまく選ぶことによって $R^T S R$ は対角行列となる．（実対称行列は直交行列を利用して対角化可能である．）

7.2 節では (7.8) によって m 行 n 列の行列 $A \in M_{m,n}(\mathbb{C})$ の行列のノルムを定義したが，ここでは固有値を利用して行列のノルム $\|A\|_2$ を具体的に求めてみよう．$p = 2$ の場合に (7.8) の $\| \|_2$ を内積を用いて表すと，

$$\|A\|_2^2 = \max_{\|x\|_2 = 1} \|Ax\|_2^2 = \max_{\|x\|_2 = 1} (Ax, Ax)_{\mathbb{C}^m} = \max_{\|x\|_2 = 1} (x, A^*Ax)_{\mathbb{C}^n} \quad (8.51)$$

となる[32]．ここで $A \in M_{m,n}(\mathbb{C})$ のとき A^*A は n 次正方行列であって，しかも Hermite 行列であることに注意する．定理 8.10 の系に従って $\{e_k\}_{k=1}^n$ を Hermite 行列 A^*A の固有ベクトルから作られる $\mathbb{C}^n$ の正規直交基底とし，e_k に対応する固有値を λ_k とすると，

$$\lambda_k = \lambda_k(e_k, e_k)_{\mathbb{C}^n} = (A^*Ae_k, e_k)_{\mathbb{C}^n} = (Ae_k, Ae_k)_{\mathbb{C}^m} \geq 0$$

より各 λ_k は非負の実数であるので，その最大の値を λ とする．次に $x \in \mathbb{C}^n$,

---

[32] (7.52) からわかるように，この式の Hermite 内積 (,) は $\mathbb{C}^n$ のものと $\mathbb{C}^m$ のものが混在しているので注意する．

$\|x\|_2 = 1$ を
$$x = x_1 e_1 + x_2 e_2 + \cdots + x_n e_n$$
とすると,
$$\|x\|_2^2 = |x_1|^2 + |x_2|^2 + \cdots + |x_n|^2 = 1$$
を満たしている. 以上の準備のもとで (8.51) の計算を進めると

$$\begin{aligned}(x, A^*Ax) &= \left(\sum_{k=1}^n x_k e_k, \sum_{k=1}^n x_k \lambda_k e_k\right) \\ &= \lambda_1 |x_1|^2 + \lambda_2 |x_2|^2 + \cdots + \lambda_n |x_n|^2 \\ &\leq \lambda(|x_1|^2 + |x_2|^2 + \cdots + |x_n|^2) = \lambda\end{aligned}$$

となるので, $\|A\|_2^2 \leq \lambda$ が得られる. 一方, 固有値の最大値 λ をとる固有ベクトルを e_{k_0} とすると,

$$\|e_{k_0}\|_2 = 1, \quad (e_{k_0}, A^*A e_{k_0}) = \lambda$$

であり, (8.51) より $\|A\|_2^2 \geq \lambda$ が得られ, 従って $\|A\|_2^2 = \lambda$ である. これより (7.11) で示していた

$$\|A\|_2 = (A^*A\text{ の最大固有値})^{1/2}$$

が得られた.

演習問題 8.15 命題 8.8 の証明の方針に倣って命題 8.8 の系の証明を与えよ. (まず, $\dim W_{\lambda_k} = \dim W^*_{\overline{\lambda_k}}$ を示す.)

演習問題 8.16 $S \in M_n(\mathbb{R})$ を実対称行列とする. このとき $S : \mathbb{C}^n \to \mathbb{C}^n$ と考えて S の固有ベクトルを求めたとき, 実は固有ベクトルの成分はすべて実数であることを示せ. (実対称行列の固有ベクトルは $\mathbb{R}^n$ の元であることを示せ.)

附　録

■ A.1　複素数の極形式

第1章で学習した通り，複素数 z は**実部** (real part) と**虚部** (imaginary part) からなっており，虚数単位[1] $i = \sqrt{-1}$ を利用して $z = a + bi$ の形で表すことができる．またこのとき $a + (-b)i = a - bi$ をこの z の**共役複素数**と呼び $\bar{z}$ と表すと，複素数 z が実数である（すなわち虚部が 0 である）ための必要十分条件は $z = \bar{z}$ が成立することである．さらに $\sqrt{z\bar{z}}$ で与えられる量を複素数の**大きさ** (modulus) といい $|z|$ と表す：

$$|z| = \sqrt{z\bar{z}} = \sqrt{a^2 + b^2}.$$

これによって $z = 0$ であることと，$|z| = 0$ であることが同値であることがわかる．複素数 $z = a + bi$ を座標平面上の点 (a, b) と同一視する考え方が**複素平面**（**Gauss** 平面）であるが，$|z| \neq 0$ のときに原点と点 (a, b) を結ぶ線分が実軸の正方向と（弧度で測る）なす角 θ をこの z の**偏角** (argument) と呼ぶ．偏角は

$$\cos\theta = \frac{a}{\sqrt{a^2 + b^2}} = \frac{a}{|z|}, \quad \sin\theta = \frac{b}{\sqrt{a^2 + b^2}} = \frac{b}{|z|}$$

を満たすので，複素数 z は偏角を用いて

$$z = a + bi = |z|(\cos\theta + i\sin\theta)$$

と表すことができる．このように複素数を大きさ $|z|$ と偏角 θ を用いて表すことを複素数の**極形式**（または極表示，polar form）という．複素数の極形式は複素数の乗除算の計算において便利で，

$$z_1 = r_1(\cos\theta_1 + i\sin\theta_1), \quad z_2 = r_2(\cos\theta_2 + i\sin\theta_2)$$

に対して，

$$\begin{aligned} z_1 z_2 &= r_1 r_2 (\cos(\theta_1 + \theta_2) + i\sin(\theta_1 + \theta_2)), \\ \frac{z_2}{z_1} &= \frac{r_2}{r_1}(\cos(\theta_2 - \theta_1) + i\sin(\theta_2 - \theta_1)) \ (r_1 \neq 0) \end{aligned}$$

が成立することが三角関数の加法定理を用いることで示される．

---

[1] 工学のある分野では虚数単位 $\sqrt{-1}$ を j と表す場合もある．

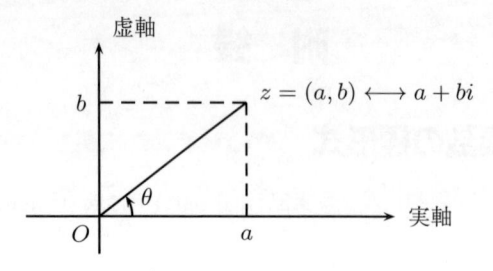

図 A.1 複素数の偏角.

複素関数（複素数を変数とする関数）の理論によると三角関数と指数関数は密接な関係にあることが知られており，

$$e^{i\theta} = \cos\theta + \sin\theta \quad (\textbf{Euler}（オイラー）の関係)$$

が成立する．この Euler の関係を利用すると，複素数の極形式は

$$z = r(\cos\theta + \sin\theta) = re^{i\theta} \quad (ただし,\ r > 0)$$

であり，$z_1 = r_1 e^{i\theta_1}$ と $z_2 = r_2 e^{i\theta_2}$ の乗除算は

$$z_1 z_2 = r_1 r_2 e^{i(\theta_1 + \theta_2)}, \quad \frac{z_2}{z_1} = \frac{r_2}{r_1} e^{i(\theta_2 - \theta_1)} \ (r_1 \neq 0)$$

となり，さらに冪乗については **de Moivre の定理**と呼ばれる

$$z^n = (re^{i\theta})^n = r^n e^{in\theta}$$

が成立する．また共役複素数は $\bar{z} = re^{-i\theta}$ となる．なお偏角については① 弧度法で測ること，② $|z| = 0$ のときは偏角が定まらないこと，③ θ と $\theta + 2n\pi$ （n は整数）は同じ複素数を表すことに注意しなくてはならない．具体例では $z = 1 + i = \sqrt{2} e^{\frac{\pi}{4} i}$ であるが，これは $z = \sqrt{2} e^{(\frac{\pi}{4} + 2\pi) i}$ と表すこともできる．

また 1 の n 乗根（n 乗すれば 1 になる複素数）は n 個あり，

$$\cos\frac{2k\pi}{n} + i\sin\frac{2k\pi}{n} \quad (k = 0, 1, \ldots, n-1)$$

で与えられるが，これは複素平面上では原点を重心とする正 n 角形の各頂点に対応している．

A.2 群・環・体

集合 A に演算 $\odot$ を導入するとは，写像 $\odot : A \times A \to A$ を定めることと同じ意味である．これは $(a,b) \in A \times A$ に対して像 $\odot(a,b)$ を対応させることであり，一般に $\odot(a,b)$ と $\odot(b,a)$ とは異なる．記号を簡素化するために像 $\odot(a,b)$ は $a \odot b$ と表されることが多い．我々が日常用いている整数の足し算も，整数全体の集合 $\mathbb{Z}$ において写像 $+ : \mathbb{Z} \times \mathbb{Z} \to \mathbb{Z}$ を考え，例えば 2 つの整数からなる組 $(2,3)$ に対する像 $+(2,3)$ を $2+3$ と表すことにしている．ここで注意しておくことは，集合 A の演算は A の 2 つの元 a, b に対して A の 1 つの元 $a \odot b$ を対応させるものである．3 つ以上の元の場合は写像の合成として考え，$a \odot (b \odot c)$ は 2 つの元 b と c に $b \odot c$ を対応させ，さらに 2 つの元 a と $b \odot c$ に $a \odot (b \odot c)$ を対応させている．同様に $(a \odot b) \odot c$ は 2 つの元 a と b に $a \odot b$ を対応させ，次に 2 つの元 $a \odot b$ と c に $(a \odot b) \odot c$ を対応させるものである．以後は「集合 A に演算 $\odot$ を導入する」といえば上述の写像 $\odot : A \times A \to A$ を定めることであり，$a \odot (b \odot c)$ 等は写像の合成として理解する．

集合に演算を導入したとき，その演算がいくつかの性質を満たすときに数学ではその演算の構造を代数学 (algebra) の対象として議論を深めている．

> **定義 A.1** (**群**) 集合 A に定義された演算 $\odot$ が次の 3 条件を満たすとき，集合 A は演算 $\odot$ に関して群(group) であるという：
> (1) すべての $a, b, c \in A$ に対して，$(a \odot b) \odot c = a \odot (b \odot c)$ である．
> (2) すべての $a \in A$ に対して，$a \odot e = e \odot a = a$ を満たす $e \in A$ が存在する．
> (3) 各 $a \in A$ に対して，$a \odot a^{-1} = a^{-1} \odot a = e$ となる $a^{-1} \in A$ が存在する．

この (1) の演算規則は**結合法則** (**associative law**) と呼ばれ，結合法則が成立すると 2 つの演算 $\odot$ のいずれを先に計算しても値は変わらないので，これを $a \odot b \odot c$ と表す．(2) で規定される e を演算 $\odot$ の**単位元** (**unit element**) といい，(3) の a^{-1} を元 a に対する**逆元** (**inverse element**) という．さらに群が**交換法則** (**commutative law**) すなわち $a \odot b = b \odot a$ を満たしているときは，特にこの群は **Abel**（アーベル）**群**と呼ばれる．例えば整数の集合 $\mathbb{Z}$ では加法 $+$ については 0 が単位元で，Abel 群になっている．また線形空間の定義（定義 3.1）に従えば，線形空間 V はその加法で Abel 群になっている．なお，(2) では単位元の存在だけを規定しているが，実は単位元は一意的に決まることがわかる（→ 命題 3.1）．また整数の集合 $\mathbb{Z}$ は乗法 $\cdot$ については結合法則を満たし，単位元 1 をもつが，一般に逆元が存在しないので $\mathbb{Z}$ は乗法に関して群にはならない．

次に集合 A に 2 つの演算 $\odot$ と $\oplus$ が定義される場合を考えよう．これは整数の集合

$\mathbb{Z}$ に加法と乗法が定義されているようなことに相当するが，この場合は夫々の演算の個々の性質と共に 2 つの演算の関係が重要となる．

> **定義 A.2** （環）　集合 A に 2 つの演算 $\oplus$ と $\odot$ が定義され，それが次の (1)–(7) の 7 条件を満たすとき，集合 A はこの 2 つの演算について環(ring)であるという：
> (1) $\oplus$ についての結合法則；$a \oplus (b \oplus c) = (a \oplus b) \oplus c$.
> (2) $\oplus$ についての単位元の存在；すべての $a \in A$ に対して，$a \oplus e = e \oplus a = a$ を満たす $e \in A$ が存在する．
> (3) $\oplus$ についての逆元の存在；各 $a \in A$ に対して，$a \oplus a^- = a^- \oplus a = e$ となる $a^- \in A$ が存在する．
> (4) $\oplus$ についての交換法則；$a \oplus b = b \oplus a$.
> (5) $\odot$ についての結合法則；$a \odot (b \odot c) = (a \odot b) \odot c$.
> (6) $\odot$ についての単位元の存在；すべての $a \in A$ に対して，$a \odot i = i \odot a = a$ を満たす $i \in A$ が存在する．
> (7) $a \odot (b \oplus c) = a \odot b \oplus a \odot c, \quad (a \oplus b) \odot c = a \odot c \oplus b \odot c$.

2 つの演算を結びつける (7) のことを**分配法則** (**distributive law**) という．従って，環は，1 つの演算について Abel 群をなし，もう 1 つの演算に対しては結合法則を満たして単位元が存在し，2 つの演算は分配法則を満たすものともいえる．さらに $\odot$ が交換法則を満たすとき，この環を可換環 (commutative ring) という．数学では 2 つの演算を考えるとき，一方を加法，もう一方を乗法と呼ぶことが多く，環では Abel 群の性質をもつ方の演算 $\oplus$ を "加法" といい，もう一方の $\odot$ を "乗法" という．また "加法" の単位元は**零元**と呼ばれ，0 と表されることが多く，"乗法" の単位元は $1, i, e$ 等で表されることが多い．整数の集合 $\mathbb{Z}$ は普通の加法 $+$ と乗法 $\times$ によって可換環になっている．また n 次元正方行列の全体 M_n は行列の加法と乗法によって環となる．このとき加法の零元は O (零行列) であり，乗法の単位元は I_n (n 次単位行列) である．また $A, B \in M_n$ に対して一般には $AB \neq BA$ であるので，M_n は非可換環である．

集合 A がその 2 つの演算に関して可換環であり，さらに加法 $\oplus$ の単位元 (零元) 以外の元には乗法 $\odot$ の逆元が存在するとき，A を体(field)と呼ぶ．

> **定義 A.3** （体）　集合 A に 2 つの演算 "加法" $\oplus$ と "乗法" $\odot$ が定義され，それが次の (1)–(9) の条件を満たすとき，集合 A を体という：
> (1) $\oplus$ についての結合法則；$a \oplus (b \oplus c) = (a \oplus b) \oplus c$.
> (2) 零元の存在；すべての $a \in A$ に対して，$a \oplus 0 = 0 \oplus a = a$ を満たす

$0 \in A$ が存在する.
(3) $\oplus$ についての逆元の存在；各 $a \in A$ に対して，$a \oplus a^- = a^- \oplus a = 0$ となる $a^- \in A$ が存在する.
(4) $\oplus$ についての交換法則；$a \oplus b = b \oplus a$.
(5) $\odot$ についての結合法則；$a \odot (b \odot c) = (a \odot b) \odot c$.
(6) 単位元の存在；すべての $a \in A$ に対して，$a \odot e = e \odot a = a$ を満たす $e \in A$ が存在する.
(7) $\odot$ についての逆元の存在；零元 0 以外の A の各元 a に対して，$a \odot a^{-1} = a^{-1} \odot a = e$ となる $a^{-1} \in A$ が存在する.
(8) $\odot$ についての交換法則；$a \odot b = b \odot a$.
(9) 分配法則；$a \odot (b \oplus c) = a \odot b \oplus a \odot c$, $(a \oplus b) \odot c = a \odot c \oplus b \odot c$.

体においては"加法"$\oplus$ の零元 0 と"乗法"$\odot$ の単位元 e の関係に注目して，体の**標数** (characteristic) を定義する．単位元 e を p 回加えて $e \oplus e \oplus \cdots \oplus e = 0$（すなわち $pe = 0$）となる（0 でない）非負整数 p が存在するとき，その p の中での最小の整数の値を体の標数という．またこのような p が存在しないとき，その体の標数を 0 と定める．実数の全体 $\mathbb{R}$ は加法 + と乗法 · によって体となり，その標数は 0 である．念のためにつけ加えておくと，加法の零元は 0（ゼロ）であり，乗法の単位元は $(e =)1$ である．同様に複素数の全体 $\mathbb{C}$ は，$0 + 0i$ を加法の零元，$(e =)1 + 0i$ を乗法の単位元とする標数 0 の体である．

A.3　線形空間の次元

有限生成の線形空間では基底の元の個数は基底の選び方に依らないことを確認し，"次元"という概念が基底の元の個数から決まることを確認しておく．第 3 章 3.3 節の内容と一部重複するが，次の命題から始めよう．

命題 A.1　V を体 K 上の線形空間とし，$\{a_j\}_{j=1}^n$ と $\{b_k\}_{k=1}^m$ を共に V の部分集合とする．このとき

$$\langle a_1, a_2, \ldots, a_n \rangle = \langle b_1, b_2, \ldots, b_m \rangle \tag{A.1}$$

が成立するための必要十分条件は

$$a_j \in \langle b_1, b_2, \ldots, b_m \rangle \ (1 \leq j \leq n) \ \text{かつ} \ b_k \in \langle a_1, a_2, \ldots, a_n \rangle \ (1 \leq k \leq m) \tag{A.2}$$

である．

証明は (A.1)⇒(A.2) は自明であるので, (A.2)⇒(A.1) を示すが, $x \in \langle a_1, a_2, \ldots, a_n \rangle$ とすると (A.2) の前半の条件から $x \in \langle b_1, b_2, \ldots, b_m \rangle$ となり $\langle a_1, a_2, \ldots, a_n \rangle \subset \langle b_1, b_2, \ldots, b_m \rangle$ が従う. 同様に (A.2) の後半から $\langle b_1, b_2, \ldots, b_m \rangle \subset \langle a_1, a_2, \ldots, a_n \rangle$ が従い, (A.1) が成立することがわかる. □

命題 A.2 V を体 K 上の線形空間とし, $\{a_j\}_{j=1}^n$ を V の部分集合とすると, 次の 3 つの条件 (i)–(iii) は同値である.
(i) $\{a_j\}_{j=1}^n$ は一次独立である.
(ii) $^\forall i \mid \langle a_1, \ldots, a_{i-1}, a_{i+1}, \ldots, a_n \rangle \neq \langle a_1, a_2, \ldots, a_n \rangle$.
(iii) $^\forall i \mid a_i \notin \langle a_1, \ldots, a_{i-1}, a_{i+1}, \ldots, a_n \rangle$.

証明 すべて背理法を用いる. 初めに全称命題 (ii) を否定して存在命題

$$^\exists i_0 \mid \langle a_1, \ldots, a_{i_0-1}, a_{i_0+1}, \ldots, a_n \rangle = \langle a_1, a_2, \ldots, a_n \rangle$$

とする. これより $a_{i_0} \in \langle a_1, \ldots, a_{i_0-1}, a_{i_0+1}, \ldots, a_n \rangle$ が成立するが, (i) の条件と矛盾する. 従って (i) ⇒ (ii) が成立することがわかる. 次に全称命題 (iii) を否定して

$$^\exists i_0 \mid a_{i_0} \in \langle a_1, \ldots, a_{i_0-1}, a_{i_0+1}, \ldots, a_n \rangle$$

とするとすべての j について $a_j \in \langle a_1, \ldots, a_{i_0-1}, a_{i_0+1}, \ldots, a_n \rangle$ が成立し, 命題 A.1 より $\langle a_1, \ldots, a_{i_0-1}, a_{i_0+1}, \ldots, a_n \rangle = \langle a_1, a_2, \ldots, a_n \rangle$ となり (ii) と矛盾する. 故に (ii) ⇒ (iii) が成立する. 最後に (i) を否定して $\{a_j\}_{j=1}^n$ が一次従属であるとすると, $(c_1, c_2, \ldots, c_n) \neq (0, 0, \ldots, 0)$ で $\sum_{j=1}^n c_j a_j = 0$ となることになる. このとき例えば $c_{i_0} \neq 0$ とすると,

$$a_{i_0} = -\sum_{j \neq i_0} \frac{c_j}{c_{i_0}} a_j \in \langle a_1, \ldots, a_{i_0-1}, a_{i_0+1}, \ldots, a_n \rangle$$

となり (iii) と矛盾する. 従って (iii) ⇒ (i) が成立する. □

以上の 2 つの命題を用いると, $\{0\}$ とは異なる有限生成の線形空間には有限個の元からなる基底が存在することがわかる. すなわち $V \neq \{0\}$ とするとき, $\{a_k\}_{k=1}^n$ を V の 1 組の生成系とする. もしも $\{a_k\}_{k=1}^n$ が一次独立であれば, $\{a_k\}_{k=1}^n$ は V の 1 組の基底である. 次に $\{a_k\}_{k=1}^n$ が一次従属である場合を考えると, ある i_0 について

$$a_{i_0} = \sum_{j \neq i_0} c_j a_j$$

となるが, 再び命題 A.1 を適用すると

A.3 線形空間の次元

$$\langle a_1,\ldots,a_{i_0-1},a_{i_0+1},\ldots,a_n\rangle = \langle a_1,a_2,\ldots,a_n\rangle = V$$

となり, $(n-1)$ 個の元からなる V の生成系 $\{a_j\}_{j\neq i_0}$ 得られる．この $(n-1)$ 個の元が一次独立であれば V の基底であり，そうでないときは同様の議論を繰り返す．高々 $(n-1)$ 回の議論により V の基底が得られることになる．これによって有限生成の線形空間の生成系から基底が得られることがわかるが，同じ線形空間でも異なる生成系から基底を得たとき，その元の個数が同じかどうかは以上の議論だけではわからない．基底の元の個数が基底の選び方に依存しないことを確認できれば，基底の元の個数は有限生成の線形空間を特徴づける量といえる．それを保証するのが次の命題である．

命題 A.3 V を体 K 上の有限生成の線形空間とし，$\{e_k\}_{k=1}^n$ を V の 1 組の基底とする．このとき $\{a_j\}_{j=1}^l\ (1\leq l\leq n)$ を V の 1 組の一次独立な元の組とするとき，$\{e_k\}_{k=1}^n$ の添字の番号を適当につけ替えることにより $\{a_1,\ldots,a_l,e_{l+1},\ldots,e_n\}$ を V の基底とすることができる．ただし $l=n$ のときは，$\{a_j\}_{j=1}^n$ が V の 1 組の基底である．

第 3 章 3.3 節においても同様の議論を行っているが，そのときには "基底の元の個数は基底の選び方に依存しない" ことを認めて少しごま化した議論がなされていることに注意する．ここでは議論の進め方を変えて，第 3 章では自明としたことを証明しようとするものである．

証明 l についての数学的帰納法により証明する．
(i) $l=1$ のとき，$a_1\in V$ より

$$a_1 = c_1 e_1 + c_2 e_2 + \cdots + c_n e_n \tag{A.3}$$

と表されている．$a_1\neq 0$ より $(c_1,c_2,\ldots,c_n)\neq (0,0,\ldots,0)$ であり，例えば $c_{i_0}\neq 0$ とすると，

$$e_{i_0} = \frac{1}{c_{i_0}}a_1 - \sum_{j\neq i_0}\frac{c_j}{c_{i_0}}e_j \in \langle a_1,e_1,\ldots,e_{i_0-1},e_{i_0+1},\ldots,e_n\rangle$$

となる．従って命題 A.1 より

$$\langle a_1,e_1,\ldots,e_{i_0-1},e_{i_0+1},\ldots,e_n\rangle = \langle e_1,e_2,\ldots,e_n\rangle = V$$

となり，$\{a_1\}\cup\{e_j\}_{j\neq i_0}$ は 1 組の生成系である．このときこの生成系の元は一次独立である．実際，線形結合

$$\alpha a_1 + \alpha_1 e_1 + \cdots + \alpha_{i_0-1}e_{i_0-1} + \alpha_{i_0+1}e_{i_0+1} + \cdots + \alpha_n e_n = 0$$

を考えて (A.3) を代入すると，$\{e_k\}_{k=1}^n$ の一次独立性と (A.3) において $c_{i_0} \neq 0$ であることから $\alpha = 0$ が従い，これより $\alpha_k = 0$ $(k \neq i_0)$ が得られ，生成系 $\{a_1\} \cup \{e_j\}_{j \neq i_0}$ が一次独立であることがわかる．すなわち $\{a_1\} \cup \{e_j\}_{j \neq i_0}$ は V の 1 組の基底である．次に $\{e_j\}_{j \neq i_0}$ の $(n-1)$ 個の元の添字の番号をつけ替えて，$e_2, e_3, \ldots, e_n$ とすると，$\langle a_1, e_2, \ldots, e_n \rangle$ が V の 1 組の基底となり，$l = 1$ の場合に命題 A.3 が成立することがわかる．

(ii) $l = k$ $(1 \leq k \leq n-1)$ の場合の成立を仮定して，$l = k+1$ の場合を論じることにする．$\{a_j\}_{j=1}^{k+1}$ を V の一次独立な元の組とすると，数学的帰納法の仮定から

「$\{a_1, a_2, \ldots, a_k, e_{k+1}, \ldots, e_n\}$ は V の 1 組の基底」

であることから，(A.3) と同様に

$$a_{k+1} = \sum_{j=1}^{k} c_j a_j + \sum_{j=k+1}^{n} c_j e_j$$

表される．ここで $\{a_1, \ldots, a_k, a_{k+1}\}$ 一次独立なことから $(c_{k+1}, \ldots, c_n) \neq (0, \ldots, 0)$ であり，例えば，ある i_0 $(k+1 \leq i_0 \leq n)$ について $c_{i_0} \neq 0$ とする．このとき

$$e_{i_0} = \frac{1}{c_{i_0}} a_{k+1} - \sum_{j=1}^{k} \frac{c_j}{c_{i_0}} a_j - \sum_{j \neq i_0, j \geq k+1} \frac{c_j}{c_{i_0}} e_j$$

となり，$l = 1$ の場合と同様に命題 A.1 より

$$\langle a_1, \ldots, a_{k+1}, e_{k+1}, \ldots, e_{i_0-1}, e_{i_0+1}, \ldots, e_n \rangle = V$$

が成立して n 個の元からなる $\{a_1, \ldots, a_{k+1}, e_{k+1}, \ldots, e_{i_0-1}, e_{i_0+1}, \ldots, e_n\}$ が V の生成系であることが示される．さらに $l = 1$ の場合と同様の議論によってこの生成系が一次独立であることがわかり，$e_{k+1}, \ldots, e_{i_0-1}, e_{i_0+1}, \ldots, e_n$ の添字の番号を $k+2$ から始めてつけ替えることにより命題 A.3 の成立が証明される． □

この命題 A.3 を用いると，有限生成の線形空間の基底の元の個数は基底の取り方に依存しないことがわかる．すなわち有限生成の線形空間 V に 2 組の基底 $\{e_k\}_{k=1}^n$ と $\{f_k\}_{k=1}^m$ があり，その元の個数について $m > n$ とする．命題 A.3 で $l = n$ の場合を考えると，$\{f_k\}_{k=1}^m$ の始めの n 個 $\{f_k\}_{k=1}^n$ をとると V の基底とすることができる．従って $m > n$ で $\{f_k\}_{k=1}^m$ が一次独立であることはなく，$m = n$ が成立する．以上のことから，有限生成の線形空間では基底の元の個数は基底の選び方に依存せず，その線形空間固有の量であることがわかる．別の言い方をすると，有限生成の線形空間では，一次独立な元の最大個数は元の取り方に依らず，その値が線形空間の次元となっている．なお，命題 A.3 を用いると，定理 3.3 は自明となる．

A.4　一般化固有空間 W_λ の直和分解

本文で省略した命題 8.7(1) の証明をここでは与えておこう．この命題は Jordan 標準形に帰着する際の議論において本質的なものである．V_n を $\mathbb{C}$ 上の線形空間とし $T : V_n \to V_n$ を線形写像，λ をその 1 つの固有値とする．λ に対する一般化固有空間 W_λ は T-不変であるので，以下では $T : W_\lambda \to W_\lambda$ について考えることにしよう．(8.22) に基づいて $W_\lambda = W_\lambda^{(k)}$ とし，$k \geq 2$ とする．$x \in W_\lambda, x \neq 0$ を k 位の固有ベクトルとするとき，

$$f_1 := (T - \lambda I)^{k-1} x,\ f_2 := (T - \lambda I)^{k-2} x,\ \ldots,\ f_k = x$$

は一次独立であり（→ 演習問題 8.11），

$$U := \langle f_1, f_2, \ldots, f_k \rangle$$

は W_λ の線形部分空間である．$W_\lambda = U$ であれば T の表現行列として 1 つの Jordan ブロックが得られるが，$W_\lambda \neq U$ のとき "残り" の部分がどうなっているのかは自明でない．すなわち $W_\lambda = U \oplus H$ と直和分解するとき，H が T-不変であれば $T : H \to H$ について同様の議論をして Jordan ブロックに導けばよいが，T-不変な部分空間 H が常に存在するかどうかは全く明らかではない．それを解決するのが命題 8.7(1) である．

命題 A.4（命題 8.7(1)）　W_λ の中に T-不変な線形部分空間 H が存在して

$$W_\lambda = U \oplus H \tag{A.4}$$

となる．ただし $\dim W_\lambda = k$ のときは $H = \{0\}$ とする．

証明　鈴木 [1] の方針に従って証明を与える．H を W_λ の T-不変な線形部分空間で，$U \cap H = \{0\}$ となるものの中で最も大きいもの（極大なもの）とする．このとき $U + H = U \oplus H$ が成立していることに注意しておく．ここで (A.4) を背理法によって示す．

$U \oplus H \neq W_\lambda$ とすると，$z \notin U \oplus H, z \neq 0$ となる z が存在するが，$z \in W_\lambda = W_\lambda^{(k)}$ であるので $(T - \lambda I)^k z = 0$ である．従って，

$$(T - \lambda I)^{l-1} z \notin U \oplus H, \quad (T - \lambda I)^l z \in U \oplus H$$

となるような $l\ (1 \leq l \leq k)$ が存在することがわかる．このとき

$$y := (T - \lambda I)^{l-1} z \quad (\notin U \oplus H)$$

とすると $(T-\lambda I)y \in U \oplus H$ であるので

$$(T-\lambda I)y = \sum_{j=1}^{k} c_j f_j + h$$

となる $\{c_j\}_{j=1}^{k} \subset \mathbb{C}, h \in H$ が存在する．ここで y は $(T-\lambda I)^{k-1}y = 0$ を満たすので，

$$c_k(T-\lambda I)^{k-1}f_k + (T-\lambda I)^{k-1}h = 0$$

すなわち $c_k = 0$ が得られる．これを踏まえて

$$w := y - (c_1 f_2 + c_2 f_3 + \cdots + c_{k-1} f_k)$$

とすると y の定義から $w \neq 0$, $w \notin U \oplus H$ であり，$(T-\lambda I)w = h \in H$ が成立する．ここで

$$H' := H + \langle w \rangle$$

によって W_λ の部分空間 H' を定義すると，H' は明らかに T-不変である．$u \in U \cap H'$ を $u = h + cw\,(h \in H, c \in \mathbb{C})$ と表すと，$c \neq 0$ のときは

$$w = \frac{1}{c}(u-h) \in U \oplus H$$

となり w の取り方と矛盾するので $c = 0$ でなければならない．しかし $c = 0$ のとき U と H の直和の性質から $u = 0$ となり，$U \cap H' = \{0\}$ となる．これは H が T-不変な部分空間の中で極大であったことに矛盾する．よって (A.4) が成立する． □

■ A.5　2次形式

　Euclid 空間 $\mathbb{R}^n$ の内積を $(\ ,\ )$ とすると，7.3 節で説明した通り $(\ ,\ )$ は $\mathbb{R}^n$ 上の対称な双一次形式（→(7.27)-(7.29)）である．いま $A = (a_{ij}) \in M_n(\mathbb{R})$ に対して

$$A[x] := (Ax, x) = \sum_{i=1}^{n}\sum_{j=1}^{n} a_{ij} x_i x_j \quad (x \in \mathbb{R}^n) \tag{A.5}$$

で定まる $A[x]$ を "正方行列 A が作る $\mathbb{R}^n$ 上の **2 次形式** (quadratic form) と呼ぶ．(A.5) を計算すると

$$\sum_{i=1}^{n}\sum_{j=1}^{n} a_{ij} x_i x_j = \sum_{i=1}^{n} a_{ii} x_i^2 + \sum_{i \neq j} \frac{1}{2}(a_{ij} + a_{ji}) x_i x_j$$

となるので，

$$a'_{ii} := a_{ii}, \quad a'_{ij} := \frac{1}{2}(a_{ij} + a_{ji}) \quad (i \neq i). \tag{A.6}$$

A.5 2次形式

によって行列 $A' = (a'_{ij}) \in M_n(\mathbb{R})$ を定めると, A' は実対称行列であって, 2次形式については

$$A[x] = A'[x] \quad (x \in \mathbb{R}^n)$$

を満たしている. 従って $\mathbb{R}^n$ 上で n 次正方行列 A の作る2次形式 (A.5) を考える場合には, 対応する実対称行列 A' の2次形式を考えればよいことになる.

第8章で学習した通り, 実対称行列 $A' \in M_n(\mathbb{R})$ は直交行列によって対角化可能であり (→ 命題8.10 の系), 固有ベクトルから作られる直交行列 R によって

$$R^T A' R = \begin{pmatrix} \lambda_1 & & & O \\ & \lambda_2 & & \\ & & \ddots & \\ O & & & \lambda_n \end{pmatrix} \quad (ただし \lambda_1, \ldots, \lambda_n は実数)$$

となる. このとき固有値 $\{\lambda_k\}_{k=1}^n$ を

$$\begin{array}{ll} \lambda_1, \ldots, \lambda_p & : \text{正の固有値} \\ \lambda_{p+1}, \ldots, \lambda_{p+q} & : \text{負の固有値} \\ \lambda_{p+q+1}, \ldots, \lambda_n & : \text{0 固有値} \end{array}$$

となるように番号づけをして直交行列 R を定めると, $\operatorname{rank} A = p + q$ であり,

$$R^T A' R = \begin{pmatrix} \lambda_1 & & & & & \\ & \ddots & & & & \\ & & \lambda_{p+q} & & & \\ & & & 0 & & \\ & & & & \ddots & \\ & & & & & 0 \end{pmatrix} \quad \begin{array}{l} \updownarrow \ (p+q) \text{個の 0 でない固有値} \\ \\ \updownarrow \ (n-p-q) \text{個の 0} \end{array}$$

となる. このとき直交行列は $R^T R = R R^T = I_n$ を満たすことに注意すると,

$$A'[x] = (A'x, x) = (RR^T A' R R^T x, x) = ((R^T A' R)(R^T x), (R^T x))$$

となり, $y \in \mathbb{R}^n$ を $y = R^T x$ とすると

$$A'[x] = ((R^T A R)y, y) = \sum_{i=1}^{p+q} \lambda_i y_i^2$$

となる. すなわち $A \in M_n(\mathbb{R})$ に対して

$$A[x] = A'[x] = \sum_{i=1}^{p+q} \lambda_i y_i^2 \quad (y = R^T x)$$

となるので，2 次形式の値の正負の符号は (A.6) によって作られる実対称行列 A' の固有値の符号によって特徴づけられる．このとき $q=0$ のとき，$A[x]$ を**非負定値** (non-negative definite[2])，$p=n(q=0)$ のとき**正定値** (positive definite)，$p=0$ のとき**非正定値** (non-positive definite)，$q=n(p=0)$ のとき**負定値** (negative definite)，$(p,q) \neq (0,0)$ のとき**不定値** (indefinite) という [3]．

> **命題 A.5**　　$A \in M_n(\mathbb{R})$ とする．
> (1) A が正定値行列であれば，$x \in \mathbb{R}^n$ が $x \neq 0$ のとき，$A[x] > 0$ である．
> (2) A が正定値行列であれば，A は正則である．

$\mathbb{R}^3$ においては 2 次形式 $A[x]$ と 2 次式で表される曲面（2 次曲面）とは密接にかかわっており，このため，正定値な 2 次形式 $A[x]$ を**楕円型**と呼ぶこともある．

$A \in M_n(\mathbb{C})$ の場合は，$(\ ,\ )$ を $\mathbb{C}^n$ の Hermite 内積とするとき

$$A[x] = (Ax, x) = \sum_{i=1}^{n} \sum_{j=1}^{n} a_{ij} \overline{x_i} x_j \quad (x \in \mathbb{C}^n)$$

によって 2 次形式を定義する．A が Hermite 行列のとき

$$\overline{A[x]} = \sum_{i=1}^{n} \sum_{j=1}^{n} \overline{a_{ij}} x_i \overline{x_j} = \sum_{i=1}^{n} \sum_{j=1}^{n} a_{ji} x_i \overline{x_j} = A[x]$$

となって $A[x]$ は $x \in \mathbb{C}^n$ に対して実数値となる．このときには $\mathbb{R}$ の場合と同様に符号数が定義されることが知られており，$A[x] > 0\,(x \in \mathbb{C}^n)$ となる Hermite 行列を**正値 Hermite 行列**という．

---

[2] definite [définit] 発音に注意.
[3] この (p,q) を行列 A の符号数というが，この符号数が基底変換に対して不変であって，行列 A に固有な量であることを示すには "Sylvester の慣性 (inertia) 定理" と呼ばれる議論が必要となる．

参考文献

[1] 鈴木敏：線形代数学通論, 学術図書出版社 (1979 年).
[2] 西田吾郎：線形代数学, 京都大学学術出版会 (2009 年).
[3] 永田雅宜 他：理系のための線型代数の基礎, 紀伊國屋書店 (1994 年).
[4] Philippe G. Ciarlet : Introduction to numerical linear algebra and optimisation, Cambridge University Press (1991 年).
[5] 有馬哲 他：演習詳解線型代数, 東京図書 (1978 年).
[6] 寺田文行 他：演習線形代数, サイエンス社 (2013 年).
[7] 岡部恒治 編：数学英和小辞典, 講談社 (2007 年).

　線形代数（線型代数）のテキストには数多くの書籍があり枚挙に暇がないので，本書を著す際に参考にしたものと，本書を補うために読者に奨めるものに限定して挙げておく．[1] は著者が学生時代に愛用していたもので，重要事項が論理的に簡潔かつ明快に説かれた名著である．残念ながら現在は絶版で入手が難しいが，著者は今でもこの [1] を参考にして線形代数の講義を行っている．また本書の執筆にあたっても大いに参考にした．[2] は線形空間の構造に焦点をあてて書かれたテキストで，本書では扱えなかったテンソルなども明快に説かれている．[3] は線形代数の代数学の側面に重点のおかれた線形代数学の正統なテキストの１つであり，数学・数理科学を目指す読者には，是非とも一読することを奨める．本書で割愛した事項も含め，特に代数学の観点から丁寧に記述されている．[4] はいわゆる数値線形代数のテキストで，第 7 章に挙げた例はこのテキストを参考にした．[5],[6] は解答付きの例題集, いわゆる演習書の中でもしっかりしたものである．線形代数に限らず，数学の学習では豊富な例を自分の手で実際に計算してみることが修得への近道であり，本書読者のみならず線形代数の数学理論を計算を通して理解して応用しようとする者には有益なテキストである．本書では数学の専門用語にはできるだけ英訳を付けるようにしたが，その際に [7] も参考にした．

索　引

あ　行

アフィン空間　146

一次結合　28, 48
一次従属　29, 49
一次独立　29, 49
一次変換　66
1 対 1 写像　10
一般化固有空間　186

上三角行列　62, 109
裏命題　17

か　行

階数　76, 79
外積　36
可換環　220
過剰決定　165
合併集合　3
加法　21
環　220
含意命題　16
関数　10

基底　30, 51
基底変換行列　82, 129
基本変形　101, 119, 121, 124, 126
基本変形行列　119
逆行列　63
逆元　219
逆写像　11
逆命題　17
行　8, 55

共通部分　3
共役線形写像　158
共役複素数　6
行列　8, 55
行列式　64, 84, 194
行列の指数関数　141, 181
行列のノルム　138, 215
極形式　217
虚数　6
虚部　6

空間ベクトル　22
空集合　2
群　219

k 位の固有ベクトル　186
係数行列　65
計量線形空間　147, 165
結合法則　219
元　1

交換法則　219
広義の固有ベクトル　186
合成写像　12
合接命題　16
恒等写像　12
互換　89
固有関数　184
固有空間　184
固有多項式　176
固有値　175, 184
固有ベクトル　175, 184

230

さ 行

最小多項式　207
最小の線形部分空間　48
最大値ノルム　135
差集合　5
作用素ノルム　135
サラスの公式　87
三角不等式　25, 132, 148

次元　52
次元定理　77
自己随伴行列　161
自己随伴写像　160
下三角行列　62, 109
実数　5
実数倍　21
実線形空間　41
実対称行列　161, 210, 227
実内積　146
実部　6
写像　10
集合　1
重複度　7
条件数　140

推移律　13
随伴行列　160
随伴線形写像　157, 161
随伴連立方程式　165
数ベクトル空間　28, 50
スカラー　23
スペクトル　184

正規化　149
正規行列　183, 208
正規直交基底　149

斉次方程式　65, 124
正射影　24, 155
正射影ベクトル　24
整数　6
生成系　50
正則　63
正値 Hermite 行列　228
正定値　228
正方行列　8, 56
線形空間　23, 40, 41
線形結合　28, 48
線形写像　66
線形性　66
線形独立　29, 49
線形部分空間　46
線形包　48
全射　10
全称命題　18
全単射　10

双一次形式　146
相似　183, 193
相対誤差　140
双対空間　128
存在命題　18

た 行

体　40, 220
対角化可能　179, 196
対角行列　61
対角成分　61
対偶命題　17
対称律　13
代数学の基本定理　7
代表元　15

多重線形性　　85
単位球面　　137
単位行列　　60
単位元　　219
単位ベクトル　　132, 149
単射　　10

値域　　10
置換　　87
直積集合　　5
直和　　152, 153, 187
直和分解　　192
直交　　149
直交行列　　173, 183, 210
直交直和分解　　155
直交変換　　171
直交補空間　　155

定義域　　10
転置　　27, 57
転置行列　　57

同型　　78
同型写像　　78
同値関係　　13
等長的　　171
同値類　　15
特性多項式　　176
トレース　　177, 194

な 行

内積　　23, 143, 145

2次形式　　226

ノルム　　131, 148, 156
ノルム空間　　132
ノルム線形空間　　132

ノルムの同等性　　133

は 行

媒介変数　　34
背理法　　12
パラメータ　　34
反射律　　13

非斉次項　　65
非正定値　　228
否定命題　　15
非負定値　　228
表現行列　　69
標準基底　　30, 51
標数　　221

複素数　　6
複素線形空間　　41
複素内積　　146
複素平面　　217
符号　　89
負定値　　228
不定値　　228
部分集合　　2
不変な線形部分空間　　188
ブロック対角行列　　192
分配法則　　220

平行四辺形の面積　　166
平行六面体　　167
平面ベクトル　　20
べき（冪）集合　　2
ベクトル　　20, 41
ベクトル空間　　23, 28, 40
ベクトル積　　36, 167
ベクトル方程式　　34
偏角　　217

索　引

ベン図　2
方向ベクトル　34
法線ベクトル　36
補集合　4

ま　行

無限次元　52
無限集合　2
無理数　6
命題　15

や　行

有限次元線形空間　53
有限集合　2
有限生成　50
有向線分　20
有理数　5
ユニタリー行列　173, 183, 210
ユニタリー写像　172

余因子　104
余因子行列　105
要素　1

ら　行

ランク　76, 79, 124, 163
離接命題　16
類別　15
零行列　8
零元　220
零ベクトル　20

列　8, 55
劣決定　165
列ベクトル　55

わ　行

歪対称性　85
和集合　3

欧　字

Abel 群　219

Cayley-Hamilton の定理　207
Cramer の公式　108

de Moivre の定理　218
de Morgan の法則　5

Euclid 空間　23, 146
Euclid 内積　146
Euclid ノルム　133, 148
Euler の関係　218

Gauss-Jordan 法　99, 114
Gauss 消去法　99, 111
Gauss 消去法の軸　113
Gauss 平面　217
Gram 行列式　169

Hadamard の不等式　170
Hermite 行列　161, 182, 210
Hermite 線形空間　147
Hermite 内積　143, 146
Hölder の不等式　137

Jordan 細胞　200
Jordan の掃出し法　114
Jordan の標準形　199, 204, 225

Jordan ブロック　200

Kronecker の δ　60

LU 分解　123

Minkowski の不等式　137

pre-Hilbert 空間　147

Schmidt の直交化　150

Schwarz の不等式　24, 33, 144, 148

sesquilinear form　142

Sylvester の慣性定理　228

著者略歴

磯　祐介
（いそ　ゆうすけ）

1958 年　神戸生
1982 年　京都大学理学部卒業
1988 年　京都大学理学研究科博士後期課程修了
　　　　（京都大学理学博士）
1988 年　京都大学助手（数理解析研究所）
　　　　京都大学助教授（理学部）を経て
1998 年　京都大学教授（情報学研究科）
　　　　現在に至る

主要著書
Topics in Boundary Element Research Vol. 3
(Springer-Verlag, 1987, 大西和榮他と分担執筆).
境界要素法の応用 (コロナ社, 1987, 分担執筆).
工科系の基礎数学 (彰国社, 2000, [第 2 版] 2004,
共著者：大西和榮, 登坂宣好).
複素関数論入門 (サイエンス社, 2013).

ライブラリ理工新数学 – T4
新しい線形代数学通論

2014 年 10 月 10 日 ⓒ　　　　　　初　版　発　行

著　者　磯　　祐　介　　　　発行者　木　下　敏　孝
　　　　　　　　　　　　　　印刷者　杉　井　康　之
　　　　　　　　　　　　　　製本者　関　川　安　博

発行所　　株式会社　サイエンス社

〒 151-0051　東京都渋谷区千駄ヶ谷 1 丁目 3 番 25 号
営業　☎ (03) 5474–8500　(代)　　振替 00170-7-2387
編集　☎ (03) 5474–8600　(代)
FAX　☎ (03) 5474–8900

印刷　（株）ディグ　　製本　（株）関川製本所

《検印省略》

本書の内容を無断で複写複製することは，著作者および
出版者の権利を侵害することがありますので，その場合
にはあらかじめ小社あて許諾をお求め下さい．

サイエンス社のホームページのご案内
http://www.saiensu.co.jp
ご意見・ご要望は
rikei@saiensu.co.jp まで．

ISBN978-4-7819-1346-9
PRINTED IN JAPAN

数理系のための
基礎と応用 微分積分Ⅰ・Ⅱ
－理論を中心に－
　　　　金子　晃著　2色刷・A5・Ⅰ：本体1800円
　　　　　　　　　　　　　　　　Ⅱ：本体1950円

理工系のための
基礎と応用 微分積分
－計算を中心に－
　　　　山本昌宏著　2色刷・A5・本体1850円

新しい線形代数学通論
　　　　磯　祐介著　2色刷・A5・本体1980円

基礎と応用 ベクトル解析
　　　　清水勇二著　2色刷・A5・本体1600円

複素関数論入門
　　　　磯　祐介著　2色刷・A5・本体1700円

＊表示価格は全て税抜きです．

サイエンス社

新版 演習線形代数
寺田文行著　２色刷・Ａ５・本体1980円

演習と応用 線形代数
寺田・木村共著　２色刷・Ａ５・本体1700円

演習線形代数
寺田・増田共著　Ａ５・本体1553円

基本演習 線形代数
寺田・木村共著　２色刷・Ａ５・本体1700円

線形代数演習［新訂版］
横井・尼野共著　Ａ５・本体1980円

詳解演習 線形代数
水田義弘著　２色刷・Ａ５・本体2100円

＊表示価格は全て税抜きです．

サイエンス社

新版 演習微分積分
寺田・坂田共著　2色刷・Ａ５・本体1850円

演習と応用 微分積分
寺田・坂田共著　2色刷・Ａ５・本体1700円

演習微分積分
寺田・坂田・斎藤共著　Ａ５・本体1456円

基本演習 微分積分
寺田・坂田共著　2色刷・Ａ５・本体1600円

解析演習
野本・岸共著　Ａ５・本体1845円

詳解演習 微分積分
水田義弘著　2色刷・Ａ５・本体2200円

理工基礎 演習 微分積分
米田　元著　2色刷・Ａ５・本体1850円

基礎演習 微分積分
金子・竹尾共著　2色刷・Ａ５・本体1850円

＊表示価格は全て税抜きです．

サイエンス社